모아 전기기사
전기자기학

필기 이론+과년도 8개년

모아합격전략연구소

📖 전기기사 자격시험 알아보기

01 전기기사는 어떤 업무를 담당하는가?

A. 전기기사는 전기 설비의 설계, 시공, 유지 보수, 안전 관리 및 연구 개발을 담당합니다. 주요 취업 분야는 한국전력공사, 전기기기 제조업체, 전기공사업체, 전기 설계 전문업체 등 다양하며, 전기부품과 장비의 설계, 제조, 실험을 담당하는 연구실에서도 근무할 수 있습니다. 특히 신기술의 급격한 발전과 에너지 절약형 기기의 개발로 인해 전기 전문가의 수요가 꾸준히 증가할 전망입니다.

02 전기기사 자격시험은 어떻게 시행되는가?

시행기관
한국산업인력공단

시험과목(필기)
전기자기학
전력공학
전기기기
회로이론 및 제어공학
전기설비기술기준

시행과목(실기)
전기설비설계 및 관리

검정방법(필기)
객관식 과목당 20문항
(과목당 20분)
※ 2025년부터 시험시간 단축

검정방법(실기)
필답형 2시간 30분

합격기준
필기 : 100점 만점에 과목당 40점 이상
전과목 평균 60점 이상
실기 : 100점 만점에 60점 이상

03 전기기사 자격시험은 언제 시행되는가?

구분	필기원서접수	필기시험	필기 합격자 발표 (예정자)	실기 원서접수	실기 시험	최종 합격자 발표일
2024년 제1회	01.23 ~ 01.26	02.15 ~ 03.07	03.13(수)	03.26 ~ 03.29	04.27 ~ 05.12	1차 : 05.29(수) 2차 : 06.18(화)
2024년 제2회	04.16 ~ 04.19	05.09 ~ 05.28	06.05(수)	06.25 ~ 06.28	07.28 ~ 08.14	1차 : 08.28(수) 2차 : 09.10(화)
2024년 제3회	06.18 ~ 06.21	07.05 ~ 07.27	08.07(수)	09.10 ~ 09.13	10.19 ~ 11.08	1차 : 11.20(수) 2차 : 12.11(수)

2025년 시험일정과 자세한 정보는 큐넷(https://www.q-net.or.kr)을 참고 바랍니다.

04 전기기사 최근 합격률은 어떠한가?

연도	필기			실기		
	응시	합격	합격률	응시	합격	합격률
2023	51,630명	11,477명	22.2%	23,643명	8,774명	37.1%
2022	52,187명	11,611명	22.2%	32,640명	12,901명	39.5%
2021	60,500명	13,365명	22.1%	33,816명	9,916명	29.3%
2020	56,376명	15,970명	28.3%	42,416명	7,151명	16.9%
2019	49,815명	14,512명	29.1%	31,476명	12,760명	40.5%
2018	44,920명	12,329명	27.4%	30,849명	4,412명	14.3%
2017	43,104명	10,831명	25.1%	25,309명	9,457명	37.4%

05 전기기사 자격시험 응시 사이트는 어디인가?

A. 큐넷(http://www.q-net.or.kr) 원서 접수는 온라인(인터넷, 모바일앱)에서만 가능합니다. 스마트폰, 태블릿PC 사용자는 모바일앱 프로그램을 설치한 후 접수 및 취소, 환불서비스를 이용하시기 바랍니다.

참 잘 만들어서 참 공부하기 쉬운
모아 전기기사 전기자기학 필기

이 책의 특징 살짝 엿보기

예제 및 개념 체크 OX문제로 ONE-STEP 정리하기

이론을 학습한 후
예제와 개념 체크 OX문제를 통해
개념을 확실히 체크하고
문제에 바로 적용할 수 있습니다.
이론 이해와 문제 적용을
ONE-STEP으로 해결하세요.

최다빈출 N제로 유형 파악하기

과년도 15개년을 분석하여
최다 빈출 유형을
단계별 난이도로 분류하였습니다.

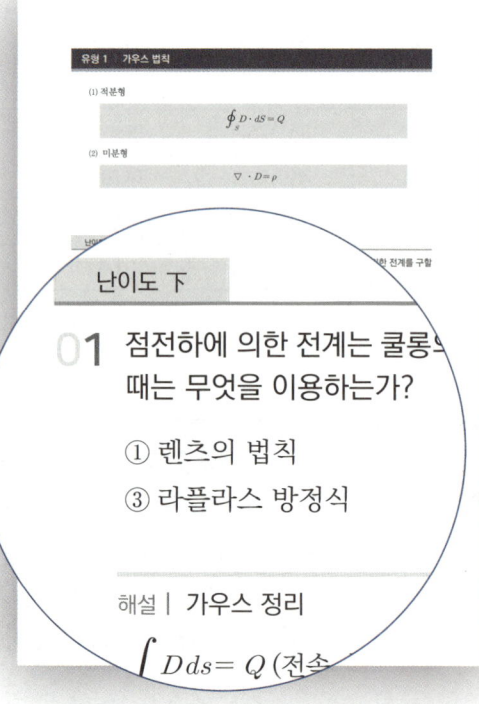

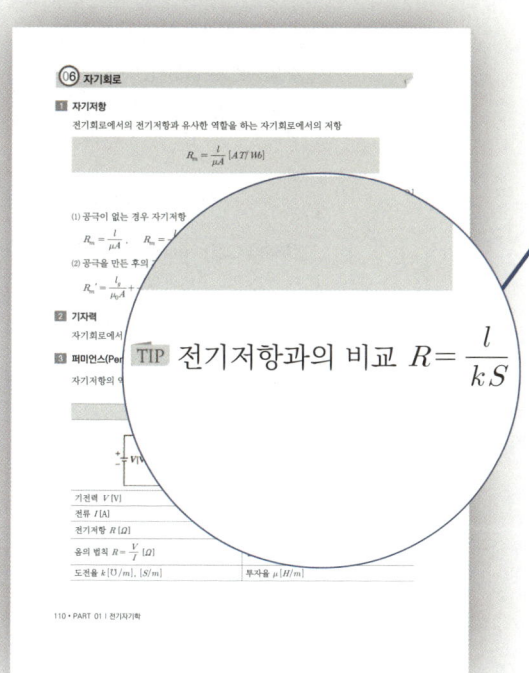

TIP으로 확실히 다지기

막히거나 **놓치기 쉬운 부분**도 잊지 않고 팁으로 안내해 드립니다.

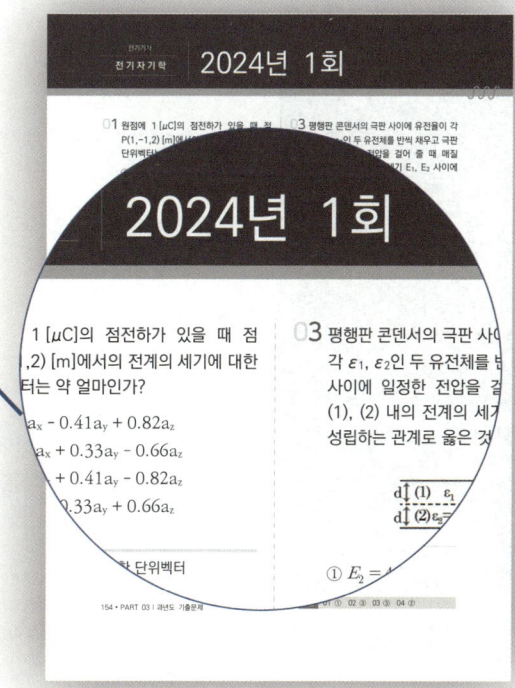

8개년 기출로 시험 정복하기

기출 정복이 곧 합격 정복입니다.
2024년 최신 기출 복원문제부터
2017년 기출문제까지 모두 수록하여
충분한 연습이 가능하도록 하였습니다.
또한 **풍부한 해설을 포함**하여
어려움 없이 문제를 해결할 수 있습니다.

전기기사 전기자기학 필기
11일 만에 완성하기

하루 소요 공부예정시간
대략 평균 3시간

📝 모아 전기기사 전기자기학 **필기**

DAY 1	Chapter 01 벡터	**학습 Comment** 전기자기학을 학습하기 위한 밑거름 단계
	Chapter 02 진공 중의 정전계	
DAY 2	이전 내용 복습	**학습 Comment** 본격적인 도체계에서의 현상 공부
	Chapter 03 진공 중의 도체계	
DAY 3	Chapter 04 유전체	**학습 Comment** 유전체, 전기회로까지 전기현상 파트의 마무리
	Chapter 05 전류와 전기효과	
DAY 4	이전 내용 복습	**학습 Comment** 새로운 파트, 자기현상의 공부 시작
	Chapter 06 정자계	
DAY 5	Chapter 07 자성체와 자기회로	**학습 Comment** Chapter 05의 전기회로와 비교해가며 공부할 것
	Chapter 08 전자유도 및 인덕턴스	
DAY 6	이전 내용 복습	**학습 Comment** 지금까지 배운 내용을 모두 이용하는 마지막 단원
	Chapter 09 전자계	
DAY 7	최다빈출 N제 플러스	**학습 Comment** 최다빈출을 풀어보며 과년도를 맞이하기 위한 준비
DAY 8 ~ 11	매일 과년도 2개년 씩 풀기	**학습 Comment** 틀린 문제 체크해가며 어느 단원에 취약한지 파악하기

최종점검 ▶▶▶ 과년도의 틀린 문제 위주로 학습하고 빈출 유형을 정리할 것

『However difficult life may seem,
there is always something you can do and succeed at.』

아무리 인생이 어려워보일지라도,
당신이 할 수 있고, 성공할 수 있는 것은 언제나 존재한다.

영국의 천재 물리학자인 스티븐 호킹이 남긴 말입니다.

호킹은 갑작스러운 루게릭 병 발병으로 신체적 장애를 얻었지만,
포기하지 않고 기계를 통해 세상과 소통하며
물리학에서 눈부신 업적을 이뤄내게 됩니다.

아무리 어렵고 불가능해 보일지라도,
자기 자신을 믿고 할 수 있는 일을 해내다 보면
반드시 성공할 날이 올 것입니다.

여러분 모두가 합격이라는 결승점에 닿을 때까지
저희가 곁에서 응원하겠습니다.
포기하지 마세요!

천은지 드림

모아 전기기사
전기자기학

필기 이론+과년도 8개년

모아합격전략연구소

이 책의 순서

PART 01 전기자기학

Ch 01 벡터

01 벡터와 스칼라 ································ 16
02 벡터의 좌표계 ································ 17
03 벡터의 연산 ···································· 18
04 스토크스의 정리와 가우스 발산 정리 ··· 23
개념 체크 OX ······································ 25

Ch 02 진공 중의 정전계

01 물질의 구조 ···································· 26
02 쿨롱 법칙 ······································ 27
03 전계와 전위 ···································· 29
04 전기력선과 전속 ······························ 32
05 전계와 전위의 계산 ························ 36
06 전기쌍극자 ···································· 42
07 푸아송·라플라스 방정식 ·················· 44
개념 체크 OX ······································ 45

Ch 03 진공 중의 도체계

01 계수 ·· 46
02 정전용량 ·· 48
03 콘덴서의 연결 ································ 53
04 도체의 에너지 ································ 56
05 패러데이관 ···································· 58
개념 체크 OX ······································ 59

Ch 04 유전체

01 유전체와 콘덴서 ······························ 60
02 콘덴서 연결 ···································· 60
03 분극 ·· 63
04 경계 조건 ······································ 64
05 전기영상법 ···································· 66
06 유전체의 특수현상 ························ 69
개념 체크 OX ······································ 71

Ch 05 전류와 전기효과

01 전류 ·· 72
02 저항 ·· 74
03 전기효과 ·· 79
개념 체크 OX ······································ 82

Ch 06 정자계

- 01 자기현상 ·· 83
- 02 자계와 자위 ··································· 84
- 03 자기력선과 자속 ···························· 84
- 04 자기쌍극자(Magnetic Dipole) ········ 86
- 05 자기이중층 ····································· 87
- 06 자계의 크기 ··································· 89
- 07 자계의 세기 계산 ·························· 91
- 08 전자력 ·· 95
- 09 전자력현상 ····································· 99
- 개념 체크 OX ······································ 100

Ch 07 자성체와 자기회로

- 01 자성체 ·· 101
- 02 자화 ··· 103
- 03 히스테리시스 곡선 ······················· 105
- 04 에너지 ·· 108
- 05 경계 조건 ····································· 108
- 06 자기회로 ······································· 110
- 07 전기와 자기의 상관관계 ············· 112
- 개념 체크 OX ······································ 114

Ch 08 전자유도 및 인덕턴스

- 01 패러데이 ······································· 115
- 02 유기기전력(플레밍의 오른손법칙) ········ 116
- 03 표피효과 ······································· 117
- 04 인덕턴스 ······································· 118
- 05 인덕턴스의 계산 ·························· 122
- 개념 체크 OX ······································ 125

Ch 09 전자계

- 01 전도전류와 변위전류 ··················· 126
- 02 맥스웰 방정식 ······························ 129
- 03 전자계 ·· 131
- 개념 체크 OX ······································ 135

PART 02

최다빈출 N제 플러스

유형 1 가우스법칙 ·················· 138
유형 2 쿨롱법칙 ···················· 140
유형 3 정전용량 C ················· 142
유형 4 정전에너지 ················· 144
유형 5 자기저항 ···················· 146
유형 6 자화의 세기 J ············· 148
유형 7 고유 임피던스(Z_0, η) ··· 150

PART 03

과년도 기출문제

2024년 1회 ························· 154
2024년 2회 ························· 159
2024년 3회 ························· 165
2023년 1회 ························· 171
2023년 2회 ························· 177
2023년 3회 ························· 183
2022년 1회 ························· 189
2022년 2회 ························· 195
2022년 3회 ························· 202
2021년 1회 ························· 208
2021년 2회 ························· 214
2021년 3회 ························· 220
2020년 1,2회 ······················ 226
2020년 3회 ························· 232
2020년 4회 ························· 237
2019년 1회 ························· 242
2019년 2회 ························· 247
2019년 3회 ························· 252
2018년 1회 ························· 257
2018년 2회 ························· 263
2018년 3회 ························· 268
2017년 1회 ························· 273
2017년 2회 ························· 278
2017년 3회 ························· 284

모아바 www.moa-ba.com
모아소방전기학원 www.moate.co.kr

CHAPTER 01 벡터
CHAPTER 02 진공 중의 정전계
CHAPTER 03 진공 중의 도체계
CHAPTER 04 유전체
CHAPTER 05 전류와 전기효과
CHAPTER 06 정자계
CHAPTER 07 자성체와 자기회로
CHAPTER 08 전자유도 및 인덕턴스
CHAPTER 09 전자계

PART 01

필기

모아 전기기사

전기자기학

CHAPTER 01 | 벡터

01 벡터와 스칼라

1 벡터(Vector)

(1) 벡터 : **크기**와 **방향**을 가지는 양

$$\vec{A} = |A| \cdot \vec{a_x}$$

예 위치, 변위, 속도, 힘, 전계 등

(2) 벡터의 크기

$$|\vec{A}| = \sqrt{a^2 + b^2}$$

(3) 벡터의 종류

① 단위벡터 : 크기가 1이고 방향을 가지는 벡터

$$\vec{a} = \frac{\vec{A}}{|A|}$$

② 기본벡터 : 각 좌표축의 양의 방향을 가지는 단위벡터
- 기본벡터의 표현 : $(i,\ j,\ k)$, $(a_x,\ a_y,\ a_z)$

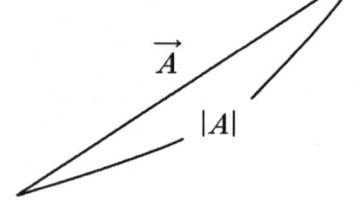

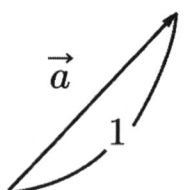

2 스칼라(Scalar)

(1) 스칼라 : **크기**만을 가지는 양

예 길이, 거리, 질량, 일, 에너지 등

02 벡터의 좌표계

1 직교좌표계

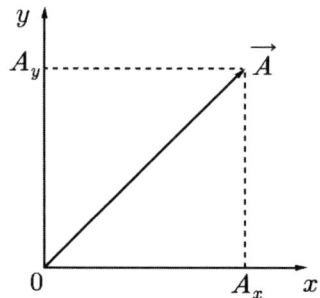

- x, y 평면상의 한 점 (A_x, A_y)을 성분으로 가지는 좌표계
  $A = A_x i + A_y j$

2 직각좌표계

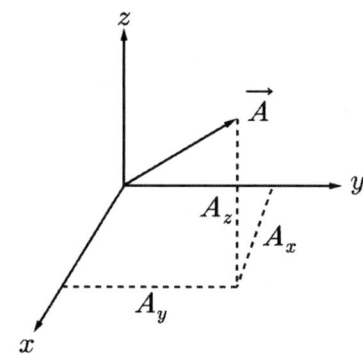

- x, y, z 공간상의 한 점 (A_x, A_y, A_z)을 성분으로 가지는 좌표계
  $A = A_x i + A_y j + A_z k$

3 원통좌표계

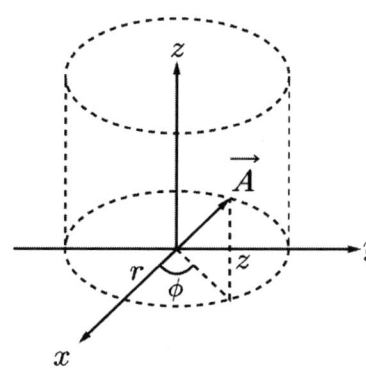

- 평면극좌표계에 높이 z를 더한 좌표계
  $r = \sqrt{x^2 + y^2} \qquad \phi = \tan^{-1}\left(\dfrac{y}{x}\right) \qquad z = z$
- 원통좌표계와 직각좌표계 사이의 변환법
  $x = r\cos\phi \qquad y = r\sin\phi \qquad z = z$

4 구좌표계

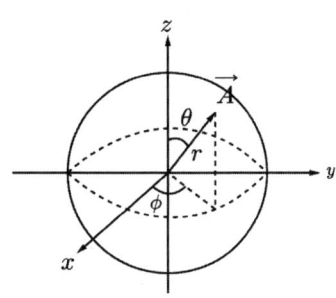

- 원점으로부터의 거리와 두 축으로부터의 각도로 나타낸 좌표계

$$r = \sqrt{x^2 + y^2 + z^2} \quad \theta = \cos^{-1}\left(\frac{z}{r}\right) \quad \phi = \tan^{-1}\left(\frac{y}{x}\right)$$

- 구좌표계와 직각좌표계 사이의 변환법

$$x = r\sin\theta\cos\phi \quad y = r\sin\theta\sin\phi \quad z = r\cos\theta$$

03 벡터의 연산

1 벡터의 덧셈과 뺄셈

$\vec{A} = A_x i + A_y j + A_z k$, $\vec{B} = B_x i + B_y j + B_z k$ 일 때,

$$\vec{A} \pm \vec{B} = (A_x \pm B_x)i + (A_y \pm B_y)j + (A_z \pm B_z)k$$

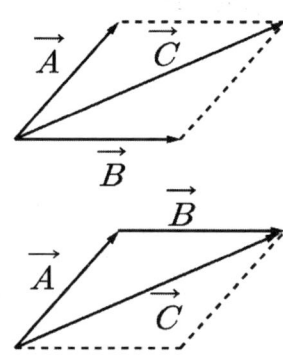

(1) 벡터 합이 0일 경우 **평형**

$F_1 + F_2 + F_3 = 0$: 평형상태

예제 01

어떤 물체에 $F_1 = -3i + 4j - 5k$와, $F_2 = 6i + 3j - 2k$의 힘이 작용하고 있다. 이 물체에 F_3을 가하였을 때 세 힘이 평형이 되기 위한 F_3은 얼마인가?

① $F_3 = -3i - 7j + 7k$ ② $F_3 = 3i + 7j - 7k$
③ $F_3 = 3i - j - 7k$ ④ $F_3 = 3i - j + 3k$

해설 벡터의 평형

$$F_1 + F_2 + F_3 = 0, \quad F_3 = -(F_1 + F_2)$$
$$F_3 = -[(-3, 4, -5) + (6, 3, -2)] = -(3, 7, -7) = -3i - 7j + 7k$$

정답 ①

2 내적(스칼라곱)

$$A \cdot B = |A||B|\cos\theta$$

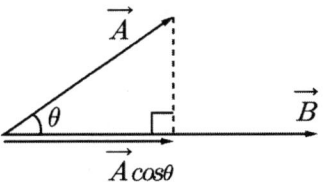

$$A \cdot B = (A_x i + A_y j + A_z k) \cdot (B_x i + B_y j + B_z k)$$
$$= A_x B_x + A_y B_y + A_z B_z = |A||B|\cos\theta$$

(1) 내적의 성질
   ① $A \cdot B = B \cdot A$
   ② $(A+B) \cdot C = A \cdot C + B \cdot C$
   ③ 내적의 값이 0일 경우($\cos\theta = 0$), 두 벡터는 수직($\theta = 90°$)
   ④ $i \cdot j = j \cdot k = k \cdot i = 0$
   ⑤ $i \cdot i = j \cdot j = k \cdot k = 1$
   ⑥ 내적값은 스칼라값

예제 02

두 벡터 $A = -7i - j$, $B = -3i - 4j$가 이루는 각은 얼마인가?

① 30°　　　② 45°　　　③ 60°　　　④ 90°

해설 벡터의 내적 $A \cdot B = |A||B|\cos\theta$

$$\cos\theta = \frac{A \cdot B}{|A||B|} = \frac{21+4}{\sqrt{7^2+1^2} \times \sqrt{3^2+4^2}} = \frac{\sqrt{2}}{2}$$

$$\theta = \cos^{-1}\frac{\sqrt{2}}{2} = 45°$$

정답

3 외적(벡터곱)

$$\vec{A} \times \vec{B} = |A||B|\sin\theta$$

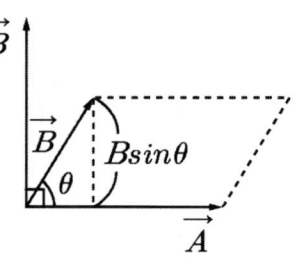

$$\vec{A} \times \vec{B} = (A_x i + A_y j + A_z k) \times (B_x i + B_y j + B_z k)$$
$$= \begin{pmatrix} i & j & k \\ A_x & A_y & A_z \\ B_x & B_y & B_z \end{pmatrix}$$
$$= (A_y B_z - A_z B_y)i + (A_z B_x - A_x B_z)j + (A_x B_y - A_y B_x)k$$
$$= |A||B|\sin\theta$$

(1) 외적의 성질
  ① $A \times B \neq B \times A$ (교환법칙이 성립하지 않음)
  ② 외적의 값이 0이면($\sin\theta = 0$), 두 벡터는 수평($\theta = 0°$)
  ③ $A \times A = 0$
  ④ $i \times i = j \times j = k \times k = 0$
  ⑤ $i \times j = k$, $j \times k = i$, $k \times i = j$
  ⑥ 외적의 크기는 두 벡터가 이루는 평행사변형의 면적
  ⑦ 외적값은 벡터값

예제 03

두 벡터가 $A = 2a_x + 4a_y - 3a_z$, $B = a_x - a_y$ 일 때 $A \times B$ 는 얼마인가?

① 30°   ② 45°   ③ 60°   ④ 90°

해설 벡터의 외적

$$A \times B = \begin{vmatrix} a_x & a_y & a_z \\ 2 & 4 & -3 \\ 1 & -1 & 0 \end{vmatrix} = (-3)a_x - (3)a_y + (-2-4)a_z = -3a_x - 3a_y - 6a_z$$

정답 ②

4 벡터의 미분연산자 ▽(Nabla, Del)

(1) 미분연산자 ▽

$$\nabla = \frac{\partial}{\partial x}i + \frac{\partial}{\partial y}j + \frac{\partial}{\partial z}k$$

(2) 벡터의 기울기(Gradient)

$$grad\, V = \nabla V = \frac{\partial V}{\partial x}i + \frac{\partial V}{\partial y}j + \frac{\partial V}{\partial z}k$$

(3) 발산(Divergence)

$$div\, A = \nabla \cdot A = \frac{\partial A_x}{\partial x} + \frac{\partial A_y}{\partial y} + \frac{\partial A_z}{\partial z}$$

$$div\, A = \nabla \cdot A = \left(\frac{\partial}{\partial x}i + \frac{\partial}{\partial y}j + \frac{\partial}{\partial z}k\right) \cdot (A_x i + A_y j + A_z k) = \frac{\partial A_x}{\partial x} + \frac{\partial A_y}{\partial y} + \frac{\partial A_z}{\partial z}$$

예제 04

전계 $E = i3x^2 + j2xy^2 + kx^2yz$의 $div\, E$는 얼마인가?

① $-i6x + jxy + kx^2y$ ② $i6x + j6xy + kx^2y$
③ $-6x - 6xy - x^2y$ ④ $6x + 4xy + x^2y$

해설 전계의 발산

$$div\, E = \left(\frac{\partial}{\partial x}i + \frac{\partial}{\partial y}j + \frac{\partial}{\partial z}k\right) \times (i3x^2 + j2xy^2 + kx^2yz) = 6x + 4xy + x^2y$$

정답 ④

(4) 회전(Rotation, Curl)

$$\nabla \times A = \left(\frac{\partial A_z}{\partial y} - \frac{\partial A_y}{\partial z}\right)i + \left(\frac{\partial A_x}{\partial z} - \frac{\partial A_z}{\partial x}\right)j + \left(\frac{\partial A_y}{\partial x} - \frac{\partial A_x}{\partial y}\right)k$$

$\nabla \times A = rot\, A = curl\, A$

$\nabla \times A = rot\, A = curl\, A = \left(\dfrac{\partial}{\partial x}i + \dfrac{\partial}{\partial y}j + \dfrac{\partial}{\partial z}k\right) \times (A_x i + A_y j + A_z k)$

$= \begin{pmatrix} i & j & k \\ \dfrac{\partial}{\partial x} & \dfrac{\partial}{\partial y} & \dfrac{\partial}{\partial z} \\ A_x & A_y & A_z \end{pmatrix} = \left(\dfrac{\partial A_z}{\partial y} - \dfrac{\partial A_y}{\partial z}\right)i + \left(\dfrac{\partial A_x}{\partial z} - \dfrac{\partial A_z}{\partial x}\right)j + \left(\dfrac{\partial A_y}{\partial x} - \dfrac{\partial A_x}{\partial y}\right)k$

(5) 라플라시안(Laplacian)

$$\nabla \cdot \nabla = \nabla^2 = \frac{\partial^2}{\partial x^2} + \frac{\partial^2}{\partial y^2} + \frac{\partial^2}{\partial z^2}$$

$\nabla \cdot \nabla = \nabla^2 = \left(\dfrac{\partial}{\partial x}i + \dfrac{\partial}{\partial y}j + \dfrac{\partial}{\partial z}k\right) \cdot \left(\dfrac{\partial}{\partial x}i + \dfrac{\partial}{\partial y}j + \dfrac{\partial}{\partial z}k\right) = \dfrac{\partial^2}{\partial x^2} + \dfrac{\partial^2}{\partial y^2} + \dfrac{\partial^2}{\partial z^2}$

5 원통좌표계 계산

(1) 외적(회전)

$$\nabla \times V = \begin{vmatrix} a_r & a_\phi & a_z \\ \dfrac{\partial}{\partial r} & \dfrac{1}{r}\dfrac{\partial}{\partial \phi} & \dfrac{\partial}{\partial z} \\ V_r & V_\phi & V_z \end{vmatrix}$$

(2) 발산

$$\nabla \cdot V = \frac{1}{r}\frac{\partial (rA_r)}{\partial r} + \frac{1}{r}\frac{\partial A_\phi}{\partial \phi} + \frac{\partial A_z}{\partial z}$$

예제 05

벡터 $A = 5r\sin\phi\, a_z$가 원기둥 좌표계로 주어졌다. 점$(2, \pi, 0)$에서의 $\nabla \times A$를 구한 값은 얼마인가?

① $5a_r$ ② $-5a_r$ ③ $5a_\phi$ ④ $-5a_\phi$

해설 원통좌표계의 외적

z성분만 있기 때문에 이 벡터의 외적은

$\nabla \times A = \dfrac{1}{r}\dfrac{\partial}{\partial \phi}(5r\sin\phi)a_r - \dfrac{\partial}{\partial r}(5r\sin\phi)a_\phi = 5\cos\phi\, a_r - 5\sin\phi\, a_\phi$ 이므로 $(2, \pi, 0)$ 대입

$= -5a_r$

정답 ②

04 스토크스의 정리와 가우스 발산 정리

1 스토크스의 정리

$$\oint_c A \cdot dl = \int_s (\nabla \times A) \cdot ds$$

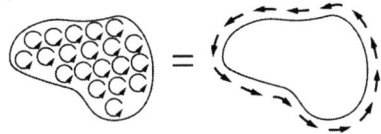

- 폐곡선에서 벡터를 선적분한 값은 벡터의 회전을 적분한 값과 같음
- 선적분값과 면적분값을 서로 변환하는 방법

2 가우스 발산 정리(Gauss' Theorem)

$$\oint_s \vec{A} \cdot ds = \int_v \nabla \cdot \vec{A}\, dv$$

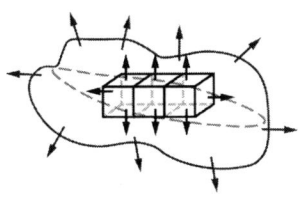

- 임의의 체적(V)에서 발산되는 총량은 그 체적을 둘러싸고 있는 폐곡면 S를 통해 나가는 벡터량과 같음
- 면적분값과 체적적분값을 서로 변환하는 방법

예제 06

다음 중 스토크스(Stokes)의 정리는 어느 것인가?

① $\oint_c H \cdot ds = \iint_s (\nabla \cdot H) \cdot ds$ 　　② $\int B \cdot ds = \int_s (\nabla \cdot H) \cdot ds$

③ $\oint_c H \cdot ds = \int (\nabla \cdot H) \cdot dl$　　④ $\oint_c H \cdot dl = \int_s (\nabla \times H) \cdot ds$

해설 스토크스 정리

선적분 값을 면적분 값으로 변환하는 방법 $\oint_c H \cdot dl = \int_s (\nabla \times H) \cdot ds$

정답 ④

CHAPTER 01 | 개념 체크 OX

1 크기가 1이고 방향을 가지는 벡터를 단위벡터라고 한다. 벡터를 단위벡터라고 한 다벡터를 단위벡터라고 한다.   ☐ O ☐ X

2 $div A = \nabla \cdot A = \left(\dfrac{\partial A_z}{\partial y} - \dfrac{\partial A_y}{\partial z}\right)i + \left(\dfrac{\partial A_x}{\partial z} - \dfrac{\partial A_z}{\partial x}\right)j + \left(\dfrac{\partial A_y}{\partial x} - \dfrac{\partial A_x}{\partial y}\right)k$ 이다.   ☐ O ☐ X

3 $grad\, V = \nabla V = \dfrac{\partial V}{\partial x}i + \dfrac{\partial V}{\partial y}j + \dfrac{\partial V}{\partial z}k$ 이다.   ☐ O ☐ X

4 $\oint_s \vec{A} \cdot ds = \int_v \nabla \cdot \vec{A}\, dv$ 은 스토크스정리를 의미한다.   ☐ O ☐ X

정답 01 (O) 02 (X) 03 (O) 04 (X)

2 $div A = \nabla \cdot A = \dfrac{\partial A_x}{\partial x} + \dfrac{\partial A_y}{\partial y} + \dfrac{\partial A_z}{\partial z}$ 이다.

4 $\oint_s \vec{A} \cdot ds = \int_v \nabla \cdot \vec{A}\, dv$ 은 가우스정리를 의미한다.

CHAPTER 02 진공 중의 정전계

01 물질의 구조

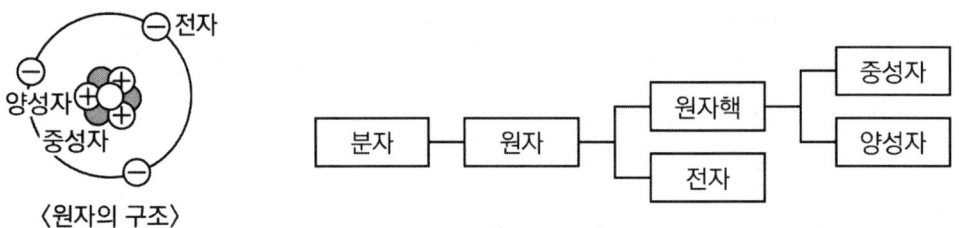

1 정전계와 전하

(1) 정전계 : 전계의 에너지가 **최소**로 되는 전하 분포의 전계

(2) 원자 내의 전하

① 양성자의 전하 $e = 1.602 \times 10^{-19} [C]$

② 전자의 전하 $e = -1.602 \times 10^{-19} [C]$

- 1 [C] 속 전자의 개수 $n = \dfrac{1}{e} = 6.25 \times 10^{18}$ [개]
- 전자 하나당 질량 $m = 9.1 \times 10^{-31} [kg]$

※ 전자의 전하량은 암기!

(3) 전하량 Q [C] : 전하가 가지고 있는 전기적인 양

$$Q = ne = It [C]$$

예제 01

1 [μA]의 전류가 흐르고 있을 때 1초 동안 통과하는 전자 수는 약 몇 개인가? (단, 전자 1개의 전하는 $1.602 \times 10^{-19} [C]$이다)

① 6.25×10^{10} ② 6.25×10^{11} ③ 6.25×10^{12} ④ 6.25×10^{13}

해설 전하량 Q

$Q = It = ne [C]$ $n = \dfrac{It}{e} = \dfrac{10^{-6} \times 1}{1.602 \times 10^{-19}} = 6.25 \times 10^{12}$ [개]

정답 ③

2 대전

물체가 **전기를 띠는 현상**

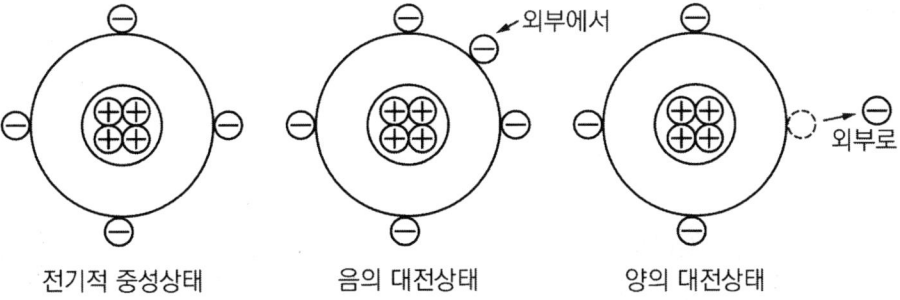

전기적 중성상태　　음의 대전상태　　양의 대전상태

① 음의 대전 상태 : 전자의 개수가 양성자보다 많아지면 음전하를 띰
② 양의 대전 상태 : 전자의 개수가 양성자보다 적어지면 양전하를 띰

3 도체

(1) 물질의 종류
　① 도체 : 전하의 이동을 자유로이 허용하는 물질
　② 부도체 : 전하의 이동을 허용하지 않는 물질
　③ 반도체 : 도체와 부도체의 중간의 성질을 갖는 물질

(2) 도체의 성질
　① **도체 표면에만 전하가 존재**하고, 도체 내에는 전하가 분포하지 않음
　② 도체 표면 및 내부전위는 등전위
　③ 도체 내부의 전계는 0
　④ 도체 표면에 수직으로 전기력선(전계)이 출입함
　⑤ 도체 표면의 곡률 반지름이 작은 곳에 전하가 많이 분포

02 쿨롱 법칙

1 유전율 ε [F/m]

유전체가 전기장 안에 있을 때 **전기장이 줄어드는 비율** $\varepsilon = \varepsilon_0 \varepsilon_s$

(1) 진공, 공기에서의 유전율 ε_0

$$\varepsilon_0 = \frac{10^{-9}}{36\pi} = \frac{1}{4\pi \times 9 \times 10^9} = 8.855 \times 10^{-12} \, [F/m]$$

※ ε_0값은 암기하자!

(2) 비유전율 ε_s

① 어느 물체의 유전율과 진공 중의 유전율과의 상대적인 비율

② 유전체에 따라 다름

2 쿨롱 법칙

(1) 쿨롱힘 F

$$F = QE = \frac{Q_1 Q_2}{4\pi\varepsilon_0 r^2} \ [N]$$

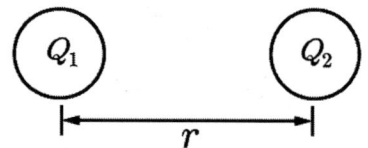

① 전하의 부호가 반대인 경우 **흡인력**이 발생함

② 전하의 부호가 같을 경우 **반발력**이 발생함

(2) 쿨롱상수 $k = \dfrac{1}{4\pi\varepsilon}$

(3) 공기(진공) 중의 쿨롱상수 $k = \dfrac{1}{4\pi\varepsilon_0} = 9 \times 10^9$

예제 02

진공 중에 같은 전기량 +1 [C]의 대전체 두 개가 약 몇 [m] 떨어져 있을 때 각 대전체에 작용하는 반발력이 1 [N]인가?

① 3.2×10^{-3} ② 3.2×10^3 ③ 9.5×10^{-4} ④ 9.5×10^4

해설 쿨롱의 법칙

$$F = 9 \times 10^9 \times \frac{Q_1 Q_2}{r^2}$$

$$r = \sqrt{9 \times 10^9 \times \frac{Q_1 Q_2}{F}} = \sqrt{9 \times 10^9 \times \frac{1 \times 1}{1}} \fallingdotseq 9.5 \times 10^4 \ [m]$$

정답 ④

03 전계와 전위

1 전계 E [V/m] (전기장, 전위 경로, 전위의 기울기)

임의의 한 점에 **단위전하** $1[C]$를 놓았을 때 이에 **작용하는 힘**

(1) 전계의 세기

$$E = \frac{Q}{4\pi\varepsilon_0 r^2} \ [V/m]$$

$$E = -\nabla V = -grad\,V \ [V/m]$$

(2) F와 Q의 관계

$$F = QE\ [N], \quad E = \frac{F}{Q}\ [V/m]$$

$$F = \frac{Q_1 Q_2}{4\pi\varepsilon_0 r^2}\ [N], \quad E = \frac{Q}{4\pi\varepsilon_0 r^2}\ [V/m]$$

(3) **보존장**

임의의 폐경로에 대한 **선적분값**이 0이 되는 장

① 모든 점에서 회전이 0벡터인 벡터장

$\nabla \times E = 0$

② 임의의 계에서 폐회로를 일주할 때 하는 일

$$W = \oint_c QE\,dl = Q\oint_c E\,dl = 0$$

③ 보존계의 예시
- 보존장 : 전기장, 중력장
- 비보존장 : 자기장

2 전위 V [V]

무한 원점을 영전위로 하고, 무한 원점에서 **단위점전하를 임의의 점까지 이동시키는 데 필요한 일**

(1) 전위의 세기

$$V = E \cdot r = \frac{Q}{4\pi\varepsilon_0 r^2} \times r = \frac{Q}{4\pi\varepsilon_0 r} \, [V]$$

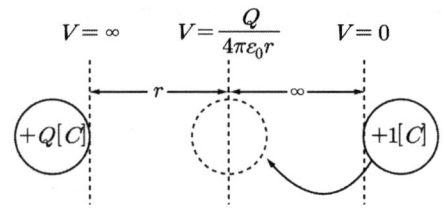

$$V = -\int_\infty^r E \cdot dr = \int_r^\infty E \cdot dr$$

(2) **전하 Q가 이동하는 데 필요한 일의 양**

$$\vec{W} = Q\vec{V} = Q\vec{E} \cdot \vec{r} \, [J]$$

예제 03

두 점전하 q, $\frac{1}{2}q$가 a만큼 떨어져 놓여 있다. 이 두 점전하를 연결하는 선상에서 전계의 세기가 영(0)이 되는 점은 q가 놓여 있는 점으로부터 얼마나 떨어진 곳인가?

① $\sqrt{2}\,a$ ② $(2-\sqrt{2})a$ ③ $\frac{\sqrt{3}}{2}a$ ④ $\frac{(1+\sqrt{2})}{2}a$

해설 전계가 0이 되는 위치

- P 지점에서 전계가 0이 된다고 할 때

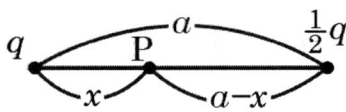

$$E_q = E_{\frac{1}{2}q}, \quad \frac{q}{4\pi\varepsilon_0 x^2} = \frac{\frac{1}{2}q}{4\pi\varepsilon_0 (a-x)^2}, \quad \frac{1}{x^2} = \frac{1}{2(a-x)^2}, \quad 2(a-x)^2 = x^2$$

- $2(a^2 - 2ax + x^2) = x^2$
- $x^2 - 4ax + 2a^2 + 2a^2 = 0 + 2a^2$
- $(x - 2a)^2 = 2a^2$ 양변에 제곱근을 취하면
- $x - 2a = \pm a\sqrt{2}$ ∴ $x = (2 \pm \sqrt{2})a$
  $x = (2 - \sqrt{2})a$

정답 ②

예제 04

어느 점전하에 의하여 생기는 전위를 처음 전위의 1/2이 되게 하려면 전하로부터의 거리를 어떻게 해야 하는가?

① $\frac{1}{2}$로 감소시킨다.

② $\frac{1}{\sqrt{2}}$로 감소시킨다.

③ 2배 증가시킨다.

④ $\frac{1}{\sqrt{2}}$배 증가시킨다.

해설 점전하로부터의 전위

$V = \frac{Q}{4\pi\varepsilon_0 r}$, $V \propto \frac{1}{r}$ 이므로 처음 전위의 $\frac{1}{2}$이 되기 위해서는 거리는 2배로 늘어나야 한다.

정답 ③

예제 05

자유공간에서 정육각형의 꼭짓점에 동량, 동질의 점전하 Q가 각각 놓여 있을 때 정육각형 한 변의 길이가 a라 하면 정육각형 중심의 전계의 세기는 얼마인가?

① $\frac{Q}{4\pi\varepsilon_o a^2}$ ② $\frac{3Q}{2\pi\varepsilon_o a^2}$ ③ $6Q$ ④ 0

해설 정n각형 중심 전계의 세기

정n각형의 중심의 전계의 세기는 0이다.

정답 ④

04 전기력선과 전속

1 전기력선

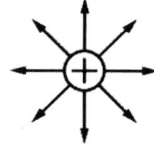 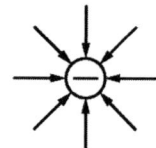 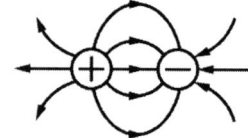 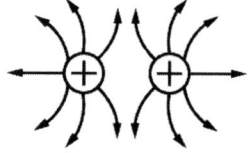

전계의 **방향**과 **크기**를 나타낸 가상의 선

(1) 전기력선의 수 : $N = \dfrac{Q}{\varepsilon} = \dfrac{Q}{\varepsilon_0 \varepsilon_s}$ [개]

(2) 전기력선의 성질

　① 유전율이 큰 쪽에서 작은 쪽으로 가려는 성질을 띰
　② (+)에서 (-)방향으로 진행
　③ 전하가 없는 곳에서 발생, 소멸이 없음
　④ 전하가 없는 곳에서 전기력선은 연속적
　⑤ 고전위에서 저전위로 향함
　⑥ 전계의 방향이 곧 전기력선의 방향
　⑦ 서로 교차하지 않으며 등전위면과 직교
　⑧ 전기력선 자신만으로 폐곡선을 만들 수 없음

(3) **전기력선의 방정식** : 전계와 전기력선은 서로 수평(외적의 값 = 0)

$$\dfrac{dx}{E_x} = \dfrac{dy}{E_y} = \dfrac{dz}{E_z}$$

$$\vec{E} \times dl = \begin{pmatrix} i & j & k \\ E_x & E_y & E_z \\ dx & dy & dz \end{pmatrix} = i(E_y dz - E_z dy) + j(E_z dx - E_x dz) + k(E_x dy - E_y dx) = 0$$

예제 06

그림과 같이 도체구 내부 공동의 중심에 점전하 Q [C]가 있을 때 이 도체구의 외부로 발산되어 나오는 전기력선의 수는 얼마인가? (단, 도체 내외의 공간은 진공이라 한다)

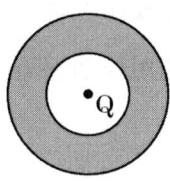

① 4π ② $\dfrac{Q}{\varepsilon_0}$ ③ Q ④ $\varepsilon_0 Q$

해설 폐곡면을 관통하는 전기력선의 총 수

$\dfrac{Q}{\varepsilon_0}$ [개]

정답 ②

2 등전위면

(1) **전위가 같은 점**끼리 이어서 만들어진 면

(2) 성질
   ① 등전위면은 전위차가 없음
   ② 전기력선은 등전위면과 항상 직교
   ③ 두 개의 서로 다른 등전위면은 서로 교차하지 않음
   ④ 등전위면에서 행하는 일은 "0"의 값을 가짐

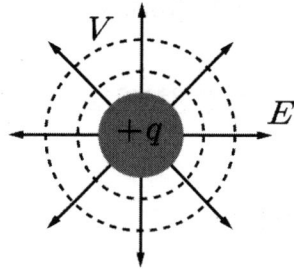

3 전속 ψ [C]과 전속밀도 D [C/m²]

(1) 전속
  ① 전하에서 나오는 **선속**
    • 전하량이 Q일 때, 매질에 관계없이 전속도 Q
      TIP 전속선과 전기력선을 잘 구분하자

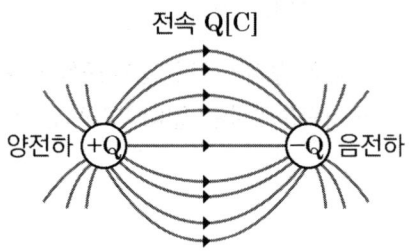

(2) 전속밀도 D [C/m²]
  ① 단위면적당 전속선 개수

$$D = \frac{\psi}{S} = \frac{Q}{S} \; [C/m^2]$$

  • 전계 내의 전속밀도

$$D = \varepsilon E = \frac{\varepsilon Q}{4\pi\varepsilon r^2} = \frac{Q}{4\pi r^2} \; [C/m^2]$$

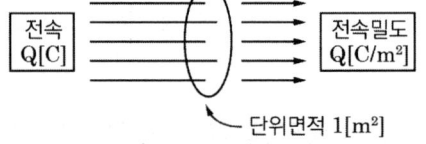

(3) 전하밀도
  ① 체적전하밀도 $\rho = \dfrac{Q}{V} [C/m^3]$, $Q = \displaystyle\int_v \rho_v \cdot dv$
  ② 면전하밀도 $\sigma = \dfrac{Q}{S} [C/m^2]$, $Q = \displaystyle\int_s \rho_s \cdot ds$
  ③ 선전하밀도 $\lambda = \dfrac{Q}{l} [C/m]$, $Q = \displaystyle\int_l \rho_l \cdot dl = \int_l \lambda \cdot dl$

예제 07

어떤 대전체가 진공 중에서 전속이 Q [C]이었다. 이 대전체를 비유전율 10인 유전체 속으로 가져갈 경우에 전속은 얼마인가?

① Q　　　　② 10Q　　　　③ Q/10　　　　④ $10\varepsilon_0 Q$

해설 대전체의 전속

전속은 매질에 상관없이 Q [C]이다.

정답 ①

4 가우스법칙

(1) 적분형

폐곡면을 통과하는 전기력선의 수는 폐곡면 내부의 진전하량과 같음

$$\oint_S D \cdot dS = Q$$

(2) 폐곡면을 관통하는 전기력선의 총 수 : $\dfrac{Q}{\varepsilon_0}$ [개]

$$\int E \cdot ds = N = \dfrac{Q}{\varepsilon_0} \text{ [개]}$$

(3) 미분형

임의의 점에서 전속선의 발산량은 그 점에서의 체적전하밀도의 크기와 같음

$$div D = \nabla \cdot D = \rho$$

예제 08

점전하에 의한 전계는 쿨롱의 법칙을 사용하면 되지만 분포되어 있는 전하에 의한 전계를 구할 때는 무엇을 이용하는가?

① 렌츠의 법칙　　　　　　　　　② 가우스의 정리
③ 라플라스 방정식　　　　　　　④ 스토크스의 정리

해설 가우스 정리

$$\int D ds = Q \text{ (전속 수)} \quad \int E ds = \dfrac{Q}{\epsilon} \text{ (전기력선 수)}$$

정답 ②

예제 09

전속밀도 $D = x^2 i + y^2 j + z^2 k \, [C/m^2]$를 발생시키는 점 (1, 2, 3)에서의 체적전하밀도는 몇 $[C/m^3]$인가?

① 12　　　　② 13　　　　③ 14　　　　④ 15

해설 가우스 정리

$$\nabla \cdot D = \rho_v = \left(\dfrac{\partial}{\partial x} i + \dfrac{\partial}{\partial y} j + \dfrac{\partial}{\partial z} k\right) \cdot (x^2 i + y^2 j + z^2 k) = 2x + 2y + 2z = 12 \, [C/m^3]$$

정답 ①

05 전계와 전위의 계산

1 무한평면도체

(1) 무한평면도체

① 전계

$$E = \frac{\sigma}{2\varepsilon_0}\ [V/m]$$

② 전위

$$V = -\int_{\infty}^{0} \frac{\sigma}{2\varepsilon_0} dl = \infty\ [V]$$

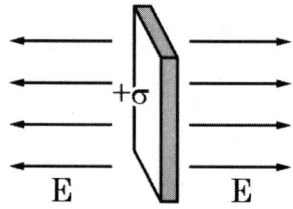

(2) 두 무한평면도체 사이

① 전계

$$E = \frac{\sigma}{\varepsilon_0}\ [V/m]$$

② 전위

$$V = -\int_{d}^{0} \frac{\sigma}{\varepsilon_0} dl = \frac{\sigma}{\varepsilon_0} d\ [V]$$

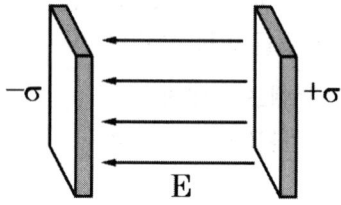

2 구도체

(1) 구 외부($r > a$) : 점전하와 동일

① 전계

$$E = \frac{Q}{4\pi\varepsilon_0 r^2}\ [V/m]$$

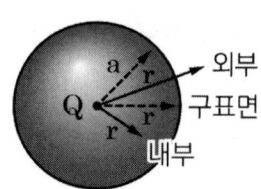

② 전위

$$V = \frac{Q}{4\pi\varepsilon_0 r} \ [V]$$

$$V = -\int_{\infty}^{r} \frac{Q}{4\pi\varepsilon_0 r^2} dr = \frac{Q}{4\pi\varepsilon_0 r} \ [V]$$

(2) 구 표면($r = a$) : **표면**에만 전하가 존재하는 경우

① 전계

$$E = \frac{Q}{4\pi\varepsilon_0 a^2} \ [V/m]$$

② 전위

$$V = \frac{Q}{4\pi\varepsilon_0 a} \ [V]$$

$$V = -\int_{\infty}^{r} \frac{Q}{4\pi\varepsilon_0 a^2} dr = \frac{Q}{4\pi\varepsilon_0 a} \ [V]$$

(3) 구 내부($r < a$) : 내부에 전하가 **균일**하게 분포하는 경우

① 전계

$$E = \frac{rQ}{4\pi\varepsilon_0 a^3} \ [V/m]$$

② 전위

$$V = \frac{Q}{4\pi\varepsilon_0 a}\left(\frac{3}{2} - \frac{r^2}{2a^2}\right)[V]$$

$$V = -\int_{\infty}^{a} \frac{Q}{4\pi\varepsilon_0 a^2} dr - \int_{a}^{r} \frac{rQ}{4\pi\varepsilon_0 a^3} dr = \frac{Q}{4\pi\varepsilon_0 a}\left(\frac{3}{2} - \frac{r^2}{2a^2}\right)[V]$$

전하량은 체적에 비례하므로 $E = \dfrac{\left(\dfrac{r}{a}\right)^3 Q}{4\pi\varepsilon_0 r^2} = \dfrac{rQ}{4\pi\varepsilon_0 a^3}\ [V/m]$

$V = -\displaystyle\int_\infty^a \dfrac{Q}{4\pi\varepsilon_0 a^2}\,dr - \int_a^r \dfrac{rQ}{4\pi\varepsilon_0 a^3}\,dr = \dfrac{Q}{4\pi\varepsilon_0 a} + \dfrac{Q}{8\pi\varepsilon_0 a^3}(a^2 - r^2)$

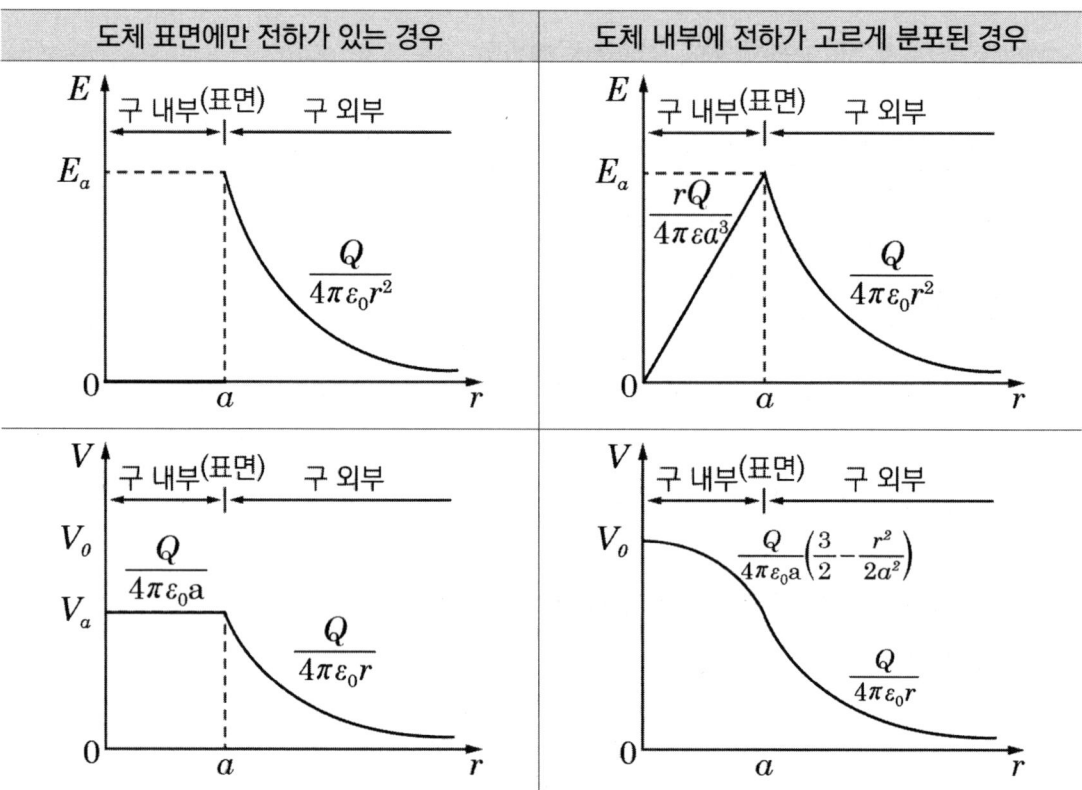

3 동심구도체

(1) 도체 A의 전하 $+Q$, 도체 B의 전하 $-Q$ 일 때

　도체 A의 표면전위(V_a)

$$V_a = \dfrac{Q}{4\pi\varepsilon_0}\left(\dfrac{1}{a} - \dfrac{1}{b}\right)[V]$$

$V_a = -\displaystyle\int_b^a \dfrac{Q}{4\pi\varepsilon_0 r^2}\,dr = \dfrac{Q}{4\pi\varepsilon_0}\left(\dfrac{1}{a} - \dfrac{1}{b}\right)[V]$

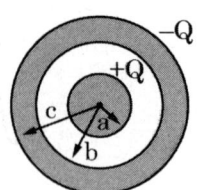

(2) 도체 A의 전하 $+Q$, 도체 B의 전하 0일 때
도체 A의 표면전위(V_a)

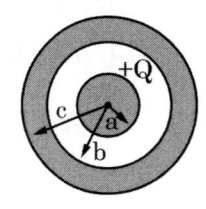

$$V_a = \frac{Q}{4\pi\varepsilon_0}\left(\frac{1}{a} - \frac{1}{b} + \frac{1}{c}\right)[V]$$

$$V_a = -\int_b^a \frac{Q}{4\pi\varepsilon_0 r^2}dr - \int_c^b 0\,dr - \int_\infty^c \frac{Q}{4\pi\varepsilon_0 r^2}$$
$$= \frac{Q}{4\pi\varepsilon_0}\left(\frac{1}{a} - \frac{1}{b} + \frac{1}{c}\right)[V]$$

TIP $\int x^a dx = \frac{n+1}{x^{n+1}}(a \neq 1)$

4 동축 원주 도체

(1) B도체 외부($b < r$)

① 전계

$$E = 0\,[V/m]$$

② 전위

$$V = 0\,[V]$$

(2) A도체와 B도체 사이($a < r < b$)

① 전계

$$E = \frac{\lambda}{2\pi\varepsilon_0 r}\,[V/m]$$

$$E = \frac{N}{S} = \frac{\frac{\lambda}{\varepsilon_0}}{2\pi r} = \frac{\lambda}{2\pi\varepsilon_0 r}\,[V/m]$$

TIP $E = \dfrac{N}{S}$

② 전위

$$V_{AB} = \frac{\lambda}{2\pi\varepsilon_0}\ln\frac{b}{a}\,[V]$$

$$V_{AB} = -\int_b^a \frac{\lambda}{2\pi\varepsilon_0 r}dr = \frac{\lambda}{2\pi\varepsilon_0}\ln\frac{b}{a}\,[V]$$

(3) A도체 내부($r < a$)

　① 도체 표면에만 전하가 있는 경우 도체 내부에는 전기력선이 없어 전계 0

　② 도체 내부에 전하가 고르게 분포된 경우 원통에서의 전계 $E = \dfrac{\lambda}{2\pi\varepsilon_0 r}\,[V/m]$는

　　체적에 비례하므로 $E = \dfrac{\dfrac{r^2}{a^2}\lambda}{2\pi\varepsilon_0 r} = \dfrac{r\lambda}{2\pi\varepsilon_0 a^2}\,[V/m]$

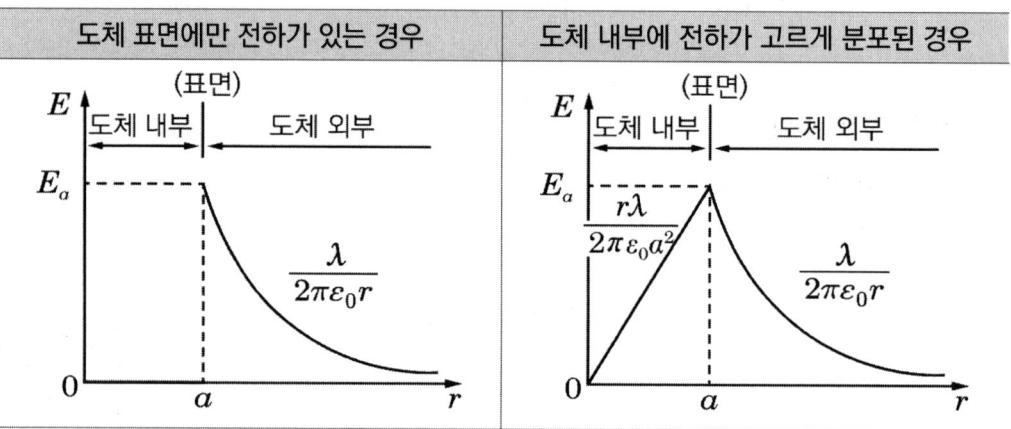

5 평행도선 사이 도체

(1) 전계

$$E_A + E_B = \dfrac{\lambda}{2\pi\varepsilon_0 x} + \dfrac{\lambda}{2\pi\varepsilon_0 (d-x)}\,[V/m]$$

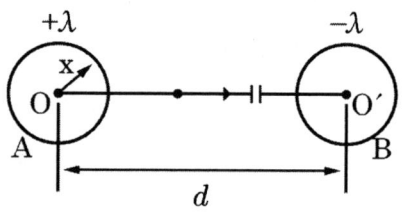

(2) 전위

$$V_A + V_B = \dfrac{\lambda}{\pi\varepsilon_0}\ln\dfrac{d-a}{a}\,[V]$$

$$V_A + V_B = -\int_{d-a}^{a}\dfrac{\lambda}{2\pi\varepsilon_0 x}dx - \int_{d-a}^{a}\dfrac{\lambda}{2\pi\varepsilon_0 (d-x)}dx$$
$$= \dfrac{\lambda}{\pi\varepsilon_0}\ln\dfrac{d-a}{a}\,[V]$$

TIP　$d-a \fallingdotseq d$

예제 10

면전하밀도 σ [C/m²], 판간 거리 d [m]인 무한 평행판 대전체 간의 전위차는 몇 [V]인가?

① σd
② $\dfrac{\sigma}{\varepsilon}$
③ $\dfrac{\varepsilon_0 \sigma}{d}$
④ $\dfrac{\sigma d}{\varepsilon_0}$

해설 평행판 대전체 사이의 전위차

$$E = \dfrac{\sigma}{\varepsilon_0}\,[V/m] \qquad V = Ed = \dfrac{\sigma d}{\varepsilon_0}\,[V]$$

정답 ④

예제 11

반지름 a [m]인 구대칭 전하에 의한 구 내외의 전계의 세기에 해당되는 것은? (단, 전하는 도체 표면에만 존재한다)

①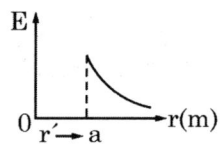
②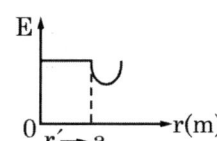
③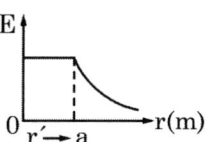
④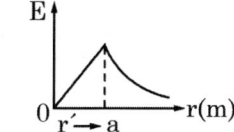

해설 구도체의 전계의 세기

① 전하가 표면에만 분포하는 경우
④ 전하가 내부에 균일하게 분포하는 경우

정답 ①

06 전기쌍극자

1 전기쌍극자

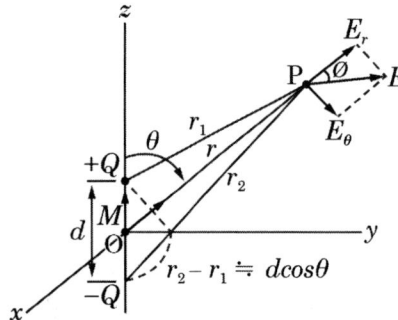

- 전기쌍극자 : 양전하와 음전하가 미소거리만큼 떨어져 있는 것
- 전기쌍극자 모멘트 $M = Qd\,[C \cdot m]$

(1) 전계

$$E = \sqrt{E_r^2 + E_\theta^2} = \frac{M\sqrt{1+3\cos^2\theta}}{4\pi\varepsilon_0 r^3}\,[V/m]$$

$E = -\operatorname{grad} V\,[V/m],\ E_r = -\frac{\partial V}{\partial r} = \frac{M\cos\theta}{2\pi\varepsilon_0 r^3}\,[V/m],\ E_\theta = -\frac{\partial V}{r\partial\theta} = \frac{M\sin\theta}{4\pi\varepsilon_0 r^3}\,[V/m]$

(2) 전위

$$V = \frac{M\cos\theta}{4\pi\varepsilon_0 r^2}\,[V]$$

$V = \frac{Q}{4\pi\varepsilon_0}\left(\frac{1}{r_1} - \frac{1}{r_2}\right) = \frac{Q}{4\pi\varepsilon_0} \cdot \frac{r_2 - r_1}{r_1 r_2}\,[V],\quad r_2 - r_1 = d\cos\theta$

2 전기이중층

(1) 전기 이중층에 의한 전위

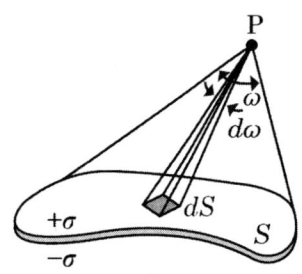

$$V_p = \frac{M}{4\pi\varepsilon_0}\omega\,[V]$$

$M = \sigma t$: 전기이중층의 세기, σ : 면전하밀도, t : 판의 두께

예제 12

전기쌍극자로부터 임의의 점까지의 거리가 r이라 할 때 전계의 세기는 r과 어떤 관계에 있는가?

① $\frac{1}{r}$ 에 비례 ② $\frac{1}{r^2}$ 에 비례

③ $\frac{1}{r^3}$ 에 비례 ④ $\frac{1}{r^4}$ 에 비례

해설 전기쌍극자의 전계의 세기

$$E = \frac{M\sqrt{1+3\cos^2\theta}}{4\pi\varepsilon_0 r^3} \ [V/m]$$

$$\therefore E \propto \frac{1}{r^3}$$

정답 ③

예제 13

진공 중에서 +q [C]과 -q [C]의 점전하가 미소거리 a [m]만큼 떨어져 있을 때 이 쌍극자가 점 P에 만드는 전계 [V/m]와 전위 [V]의 크기는 각각 얼마인가?

① $E = \frac{qa}{4\pi\varepsilon_o r^2}$, $V = 0$ ② $E = \frac{qa}{4\pi\varepsilon_o r^3}$, $V = 0$

③ $E = \frac{qa}{4\pi\varepsilon_o r^2}$, $V = \frac{qa}{4\pi\varepsilon_o r}$ ④ $E = \frac{qa}{4\pi\varepsilon_o r^3}$, $V = \frac{qa}{4\pi\varepsilon_o r^2}$

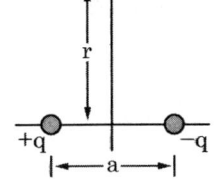

해설 전기쌍극자에 의한 전계와 전위의 세기

$$E = \frac{M\sqrt{1+3\cos^2\theta}}{4\pi\varepsilon_0 r^3} \ [V/m] \qquad V = \frac{M\cos\theta}{4\pi\varepsilon_o r^2} \ [V]$$

$\cos\theta = 0$ 이므로 $E = \frac{qa}{4\pi\varepsilon_o r^3}$, $V = 0$

정답 ②

07 푸아송·라플라스 방정식

1 푸아송 방정식

$$\nabla^2 V = -\frac{\rho}{\varepsilon_0}$$

(1) 가우스법칙의 미분형 $\nabla \cdot E = \dfrac{\rho}{\varepsilon_0}$ ··· (1)

(2) 전위의 기울기 : $E = -\operatorname{grad} V$ ··· (2)

식 (1)에 식 (2)를 대입 → $\nabla \cdot (-\nabla V) = -\left(\dfrac{\partial^2 V}{\partial x^2} + \dfrac{\partial^2 V}{\partial y^2} + \dfrac{\partial^2 V}{\partial z^2}\right) = \dfrac{\rho}{\varepsilon_0}$

2 라플라스 방정식

$$\nabla^2 V = 0$$

(1) 전하밀도가 0일 때 적용($\rho = 0$)

(2) 라플라스 방정식은 선형 방정식

예제 14

전위함수가 $V = x^2 + y^2 \, [V]$인 자유공간 내의 전하밀도는 몇 $[C/m^3]$인가?

① -12.5×10^{-12} ② -22.4×10^{-12}
③ -35.4×10^{-12} ④ -70.8×10^{-12}

해설 푸아송 방정식

$\nabla^2 V = \dfrac{\partial^2 V}{\partial x^2} + \dfrac{\partial^2 V}{\partial y^2} + \dfrac{\partial^2 V}{\partial z^2} = -\dfrac{\rho}{\epsilon_0}$

$\nabla^2 V = \dfrac{\partial^2}{\partial x^2}(x^2+y^2) + \dfrac{\partial^2}{\partial y^2}(x^2+y^2) = 2 + 2 = -\dfrac{\rho}{\epsilon_0}$

- $\rho = -4\epsilon_0 = -4 \times 8.855 \times 10^{-12} = -35.4 \times 10^{-12} \, [C/m^3]$

정답 ③

CHAPTER 02 | 개념 체크 OX

1 전계의 에너지가 0으로 되는 전하 분포의 전계를 정전계라 한다. ☐O ☐X

2 부도체는 전하의 이동을 자유로이 허용하는 물질이다. ☐O ☐X

3 도체는 표면에만 전하가 존재하고, 도체 내에는 전하가 분포하지 않는다. ☐O ☐X

4 도체 내부의 전계는 0이다. ☐O ☐X

5 진공에서의 유전율 값은 $k = 9 \times 10^9$이다. ☐O ☐X

6 전기력선의 개수는 전하량 Q와 같다. ☐O ☐X

7 가우스법칙은 폐곡면을 통과하는 전기력선의 수는 폐곡면 내부의 진전하량과 같음을 의미한다. ☐O ☐X

8 무한평면도체의 전계는 $E = \dfrac{\sigma}{2\varepsilon_0} \, [V/m]$이다. ☐O ☐X

9 전기쌍극자의 전계의 세기는 r의 제곱에 반비례한다. ☐O ☐X

10 라플라스 방정식은 $\nabla^2 V = -\dfrac{\rho}{\varepsilon_0}$이다. ☐O ☐X

정답 01 (X) 02 (X) 03 (O) 04 (O) 05 (X) 06 (X) 07 (O) 08 (O) 09 (X) 10 (X)

1 전계의 에너지가 <u>최소</u>로 되는 전하 분포의 전계를 정전계라 한다.
2 <u>도체</u>는 전하의 이동을 자유로이 허용하는 물질
5 진공에서의 유전율 값은 $\varepsilon_0 = 8.85 \times 10^{-12} \, [F/m]$이다.
6 <u>전속선</u>의 개수는 전하량 Q와 같다.
9 전기쌍극자의 전계의 세기는 r의 <u>세제곱</u>에 반비례한다.
10 라플라스 방정식은 $\nabla^2 V = 0$이다.

CHAPTER 03 진공 중의 도체계

01 계수

1 전위계수(엘라스턴스, Daraf)

도체계 내에 여러 개의 전하가 있을 경우 전위계수를 이용하여 계산

(1) 전위계수

$$V = \frac{1}{4\pi\varepsilon_0 r}Q = PQ\,[V]$$

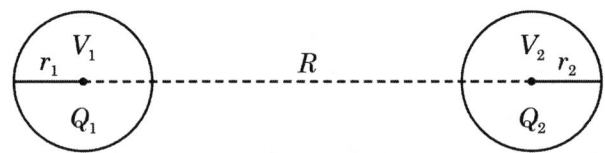

① 전위계수는 전위 및 전하에 상관없는 **상수**
② V_{ii} : i 전하에 의해서 i 도체에 유도된 전위
③ V_{ij} : j 전하에 의해서 i 도체에 유도된 전위
④ $P = \dfrac{1}{C} = \dfrac{V}{Q}\,[1/F]$

(2) 전위계수의 성질

$$V_i = \sum_{j=1}^{n} P_{ij}Q_j, \quad V_i = P_{i1}Q_1 + P_{i2}Q_2 + \cdots + P_{in}Q_n\,[V]$$

$$V_1 = \frac{Q_1}{4\pi\varepsilon_0 r_1} + \frac{Q_2}{4\pi\varepsilon_0 R} = P_{11}Q_1 + P_{12}Q_2\,[V]$$

$$V_2 = \frac{Q_1}{4\pi\varepsilon_0 R} + \frac{Q_2}{4\pi\varepsilon_0 r_2} = P_{21}Q_1 + P_{22}Q_2\,[V]$$

① $P_{ii} > 0$

② $P_{ii} \geq P_{ji}$ ($P_{ii} = P_{ji}$이기 위해서는 j 도체가 i 도체 내부에 존재)

③ $P_{ji} \geq 0$

④ $P_{ij} = P_{ji}$

2 용량계수, 유도계수(Farad)

(1) 정의

① 용량계수 $q_{ii} = C\,[F]$: 자기 자신의 전위를 1 [V]로 만들기 위한 전하

② 유도계수 $q_{ij} = C\,[F]$: q_{ii}에 의해 j번째 도체에 유도된 전하

(2) $Q_i = \sum\limits_{j=1}^{n} q_{ij} V_j\,[C]$, $Q_i = q_{i1}V_1 + q_{i2}V_2 + \cdots + q_{in}V_n\,[C]$

(3) 용량계수, 유도계수의 성질

① 용량계수 $q_{ii} > 0$

② 유도계수 $q_{ij} = q_{ji} \leq 0$

③ $q_{ii} \geq -(q_{12} + q_{13} + q_{14} + \cdots + q_{1r})$ (등호는 정전차폐일 때 성립)

예제 01

진공 중에 서로 떨어져 있는 두 도체 A, B가 있다. A에만 1 [C]의 전하를 줄 때 도체 A, B의 전위가 각각 3 [V], 2 [V]였다고 하면 A에 2 [C], B에 1 [C]의 전하를 주면 도체 A의 전위는 몇 [V]인가?

① 6   ② 7   ③ 8   ④ 9

해설 전위계수

Q_A = 1 [C], Q_B = 0 [C]일 때, 전위계수는
$V_A = P_{AA}Q_A + P_{AB}Q_B$, P_{AA} = 3 [V/C]
$V_B = P_{BA}Q_A + P_{BB}Q_B$, P_{BA} = 2 [V/C]
Q_A = 2 [C], Q_B = 1 [C]일 때, $V_A = P_{AA}Q_A + P_{AB}Q_B = 3 \times 2 + 2 \times 1 = 8$ [V]

정답 ③

예제 02

각각 ±Q [C]로 대전된 두 개의 도체 간의 전위차를 전위계수로 표시한 것은? (단, $P_{12} = P_{21}$이다)

① $(P_{11} + P_{12} + P_{22})Q$
② $(P_{11} + P_{12} - P_{22})Q$
③ $(P_{11} - P_{12} + P_{22})Q$
④ $(P_{11} - 2P_{12} + P_{22})Q$

해설 전위계수

- $V_1 = P_{11}Q - P_{12}Q$ $V_2 = P_{21}Q - P_{22}Q$
- 전위차 $V = V_1 - V_2$
- $V = (P_{11}Q - P_{12}Q - P_{21}Q + P_{22}Q) = (P_{11} - 2P_{12} + P_{22})Q$ ∵ $P_{12} = P_{21}$

정답 ④

02 정전용량

1 정전용량(Capacity) C [F]

(1) 절연된 도체 간 전위를 주었을 때 **전하를 저장하는 능력**

$$C = \frac{Q}{V} = \frac{\varepsilon S}{d} [F]$$

S : 극판의 면적 d : 극판 간격

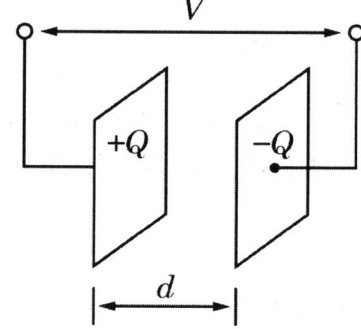

(2) 정전용량을 늘리는 방법
① 극판 간격을 줄임
② 극판의 면적을 키움
③ 유전율이 큰 물질을 사용

2 정전용량 계산

(1) 도체구

$$V = \frac{Q}{4\pi\varepsilon_0 r} [V], \quad C = 4\pi\varepsilon_0 r [F]$$

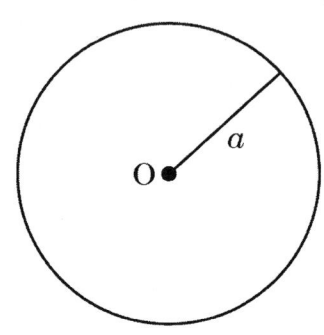

① 도체구 전계 $E = \dfrac{Q}{4\pi\varepsilon_0 r^2} [V/m]$

② 전위 $V = -\int_{\infty}^{a} E \cdot dl = \dfrac{Q}{4\pi\varepsilon_0 r}\,[V]$

③ 정전용량 $C = \dfrac{Q}{V} = \dfrac{Q}{\dfrac{Q}{4\pi\varepsilon_0 r}} = 4\pi\varepsilon_0 r\,[F]$

(2) 동심구

$$V = \dfrac{Q}{4\pi\varepsilon_0}\left(\dfrac{1}{a} - \dfrac{1}{b}\right)[V],\quad C = \dfrac{4\pi\varepsilon_0 ab}{b-a}\,[F]$$

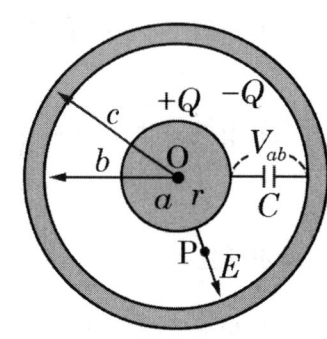

① 도체구 전계 $E = \dfrac{Q}{4\pi\varepsilon_0 r^2}\,[V/m]$

② 전위 $V = -\int_{\infty}^{a} E \cdot dl = \dfrac{Q}{4\pi\varepsilon_0}\left(\dfrac{1}{a} - \dfrac{1}{b}\right)[V]$

③ 정전용량

$C = \dfrac{Q}{V} = \dfrac{Q}{\dfrac{Q}{4\pi\varepsilon_0}\left(\dfrac{1}{a}-\dfrac{1}{b}\right)} = \dfrac{4\pi\varepsilon_0}{\left(\dfrac{1}{a}-\dfrac{1}{b}\right)} = \dfrac{4\pi\varepsilon_0 ab}{b-a}\,[F]$

(3) 평행판

$$V = \dfrac{\sigma d}{\varepsilon_0}\,[V],\quad C = \dfrac{\varepsilon_0 S}{d}\,[F]$$

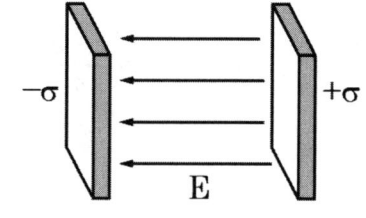

① 평행판 전계 $E = \dfrac{\sigma}{\varepsilon_0}\,[V/m]$

② 전위 $V = El = \dfrac{\sigma d}{\varepsilon_0}\,[V]$

③ 정전용량 $C = \dfrac{Q}{V} = \dfrac{\sigma S}{\dfrac{\sigma d}{\varepsilon_0}} = \dfrac{\varepsilon_0 S}{d}\,[F]$

(4) 동심원통(동축 케이블)

$$V = \frac{\lambda}{2\pi\varepsilon_0} \ln\frac{b}{a} \, [V], \quad C = \frac{2\pi\varepsilon_0 l}{\ln\frac{b}{a}} \, [F]$$

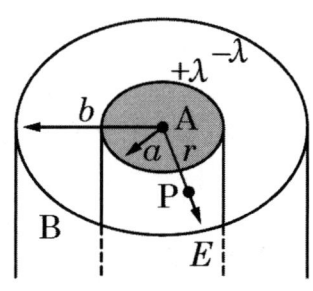

① 선전하 전계 $E = \dfrac{\lambda}{2\pi\varepsilon_0 r} \, [V/m]$

② 전위 $V = -\displaystyle\int_d^a E \cdot dl = \dfrac{\lambda}{2\pi\varepsilon_0} \ln\dfrac{b}{a} \, [V]$

③ 정전용량 $C = \dfrac{\lambda l}{\dfrac{\lambda}{2\pi\varepsilon_0}\ln\dfrac{b}{a}} = \dfrac{2\pi\varepsilon_0 l}{\ln\dfrac{b}{a}} \, [F]$

(5) 평행도선

① 평행도선 전계 $E = \dfrac{\lambda}{2\pi\varepsilon_0 x} + \dfrac{\lambda}{2\pi\varepsilon_0 (d-x)} \, [V/m]$

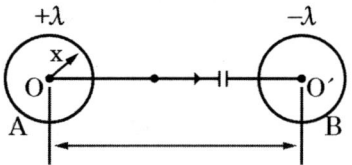

② 전위 $V = -\displaystyle\int_{d-a}^a E \cdot dx = \dfrac{\lambda}{\pi\varepsilon_0} \ln\dfrac{d-a}{a} \, [V]$

③ 정전용량 $C_{AB} = \dfrac{\lambda l}{\dfrac{\lambda}{\pi\varepsilon_0}\ln\dfrac{d-a}{a}} = \dfrac{\pi\varepsilon_0 l}{\ln\dfrac{d-a}{a}} \, [F]$

$$V = \frac{\lambda}{\pi\varepsilon_0} \ln\frac{d-a}{a} \, [V], \quad C_{AB} = \frac{\pi\varepsilon_0 l}{\ln\dfrac{d-a}{a}} \, [F]$$

3 각 도체계의 전계, 전위, 정전용량 계산

구분	전계 E [V/m]	전위 V [V]	정전용량 C [F]
도체구	$\dfrac{Q}{4\pi\varepsilon_0 r^2}$	$\dfrac{Q}{4\pi\varepsilon_0 r}$	$4\pi\varepsilon_0 r$
동심구	$\dfrac{Q}{4\pi\varepsilon_0 r^2}$	$\dfrac{Q}{4\pi\varepsilon_0}\left(\dfrac{1}{a}-\dfrac{1}{b}\right)$	$\dfrac{4\pi\varepsilon_0 ab}{b-a}$
무한평면	$\dfrac{\sigma}{2\varepsilon_0}$	∞	∞
평행판	$\dfrac{\sigma}{\varepsilon_0}$	$\dfrac{\sigma d}{\varepsilon_0}$	$\dfrac{\varepsilon_0 S}{d}$
선전하	$\dfrac{\lambda}{2\pi\varepsilon_0 r}$	∞	∞
동심원통	$\dfrac{\lambda}{2\pi\varepsilon_0 r}$	$\dfrac{\lambda}{2\pi\varepsilon_0}\ln\dfrac{b}{a}$	$\dfrac{2\pi\varepsilon_0 l}{\ln\dfrac{b}{a}}$
평행도선	$\dfrac{\lambda}{2\pi\varepsilon_0 x}+\dfrac{\lambda}{2\pi\varepsilon_0(d-x)}$	$\dfrac{\lambda}{\pi\varepsilon_0}\ln\dfrac{d-a}{a}$	$\dfrac{\pi\varepsilon_0 l}{\ln\dfrac{d-a}{a}}$

예제 03

양극판의 면적이 S [m²], 극판 간의 간격이 d [m], 정전용량이 C_1 [F]인 평행판 콘덴서가 있다. 양극판 면적을 각각 3S [m²]로 늘리고 극판 간격을 $\dfrac{1}{3}$d [m]로 줄였을 때의 정전용량 C_2는 몇 [F]인가?

① $C_2 = C_1$ ② $C_2 = 3C_1$ ③ $C_2 = 6C_1$ ④ $C_2 = 9C_1$

해설 정전용량

$$C_1 = \frac{\varepsilon S}{d} \text{에서 } C_2 = \frac{\varepsilon(3S)}{\dfrac{d}{3}} = 9C_1$$

정답 ④

예제 04

진공 중 반지름이 a [m]인 원형 도체판 2매를 사용하여 극판 거리 d [m]인 콘덴서를 만들었다. 만약 이 콘덴서의 극판 거리를 2배로 하고 정전용량은 일정하게 하려면 이 도체판의 반지름 a는 얼마로 하면 되는가?

① $2a$ ② $\dfrac{1}{2}a$ ③ $\sqrt{2}\,a$ ④ $\dfrac{1}{\sqrt{2}}a$

해설 콘덴서의 정전용량의 변화

- 거리 2배 전 정전용량 $C = \varepsilon_0 \dfrac{S}{d}$
- 거리를 2배로 하면 $C' = \varepsilon_0 \dfrac{S'}{2d}$
- $C = C'$이 되기 위한 면적 $S = \pi a^2$, $S' = \pi a'^2$
- $C = \varepsilon_0 \dfrac{\pi a^2}{d} = \varepsilon_0 \dfrac{\pi a'^2}{2d} = C'$
- $a'^2 = 2a^2$, $a' = \sqrt{2}\,a$

정답 ③

예제 05

평행판 콘덴서에서 전극 간에 V [V]의 전위차를 가할 때 전계의 강도가 공기의 절연내력 E [V/m]를 넘지 않도록 하기 위한 콘덴서의 단위면적당 최대용량은 몇 [F/m²]인가?

① $\varepsilon_0 EV$ ② $\dfrac{\varepsilon_0 E}{V}$ ③ $\dfrac{\varepsilon_0 V}{E}$ ④ $\dfrac{EV}{\varepsilon_0}$

해설 단위면적당 최대 용량

$C = \varepsilon_0 \dfrac{S}{d}$ 에서 면적을 나눠준 값이므로 $\dfrac{C}{S} = \dfrac{\varepsilon_0}{d} = \dfrac{\varepsilon_0}{\dfrac{V}{E}} = \dfrac{\varepsilon_0 E}{V}\,[F/m^2]$ ($\because V = Ed$)

정답 ②

03 콘덴서의 연결

1 직렬연결

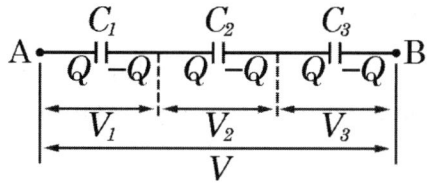

(1) 전하량이 같고 전압은 분배

$Q_1 = Q_2 = Q_3$, $\quad Q = C_1 V_1 = C_2 V_2 = \cdots$

(2) 합성 정전용량

$$\frac{1}{C_T} = \frac{1}{C_1} + \frac{1}{C_2} + \frac{1}{C_3} + \cdots + \frac{1}{C_n}$$

(3) 내압(내전압) : 콘덴서가 버틸 수 있는 전압

서서히 양단의 전압을 높일 경우 전하량이 낮은 콘덴서(C_1)가 가장 먼저 파괴

예제 06

정전용량 및 내압이 3 [μF]/1000 [V], 5 [μF]/500 [V], 12 [μF]/250 [V]인 3개의 콘덴서를 직렬로 연결하고 양단에 가한 전압을 서서히 증가시킬 경우 가장 먼저 파괴되는 콘덴서는 어느 것인가?

① 3 [μF]　　② 5 [μF]　　③ 12 [μF]　　④ 3개 동시에 파괴

해설 직렬연결 시 콘덴서의 내압

콘덴서의 전하량이 가장 적은 콘덴서가 제일 먼저 파괴된다.

$Q_1 = C_1 V_1 = 3 \times 10^{-6} \times 1000 = 3 \times 10^{-3}$ [C]
$Q_2 = C_2 V_2 = 5 \times 10^{-6} \times 500 = 2.5 \times 10^{-3}$ [C]
$Q_3 = C_3 V_3 = 12 \times 10^{-6} \times 250 = 3 \times 10^{-3}$ [C]

따라서 5 [μF] 콘덴서가 가장 먼저 파괴된다.

정답 ②

예제 07

정전용량이 4 [μF], 5 [μF], 6 [μF]이고, 각각의 내압이 순서대로 500 [V], 450 [V], 350 [V]인 콘덴서 3개를 직렬로 연결하고 전압을 서서히 증가시키면 콘덴서의 상태는 어떻게 되겠는가? (단, 유전체의 재질이나 두께는 같다)

① 동시에 모두 파괴된다.
② 4 [μF]가 가장 먼저 파괴된다.
③ 5 [μF]가 가장 먼저 파괴된다.
④ 6 [μF]가 가장 먼저 파괴된다.

해설 콘덴서의 내압

콘덴서를 직렬로 연결한 경우에는 전하량이 가장 적은 콘덴서가 제일 먼저 파괴된다.

$Q_1 = C_1 V_{1max} = 4 \times 10^{-6} \times 500 = 2 \times 10^{-3}$ [C]
$Q_2 = C_2 V_{2max} = 5 \times 10^{-6} \times 450 = 2.25 \times 10^{-3}$ [C]
$Q_3 = C_3 V_{3max} = 6 \times 10^{-6} \times 350 = 2.1 \times 10^{-3}$ [C]

4 [μC]의 콘덴서가 가장 먼저 파괴된다.

정답 ②

2 병렬연결

(1) 전하량이 분배되고 전압은 동일

$$V_1 = V_2 = V_3, \quad V = \frac{Q_1}{C_1} = \frac{Q_2}{C_2} = \cdots$$

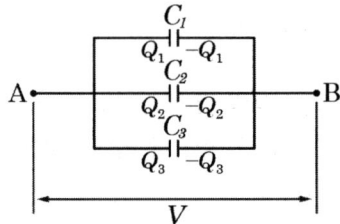

(2) 합성 정전용량

$$C_T = C_1 + C_2 + C_3 + \cdots + C_n$$

(3) 공통 전위

콘덴서 병렬연결 시 전위가 같아지도록 전하의 이동이 발생

$$V_T = \frac{C_1 V_1 + C_2 V_2}{C_1 + C_2} = \frac{r_1 V_1 + r_2 V_2}{r_1 + r_2} \, [V]$$

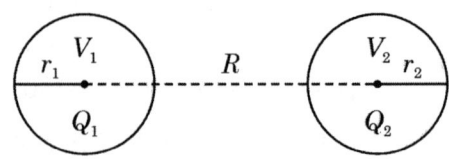

$$V_T = \frac{Q}{C} = \frac{C_1 V_1 + C_2 V_2}{C_1 + C_2} = \frac{4\pi\epsilon_0 r_1 V_1 + 4\pi\epsilon_0 r_2 V_2}{4\pi\epsilon_0 r_1 + 4\pi\epsilon_0 r_2} = \frac{r_1 V_1 + r_2 V_2}{r_1 + r_2}$$

(4) 에너지

전위가 다르게 충전된 콘덴서는 전위차가 같아지도록 전하의 이동이 발생

→ 전하가 이동하면서 전력의 소모가 발생

→ 총 에너지는 각 콘덴서의 에너지 합보다 작아짐

$$W_1 = W_2 \text{ 일 때 } W_1 + W_2 = W, \quad W_1 \neq W_2 \text{ 일 때 } W_1 + W_2 > W$$

예제 08

동일한 두 도체를 같은 에너지 $W_1 = W_2$로 충전한 후에 이들을 병렬로 연결하였다. 총 에너지 W의 관계로 옳은 것은?

① $W_1 + W_2 < W$　　　　② $W_1 + W_2 = W$
③ $W_1 + W_2 > W$　　　　④ $W_1 - W_2 = W$

해설 병렬연결 시 총 에너지 W의 관계

$W_1 \neq W_2$인 경우 $W_1 + W_2 > W$
$W_1 = W_2$인 경우 $W_1 + W_2 = W$

정답 ②

예제 09

진공 중에서 멀리 떨어져 있는 반지름이 각각 $a_1\,[m]$, $a_2\,[m]$인 두 도체구를 $V_1\,[V]$, $V_2\,[V]$인 전위를 갖도록 대전시킨 후 가는 도선으로 연결할 때 연결 후의 공통 전위 $V\,[V]$는 얼마인가?

① $\dfrac{V_1}{a_1} + \dfrac{V_2}{a_2}$　　② $\dfrac{V_1 + V_2}{a_1 a_2}$　　③ $a_1 V_1 + a_2 V_2$　　④ $\dfrac{a_1 V_1 + a_2 V_2}{a_1 + a_2}$

해설 공통전위

$W_1 \neq W_2$인 경우 $W_1 + W_2 > W$
$W_1 = W_2$인 경우 $W_1 + W_2 = W$

정답 ④

예제 10

콘덴서를 그림과 같이 접속했을 때 C_x의 정전용량은 몇 [μF]인가? (단, $C_1 = C_2 = C_3 = 3$ [μF]이고, a – b 사이의 합성정전용량은 5 [μF]이다)

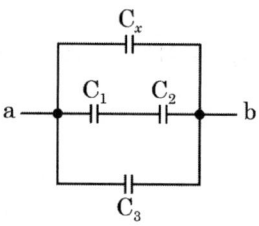

① 0.5　　　　② 1　　　　③ 2　　　　④ 4

[해설] 콘덴서의 직렬, 병렬연결

$$5 = C_x + 3 + \left(\frac{3 \times 3}{3 + 3}\right) = C_x + 3 + \frac{9}{6}$$

$$C_x = 5 - 3 - \frac{9}{6} = 2 - \frac{3}{2} = \frac{1}{2} = 0.5\,[\mu F]$$

[정답] ①

04 도체의 에너지

1 정전에너지

(1) 정전에너지

콘덴서에 축적되는 에너지

$$W = \frac{1}{2}CV^2 = \frac{1}{2}\frac{\varepsilon S}{d}(El)^2 = \frac{\varepsilon E^2 Sl}{2}\,[J]$$

$$W = \int V dQ = \int \frac{Q}{C} dQ = \frac{Q^2}{2C} = \frac{QV}{2} = \frac{CV^2}{2}\,[J]$$

(2) 단위체적당 정전에너지(정전응력, 정전흡인력)

$$w = \frac{\frac{\varepsilon E^2 Sl}{2}}{Sl} = \varepsilon \frac{E^2}{2} = \frac{ED}{2} = \frac{D^2}{2\varepsilon} \, [J/m^3]$$

※ 단위체적당 에너지 = 면적당 힘 = 정전응력 f

예제 11

비유전율이 2.4인 유전체 내의 전계의 세기가 100 [mV/m]이다. 유전체에 축적되는 단위체적당 정전에너지는 몇 [J/m³]인가?

① 1.06×10^{-13}
② 1.77×10^{-13}
③ 2.32×10^{-13}
④ 4.32×10^{-11}

해설 단위체적당 정전에너지

$$w = \frac{1}{2}ED = \frac{1}{2}\varepsilon E^2 = \frac{1}{2}\varepsilon_0 \varepsilon_s E^2 = \frac{2.4(100 \times 10^{-3})^2 \varepsilon_0}{2} = 1.06 \times 10^{-13} \, [J/m^3]$$

정답 ①

예제 12

반지름 a [m]의 구도체에 전하 Q [C]가 주어질 때 구도체 표면에 작용하는 정전응력은 몇 [N/m²]인가?

① $\dfrac{9Q^2}{16\pi^2 \epsilon_o a^6}$
② $\dfrac{9Q^2}{32\pi^2 \epsilon_o a^6}$
③ $\dfrac{Q^2}{16\pi^2 \epsilon_o a^4}$
④ $\dfrac{Q^2}{32\pi^2 \epsilon_o a^4}$

해설 정전응력

$$w = \frac{\epsilon_o E^2}{2} = \frac{\epsilon_o}{2}\left(\frac{Q}{4\pi \epsilon_o a^2}\right)^2 = \frac{Q^2}{32\pi^2 \epsilon_o a^4} \, [N/m^2]$$

정답 ④

05 패러데이관

관의 양 끝단에 정, 부의 단위전하가 있는 관

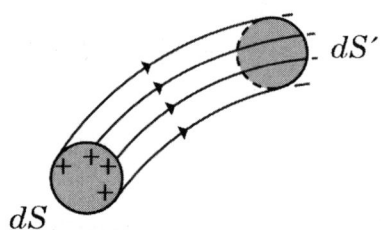

- 패러데이관의 밀도 = 전속밀도
- 패러데이관의 전속선 수는 일정(1개)
- 진전하가 없는 점에서 패러데이관은 연속
- 단위전위당(1 [V]) $\frac{1}{2}$ [J]의 에너지를 가짐

예제 13

패러데이관에 대한 설명으로 틀린 것은?

① 관 내의 전속 수는 일정하다.
② 관의 밀도는 전속밀도와 같다.
③ 진전하가 없는 점에서 불연속이다.
④ 관 양단에 양(+), 음(-)의 단위전하가 있다.

해설 패러데이관의 성질

진전하가 없는 점에서 연속이다.

정답 ③

CHAPTER 03 | 개념 체크 OX

1 전위계수 V_{ii}는 i 전하에 의해서 i 도체에 유도된 전위다.　　　　　　O X

2 유도계수는 자기 자신의 전위를 1 [V]로 만들기 위한 전하를 뜻한다.　　O X

3 패러데이관의 밀도는 전속밀도와 같다.　　　　　　　　　　　　　　　O X

4 콘덴서에 축적되는 에너지는 $W = \dfrac{1}{2}CV^2$ 이다.　　　　　　　　　O X

5 병렬연결 시 합성 정전용량은 $\dfrac{1}{C_T} = \dfrac{1}{C_1} + \dfrac{1}{C_2} + \dfrac{1}{C_3} + \cdots + \dfrac{1}{C_n}$ 이다.　O X

6 용량계수는 항상 $q_{ii} > 0$ 이다.　　　　　　　　　　　　　　　　　　O X

7 패러데이관은 단위전위당 1 [J]의 에너지를 가진다.　　　　　　　　　　O X

정답　01 (O)　02 (X)　03 (O)　04 (O)　05 (X)　06 (O)　07 (X)

2 <u>용량계수</u>는 자기 자신의 전위를 1 [V]로 만들기 위한 전하를 뜻한다.

5 <u>직렬연결</u> 시 합성 정전용량은 $\dfrac{1}{C_T} = \dfrac{1}{C_1} + \dfrac{1}{C_2} + \dfrac{1}{C_3} + \cdots + \dfrac{1}{C_n}$ 이다.

7 패러데이관은 단위전위당 $\underline{\dfrac{1}{2}}$ [J]의 에너지를 가진다.

CHAPTER 04 유전체

01 유전체와 콘덴서

1 유전체

(1) 유전체 : 전계 내에서 **극성**을 가지는 절연체

(2) 유전체의 종류
  ① 강유전체 : 외부에 따로 전압을 가하지 않아도 분극이 일어나는 물질
  ② 상유전체 : 외부 전기장에 의해 유발되는 전기편극만 나타나는 물질

(3) 유전속
  ① 유전체를 통과하는 패러데이관(= 전속)
  ② 성질 : 유전율이 큰 쪽으로 모임

(4) 큐리온도 : 강유전체가 유전성을 잃어버리기 시작하는 온도

02 콘덴서 연결

1 평행판 콘덴서에 유전체 콘덴서를 병렬로 채우는 경우

(1) 합성 전 공기 콘덴서 $C_0 = \dfrac{\varepsilon_0 S}{d}\,[F]$

(2) 합성 후 콘덴서 $C' = \dfrac{\varepsilon_0 (S-S')}{d} + \dfrac{\varepsilon_0 \varepsilon_s S'}{d}\,[F]$

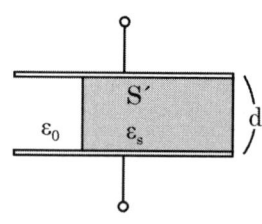

TIP 유전체를 병렬로 채우는 경우 각 콘덴서의 용량을 더해주면 된다.

2 평행판 콘덴서에 유전체 콘덴서를 직렬로 채우는 경우

(1) 합성 전 공기 콘덴서 $C_0 = \dfrac{\varepsilon_0 S}{d}$ [F]

(2) 합성 후 콘덴서 $C' = \dfrac{\dfrac{\varepsilon_0 \varepsilon_s S}{a} \cdot \dfrac{\varepsilon_0 S}{d-a}}{\dfrac{\varepsilon_0 \varepsilon_s S}{a} + \dfrac{\varepsilon_0 S}{d-a}}$ [F]

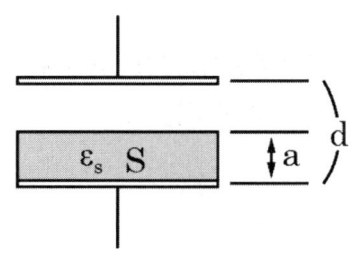

TIP 유전체를 직렬로 채우는 경우 병렬저항의 계산법처럼 각 콘덴서를 계산하면 된다.

예제 01

그림과 같은 유전속 분포가 이루어질 때 ε_1과 ε_2의 크기 관계로 옳은 것은?

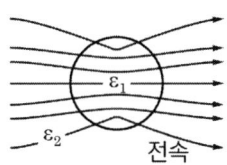

① $\varepsilon_1 > \varepsilon_2$
② $\varepsilon_1 < \varepsilon_2$
③ $\varepsilon_1 = \varepsilon_2$
④ $\varepsilon_1 > 0$, $\varepsilon_2 > 0$

해설 유전속 성질

유전속(전속선)은 유전율이 큰 쪽으로 모이려는 성질이 있다.

정답 ①

예제 02

공기콘덴서의 극판 사이에 비유전율 ε_s의 유전체를 채운 경우 동일 전위차에 대한 극판 간의 전하량은 어떻게 되는가?

① $\dfrac{1}{\varepsilon_s}$로 감소 ② ε_s배로 증가

③ $\pi\varepsilon_s$배로 증가 ④ 불변

해설 콘덴서의 전하량

- $Q = CV = \varepsilon_0 \dfrac{S}{d} V = C_0 V$
- $Q' = CV = \varepsilon_0 \varepsilon_s \dfrac{S}{d} V = \varepsilon_s C_0 V = \varepsilon_s Q$
- ε_s만큼 전하량이 증가한다.

정답 ②

예제 03

그림과 같은 정전용량이 C_0 [F]가 되는 평행판 공기 콘덴서가 있다. 이 콘덴서 판면적의 2/3가 되는 공간에 비유전율 ε_s인 유전체를 채우면 공기콘덴서의 정전용량은 몇 [F]인가?

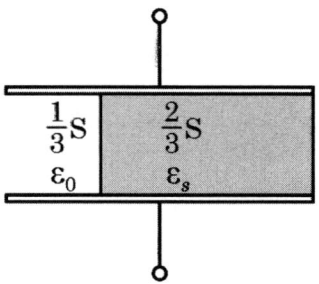

① $\dfrac{2\varepsilon_s}{3} C_0$ ② $\dfrac{3}{1+2\varepsilon_s} C_0$ ③ $\dfrac{1+\varepsilon_s}{3} C_0$ ④ $\dfrac{1+2\varepsilon_s}{3} C_0$

해설 콘덴서의 병렬정전용량

- 두 콘덴서의 병렬 합성정전용량

$$C = C_1 + C_2 = \varepsilon_0 \dfrac{\frac{1}{3}S}{d} + \varepsilon_0 \varepsilon_s \dfrac{\frac{2}{3}S}{d} = \varepsilon_0 \dfrac{S}{d}\left(\dfrac{1}{3} + \dfrac{2}{3}\varepsilon_s\right) = \dfrac{1+2\varepsilon_s}{3} C_0 \,[F]$$

정답 ④

03 분극

전계 중에 유전체가 있을 때 원자핵과 전자가 변위를 만들어 **전기쌍극자를 형성**

1 분극의 종류

(1) 전자분극

중성원자의 핵과 전자, 분자 내 전기 전하가 외부
전계에 의해 양전하, 음전하의 이동으로 분극되는 것

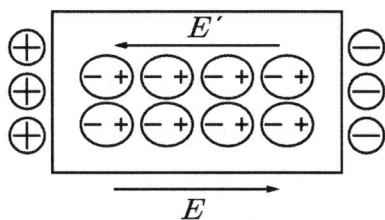

(2) 이온분극

음이온, 양이온이 외부전계에 의해 양전하, 음전하의 이동으로 분극되는 것

(3) 배향분극

영구 쌍극자를 지닌 분자가 외부전계에 의해 양전하, 음전하의 이동으로 분극되는 것

2 분극의 계산

(1) 분극의 세기(유기된 쌍극자 모멘트의 크기)

$$P = \varepsilon_o(\varepsilon_s - 1)E = \left(1 - \frac{1}{\varepsilon_s}\right)D = D - \varepsilon_o E \, [C/m^2]$$

(2) 분극률 χ

유전체에 전계를 가했을 때, 분극이 얼마나 세게 일어나는지를 나타내는 비례상수

① 분극률 $\chi = \varepsilon_0(\varepsilon_s - 1)$

② 비분극률 $\chi_e = \varepsilon_s - 1$

예제 04

비유전율 $\varepsilon_r = 5$인 유전체 내의 한 점에서 전계의 세기가 10^4 [V/m]라면 이 점의 분극의 세기는 약 몇 [C/m²]인가?

① 3.5×10^{-7} ② 4.3×10^{-7} ③ 3.5×10^{-11} ④ 4.3×10^{-11}

해설 분극의 세기

$P = \varepsilon_0(\varepsilon_r - 1)E = 4\varepsilon_0 \times 10^4 = 3.5 \times 10^{-7} \, [C/m^2]$

정답 ①

예제 05

비유전율 $\varepsilon_s = 5$인 유전체 내의 분극률은 몇 [F/m]인가?

① $\dfrac{10^{-8}}{9\pi}$ ② $\dfrac{10^9}{9\pi}$ ③ $\dfrac{10^{-9}}{9\pi}$ ④ $\dfrac{10^8}{9\pi}$

해설 분극의 세기와 분극률

- 분극의 세기 $P = \varepsilon_0(\varepsilon_s - 1)E$
- 분극률 $\chi = \varepsilon_0(\varepsilon_s - 1)$

$$\chi = \varepsilon_0(5-1) = \dfrac{10^{-9}}{36\pi} \times 4 = \dfrac{10^{-9}}{9\pi} \, [F/m]$$

정답 ③

04 경계 조건

1 유전체의 경계 조건

(1) 성질

① 두 경계면의 전위는 같음

② 전계는 **접선성분**이 같음

$$E_1 \sin\theta_1 = E_2 \sin\theta_2$$

③ 전속밀도는 **법선성분**이 같음

$$D_1 \cos\theta_1 = D_2 \cos\theta_2$$

④ 입사각과 굴절각은 유전율에 비례

$$\dfrac{\tan\theta_1}{\tan\theta_2} = \dfrac{\varepsilon_1}{\varepsilon_2}$$

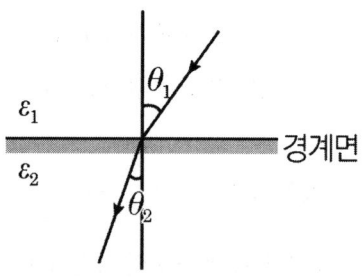

2 전속, 전기력선 굴절 시

(1) 굴절 시 $\varepsilon_1 < \varepsilon_2$ 이면 $\dfrac{\tan\theta_1}{\tan\theta_2} = \dfrac{\varepsilon_1}{\varepsilon_2}$ 에서 $\tan\theta_1 < \tan\theta_2$, $\theta_1 < \theta_2$

(2) 굴절 시 $\varepsilon_1 < \varepsilon_2$ 이면 $E_1\sin\theta_1 = E_2\sin\theta_2$ 에서 $\sin\theta_1 < \sin\theta_2$, $E_1 > E_2$

(3) 굴절 시 $\varepsilon_1 < \varepsilon_2$ 이면 $D_1\cos\theta_1 = D_2\cos\theta_2$ 에서 $\cos\theta_1 < \cos\theta_2$, $D_1 < D_2$

> $\varepsilon_1 < \varepsilon_2$ 이면 $\theta_1 < \theta_2$, $E_1 > E_2$, $D_1 < D_2$

(4) 경계면에 수직으로 입사한 전속은 굴절하지 않음

(5) 경계면에 작용하는 힘은 유전율이 큰 쪽에서 작은 쪽으로 작용

($\because$ 정전 흡인력 $w = \dfrac{D^2}{2\varepsilon}\,[J/m^3]$)

예제 06

두 유전체가 접했을 때 $\dfrac{\tan\theta_1}{\tan\theta_2} = \dfrac{\varepsilon_1}{\varepsilon_2}$ 의 관계식에서 $\theta_1 = 0°$ 일 때의 표현으로 틀린 것은?

① 전속밀도는 불변이다.
② 전기력선은 굴절하지 않는다.
③ 전계는 불연속적으로 변한다.
④ 전기력선은 유전율이 큰 쪽에 모여진다.

해설 유전체의 경계 조건

전기력선은 유전율이 작은 쪽으로 모이려는 성질을 띤다.

정답 ④

05 전기영상법

도체계의 전하분포가 변할 때 경계 조건을 교란시키지 않는 **가상의 전하**로 전계를 해석하는 방법

1 전기영상법

(1) 평면도체와 점전하

① 영상전하의 크기

$$Q' = -Q\,[C]$$

② 합성 전계

$$E = \frac{Qd}{2\pi\varepsilon_0(d^2+x^2)^{\frac{3}{2}}}\,[V/m]$$

$$E = 2E_+\cos\theta = \frac{Q}{2\pi\varepsilon_0(x^2+d^2)}\cdot\frac{d}{\sqrt{d^2+x^2}} = \frac{Qd}{2\pi\varepsilon_0(d^2+x^2)^{\frac{3}{2}}}\,[V/m]$$

③ 표면 전하밀도

$$\sigma = -D = -\varepsilon_0 E = -\frac{Qd}{2\pi(d^2+x^2)^{\frac{3}{2}}}\,[C/m^2]$$

• $\sigma_{\max} = -\dfrac{Q}{2\pi d^2}\,[C/m^2]$

④ 점전하와 평면도체 사이의 힘

$$F = \frac{Q(-Q)}{4\pi\varepsilon_0(2d)^2} = -\frac{Q^2}{16\pi\varepsilon_0 d^2}\,[N]$$

• 점전하와 극성이 반대이므로 흡인력

⑤ 전하가 하는 일

$$W = \int_\infty^d -\frac{Q^2}{16\pi\varepsilon_0 d^2}\,[N] = \frac{Q^2}{16\pi\varepsilon_0 d}\,[J]$$

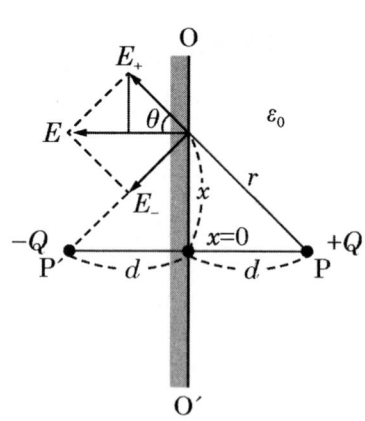

(2) 무한평면도체와 선전하

① 영상전하, 영상전류의 크기

$$Q' = -Q\,[C],\ I' = -I\,[A]$$

② 합성 전계

$$E = \frac{-\lambda}{2\pi\varepsilon_0(2h)}\,[V/m]$$

③ 선전하와 무한평면도체 사이에 작용하는 힘

$$F = \lambda E = \frac{-\lambda^2}{2\pi\varepsilon_0(2h)}\,[N/m]$$

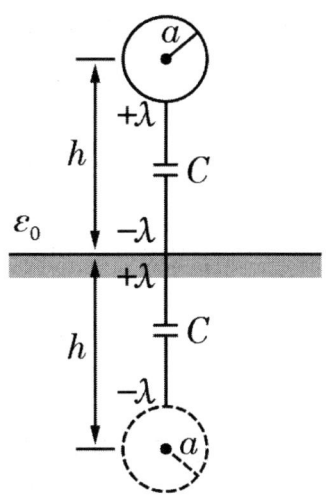

④ 정전용량

$$C = \frac{2\pi\varepsilon_0}{\ln\dfrac{2h}{a}}\,[F/m]$$

- 선전하 간의 $V = -\int E \cdot dr = \int_{2h-a}^{a} \dfrac{\lambda}{2\pi\varepsilon_0}\left(\dfrac{1}{x} + \dfrac{1}{2h-x}\right)dx$

  $= \dfrac{\lambda}{\pi\varepsilon_0}\ln\dfrac{2h}{a}\,[V]$

  x : $+\lambda$로부터 떨어진 거리

- 대지와 선전하 사이의 $V = \dfrac{\lambda}{2\pi\varepsilon_0}\ln\dfrac{2h}{a}\,[V]$

- $Q = CV$이므로 $C = \dfrac{Q}{V} = \dfrac{2\pi\varepsilon_0}{\ln\dfrac{2h}{a}}\,[F/m]$

(3) 접지구도체와 점전하

① 영상전하의 크기

$$Q' = -\frac{a}{d}Q\,[C]$$

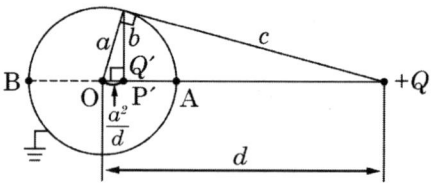

② 영상전하의 위치

$$x = \frac{a^2}{d}$$

③ 접지구도체와 점전하 사이에 작용하는 힘

$$F = \frac{Q\left(-\frac{a}{d}Q\right)}{4\pi\varepsilon_0\left(\frac{d^2-a^2}{d}\right)^2} = -\frac{adQ^2}{4\pi\varepsilon_0(d^2-a^2)^2}\,[N]$$

예제 07

반지름 a [m]인 접지 도체구의 중심에서 r [m] 되는 거리에 점전하 Q [C]을 놓았을 때 도체구에 유도된 총 전하는 몇 [C]인가?

① 0

② $-Q$

③ $-\dfrac{a}{r}Q$

④ $-\dfrac{r}{a}Q$

해설 전기영상법

도체구로부터 $r\,[m]$ 밖에 있는 영상전하 $Q' = -\dfrac{a}{r}Q\,[C]$

정답 ③

예제 08

점전하 +Q의 무한평면도체에 대한 영상전하는 얼마인가?

① 0

② $-Q$

③ $-\dfrac{a}{r}Q$

④ $-\dfrac{r}{a}Q$

[해설] 전기영상법

무한평면도체에 대한 영상전하는 극성이 반대이며, 점전하의 크기와 같다.

[정답] ②

06 유전체의 특수현상

1 초전효과(파이로효과)

결정체에 가열, 냉각을 할 시 결정체 양면에 분극현상이 일어나는 효과
자발 분극을 가진 유전체에서만 발생하며, 공기 중에 놓아두면 다시 중화됨

2 압전효과

횡효과	종효과
전기 분극이 기계적 응력에 수직한 방향으로 발생하는 현상	전기 분극이 기계적 응력에 수평한 방향으로 발생하는 현상

3 볼타효과

서로 다른 2종류의 금속을 접촉시킨 후 떼어 내면 각각 정, 부로 대전하는 현상

예제 09

기계적인 변형력을 가할 때 결정체의 표면에 전위차가 발생하는 현상은?

① 볼타효과 ② 초전효과 ③ 압전효과 ④ 파이로효과

해설 유전체의 특수현상

- 볼타효과 : 도체와 도체, 유전체와 유전체, 유전체와 도체를 접촉시키면 전자가 이동하여 양, 음으로 대전되는 현상
- 파이로효과(초전효과) : 열을 가하면 전기분극이 생기는 현상

정답 ③

예제 10

유전체의 초전효과(Pyroelectric Effect)에 대한 설명이 아닌 것은?

① 온도 변화에 관계없이 일어난다.
② 자발 분극을 가진 유전체에서 생긴다.
③ 초전효과가 있는 유전체를 공기 중에 놓으면 중화된다.
④ 열에너지를 전기에너지로 변화시키는 데 이용된다.

해설 초전효과

결정체에 가열, 냉각을 할 시 결정체 양면에 분극현상이 일어나는 효과로, 온도 변화에 따라 발생한다.

정답 ①

CHAPTER 04 | 개념 체크 OX

1 강유전체가 유전성을 잃어버리기 시작하는 온도를 큐리온도라 한다. O X

2 압전효과 중 전기 분극이 기계적 응력에 수직한 방향으로 발생하는 현상은 종효과 이다. O X

3 결정체에 가열, 냉각을 할 시 결정체 양면에 분극현상이 일어나는 효과는 초전효과 이다. O X

4 접지구도체에 대한 영상전하의 크기는 $Q' = -\dfrac{a}{d}Q\,[C]$이다. O X

5 평면도체에 대한 영상전하의 크기는 $Q' = Q\,[C]$이다. O X

6 유전체의 경계조건에서 전계는 접선성분이 같다. O X

7 입사각과 굴절각은 유전율에 반비례한다. O X

정답 01 (O) 02 (X) 03 (O) 04 (O) 05 (X) 06 (O) 07 (X)

2 압전효과 중 전기 분극이 기계적 응력에 수직한 방향으로 발생하는 현상은 <u>횡효과</u>이다.
5 평면도체에 대한 영상전하의 크기는 $Q' = -Q\,[C]$이다.
7 입사각과 굴절각은 유전율에 <u>비례</u>한다.

CHAPTER 05 | 전류와 전기효과

01 전류

1 전류의 계산

(1) 옴의 법칙

$$I = \frac{V}{R} [A]$$

직류 전기회로에서 전류의 세기는 전압과 전기저항에 의해 결정됨

(2) 전류

$$I = \frac{dQ}{dt} = \frac{Q}{t} = \frac{ne}{t} [A]$$

일정 시간 동안 흐른 전하량의 비율

2 전류의 종류

(1) 전도전류 : 도체 내에서 전위차가 발생했을 때 일어나는 전하의 이동에 의한 전류

(2) 변위전류 : 전계의 변화에 따라 공간 또는 유전체에 흐르는 전류

(3) 대류전류 : 대전된 입자의 이동에 의한 전류

3 전도전류밀도

(1) 옴의 법칙 미분형

$$i_c = \frac{I_c}{S} = \frac{V}{RS} = \frac{V}{\frac{l}{kS}S} = kE \ [A/m^2]$$

(2) 단위체적당 전자의 개수

- 체적당 $I = \dfrac{ne}{t} \times Sl = \dfrac{neSl}{t} = nevS$

$$j = \dfrac{I_c}{S} = nev \ [A/m^3]$$

4 변위전류밀도

$$i_d = \dfrac{I_d}{S} = \dfrac{\frac{dQ}{dt}}{S} = \dfrac{dD}{dt} = \varepsilon \dfrac{dE}{dt} \ [A/m^2]$$

5 키르히호프의 전류법칙(KCL)

(1) 전류가 흐르는 분기점에서 전류의 합은 들어온 양과 나간 양이 동일함

- $I_1 + I_2 = I_3$

(2) 회로 안에서 전류의 대수합은 0

- $div \, i = 0$
- $I_1 + I_2 - I_3 = 0$

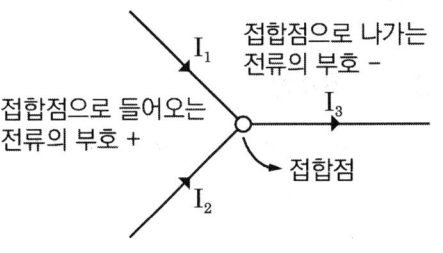

예제 01

공간도체 중의 정상 전류밀도를 i, 공간전하밀도를 ρ라고 할 때 키르히호프의 전류법칙을 나타내는 것은?

① $i = 0$
② $div \, i = 0$
③ $i = \dfrac{\partial \rho}{\partial t}$
④ $div \, i = \infty$

해설 키르히호프 전류법칙

$div \, i = 0$

정답 ②

예제 02

일정 전압의 직류전원에 저항을 접속하여 전류를 흘릴 때 저항값을 20 [%] 감소시키면 흐르는 전류는 처음 저항에 흐르는 전류의 몇 배가 되는가?

① 1.0배   ② 1.1배   ③ 1.25배   ④ 1.5배

해설 옴의 법칙

$V = IR$로 저항은 전류에 반비례하므로 전류는 $\frac{1}{0.8} = 1.25$배가 된다.

정답 ③

02 저항

1 전기저항

전류가 흐르는 것을 방해하는 저항

$$R = \rho \frac{l}{S} = \frac{l}{kS} \, [\Omega]$$

2 저항률(고유저항)

(1) 저항률 $\rho \, [\Omega \cdot m]$: 전기도체의 형상과 무관한 고유의 전기저항값

(2) 저항률이 큰 순서 : 백금 > 알루미늄 > 구리 > 은

(3) 도전율(전도율) $k \, [\mho/m]$: 물질에서 전류가 잘 흐르는 정도, 저항률의 역수

3 저항의 온도계수

(1) 도체는 온도 상승 시 저항이 증가하는 **정특성**

(2) 반도체, 절연체는 온도 상승 시 저항이 감소하는 **부특성**

(3) 온도계수

온도가 1 [°C] 올라갈 때 저항의 증가 비율

$$R_T = R_0[1 + \alpha(t_T - t_0)]$$

R_0 : 현재 온도에서의 저항, α : 현재 온도에서의 온도계수

- 표준연동선 $\alpha_0 = \dfrac{1}{234.5}$: 0 [°C]의 온도계수 ※ 암기 필요!

(4) 직렬연결 시 합성온도계수

$$\alpha_1 R_1 + \alpha_2 R_2 = \alpha_t(R_1 + R_2), \ \alpha_t = \dfrac{\alpha_1 R_1 + \alpha_2 R_2}{R_1 + R_2}$$

(5) 금속의 온도계수
① 백금 : 0.0030
② 금 : 0.0034
③ 알루미늄 : 0.0039
④ 철 : 0.0050

예제 03

저항의 크기가 1 [Ω]인 전선이 있다. 전선의 체적을 동일하게 유지하면서 길이를 2배로 늘였을 때 전선의 저항은 몇 [Ω]인가?

① 0.5　　　② 1　　　③ 2　　　④ 4

해설 저항의 크기

V(체적) $= S$(단면적) $\times l$(길이), $R = \rho \dfrac{l}{S} = 1\,[\Omega]$

길이를 2배하면 단면적은 $\dfrac{1}{2}$배가 되므로 $R' = \rho \dfrac{2l}{\frac{1}{2}S} = 4R = 4\,[\Omega]$

정답 ④

예제 04

온도 0 [℃]에서 저항이 R_1 [Ω], R_2 [Ω], 저항 온도계수가 $α_1$, $α_2$ [1/℃]인 두 개의 저항선을 직렬로 접속하는 경우 그 합성저항 온도계수는 몇 [1/℃]인가?

① $\dfrac{α_1 R_2}{R_1 + R_2}$ ② $\dfrac{α_1 R_1 + α_2 R_2}{R_1 + R_2}$

③ $\dfrac{α_1 R_1 - α_2 R_2}{R_1 + R_2}$ ④ $\dfrac{α_1 R_2 + α_2 R_1}{R_1 + R_2}$

해설 직렬연결 시 저항과 온도의 관계

$$α_1 R_1 + α_2 R_2 = α_t (R_1 + R_2)$$
$$α_t = \dfrac{α_1 R_1 + α_2 R_2}{R_1 + R_2} \ [1/℃]$$

정답 ②

4 저항과 정전용량의 관계

$$RC = ρε$$

$R = ρ\dfrac{l}{S}$, $C = ε\dfrac{S}{l}$, $RC = \dfrac{ρl}{S}\dfrac{εS}{l} = ρε$

$ρ$: 고유저항, $ε$: 유전율

(1) 구도체

① 구저항
- $C = 4πεr \ [F]$

$$R = \dfrac{ρε}{C} = \dfrac{ρ}{4πr} \ [Ω]$$

② 반구저항
- $C = 2πεr \ [F]$

$$R = \dfrac{ρε}{C} = \dfrac{ρ}{2πr} \ [Ω]$$

③ 서로 떨어져 있는 구도체 간 저항

$$R = \frac{\rho\epsilon}{C} = \frac{\rho\epsilon}{4\pi\epsilon}\left(\frac{1}{a}+\frac{1}{b}\right) = \frac{1}{4\pi k}\left(\frac{1}{a}+\frac{1}{b}\right)[\Omega]$$

④ 내구의 반지름(a), 외구의 반지름(b)인 동심구도체 간 합성저항

- $C = \dfrac{4\pi\varepsilon ab}{b-a}\,[F]$

$$R = \frac{\rho\epsilon}{C} = \frac{\rho\epsilon}{4\pi\epsilon}\left(\frac{1}{a}-\frac{1}{b}\right) = \frac{1}{4\pi k}\left(\frac{1}{a}-\frac{1}{b}\right)[\Omega]$$

(2) 원주도체

① 동축 원주도체저항

- $C = \dfrac{2\pi\varepsilon l}{\ln\dfrac{b}{a}}\,[F]$

$$R = \frac{\rho\epsilon}{C} = \frac{\rho\epsilon}{\dfrac{2\pi\epsilon}{\ln\dfrac{b}{a}}} = \frac{\rho}{2\pi}\ln\frac{b}{a} = \frac{1}{2\pi k}\ln\frac{b}{a}\,[\Omega]$$

② 평행도선 사이

- $C_{AB} = \dfrac{\pi\varepsilon l}{\ln\dfrac{d-a}{a}}\,[F]$

$$R = \frac{\rho\epsilon}{C} = \frac{\rho\epsilon}{\dfrac{\pi\epsilon}{\ln\dfrac{d-a}{a}}} = \frac{1}{\pi k}\ln\frac{d-a}{a}\,[\Omega]$$

③ 대지와 전선 사이

$$R = \frac{\rho\epsilon}{C} = \frac{\rho}{2\pi}\ln\frac{r_2}{r_1} = \frac{1}{2\pi k}\ln\frac{2h}{r}\,[\Omega]$$

예제 05

대지의 고유저항이 ρ [Ω·m]일 때 반지름이 a [m]인 그림과 같은 반구 접지극의 접지저항은 몇 [Ω]인가?

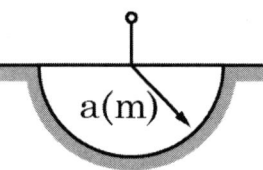

① $\dfrac{\rho}{4\pi a}$ ② $\dfrac{\rho}{2\pi a}$ ③ $\dfrac{2\pi \rho}{a}$ ④ $2\pi \rho a$

해설 반구형 도체저항

$$R = \dfrac{\rho \epsilon}{C} = \dfrac{\rho}{2\pi r}\ [\Omega]$$

정답 ②

예제 06

내구의 반지름 a [m], 외구의 반지름 b [m]인 동심구도체 간에 도전율이 k [S/m]인 저항물질이 채워져 있을 때의 내외구간의 합성저항은 몇 [Ω]인가?

① $\dfrac{1}{8\pi k}\left(\dfrac{1}{a} - \dfrac{1}{b}\right)$ ② $\dfrac{1}{4\pi k}\left(\dfrac{1}{a} - \dfrac{1}{b}\right)$

③ $\dfrac{1}{2\pi k}\left(\dfrac{1}{a} - \dfrac{1}{b}\right)$ ④ $\dfrac{1}{\pi k}\left(\dfrac{1}{a} - \dfrac{1}{b}\right)$

해설 동심구도체 간 합성저항

$$R = \dfrac{\rho \epsilon}{C} = \dfrac{\rho \epsilon}{4\pi \epsilon}\left(\dfrac{1}{a} - \dfrac{1}{b}\right) = \dfrac{1}{4\pi k}\left(\dfrac{1}{a} - \dfrac{1}{b}\right)\ [\Omega]$$

정답 ②

03 전기효과

1 줄의 법칙

저항에 흐르는 전류의 크기와 단위시간당 발생하는 열량과의 관계를 나타낸 법칙

(1) 전력량 : 전력이 t시간 동안 공급되었을 때 소비되는 일

$$W = Pt = VIt = I^2Rt = \frac{V^2}{R}t \, [J]$$

W : 전력량, P : 전력

(2) 단위 환산(암기 필요)

① $1\,[J] = 0.24\,[cal] = \dfrac{1}{4.2}\,[cal]$

　　　🔑 일줄이자 $1\,[J] = 0.24\,[cal]$, 일칼사이줄 $1\,[cal] = 4.2\,[J]$

② $1\,[Wh] = 3600\,[J] = 860\,[cal]$

③ $1\,[HP] = 746\,[W]$

2 열전현상

(1) 펠티에효과

서로 다른 두 금속에 전류를 흘릴 시 접속점에 온도차가 발생하는 현상
예) 냉장고

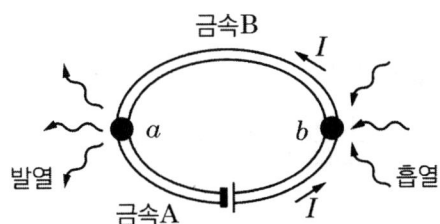

🔑 펠서전흡(펠트지로 서로 붙여 전류를 흡입한다)

(2) 제벡효과

서로 다른 두 금속 접속점에 온도차를 주게 되면 열기전력이 생성되는 현상
   예 열전대

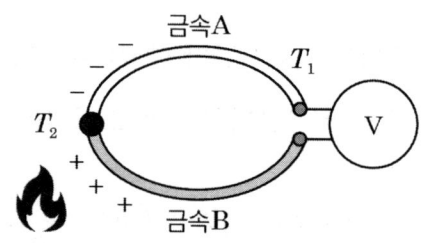

🔖 제서온열(제사는 온돌방에서 열심히 지낸다)

(3) 톰슨효과

같은 금속의 두 접속점에 온도차를 주고 전류를 주면 열의 흡수 또는 발열이 일어나는 현상

예제 07

10^6 [cal]의 열량은 약 몇 [kWh]의 전력량인가?

① 0.06 　　② 1.16 　　③ 2.27 　　④ 4.17

해설 열량과 전력량의 관계

- $1\,[J] = 0.24\,[cal]$ 이므로 $1\,[cal] = 4.2\,[J]$
- $10^6\,[cal] = 4.2 \times 10^6\,[J]$
- $10^6\,[cal] = 4200\,[kJ]$
- $[J] = [W \cdot s] = \dfrac{1}{3600}\,[Wh]$

  $10^6\,[cal] = 4200\,[kJ] = \dfrac{4200}{3600}\,[kWh] = 1.167\,[kWh]$

정답 ②

예제 08

두 종류의 금속으로 된 폐회로에 전류를 흘리면 양 접속점에서 한쪽은 온도가 올라가고, 다른 쪽은 온도가 내려가는 현상을 무엇이라 하는가?

① 볼타(Volta)효과 ② 제벡(Seebeck)효과
③ 펠티에(Peltier)효과 ④ 톰슨(Thomson)효과

해설 펠티에효과

펠티에효과(Peltier) : 서로 다른 두 금속의 접합점에 전류를 가하면 접속점에서 온도차가 발생하는 현상

정답 ③

CHAPTER 05 | 개념 체크 OX

1 옴의 법칙에 의해 전압은 전류와 저항의 곱으로 계산할 수 있다.   O X

2 전하의 이동에 의한 전류는 변위전류이다.   O X

3 키르히호프의 전류법칙은 전류가 흐르는 분기점에서 전류의 합은 들어온 양과 나간 양이 동일함을 나타낸다.   O X

4 전기저항은 $R = \dfrac{l}{kS}\,[\Omega]$으로 계산할 수 있다.   O X

5 서로 다른 두 금속에 전류를 흘릴 시 접속점에 온도차가 발생하는 현상은 제벡효과이다.   O X

6 온도계수는 $R_T = R_0\,[1 + \alpha(t_T - t_0)]$으로 계산한다.   O X

7 저항과 정전용량 사이의 관계는 $RC = \rho\epsilon$와 같다.   O X

8 같은 금속의 두 접속점에 온도차를 주고 전류를 주면 열의 흡수 또는 발열이 일어나는 현상은 펠티에효과이다.   O X

정답   01 (O)   02 (X)   03 (O)   04 (O)   05 (X)   06 (O)   07 (O)   08 (X)

2 전하의 이동에 의한 전류는 <u>전도전류</u>이다.
5 서로 다른 두 금속에 전류를 흘릴 시 접속점에 온도차가 발생하는 현상은 <u>펠티에효과</u>이다.
8 같은 금속의 두 접속점에 온도차를 주고 전류를 주면 열의 흡수 또는 발열이 일어나는 현상은 <u>톰슨효과</u>이다.

CHAPTER 06　정자계

01 자기현상

1 자하와 투자율

(1) 자하 m [Wb] : 자기를 띠고 있는 물체의 자기량

(2) 투자율 $\mu = \mu_0 \mu_s$ [H/m] : 자기장과 자계 사이의 비율
  ① 물질의 자기적 성질을 나타내는 물질의 고유량
  ② 외부 자기장에 반응하여 물질이 자화되는 정도

(3) 비투자율 μ_s : 물질의 투자율과 진공의 투자율의 비

2 자계에서의 쿨롱의 법칙

$$F = \frac{1}{4\pi\mu_0} \times \frac{m_1 m_2}{r^2} \ [N]$$

(1) 점자극(N극, S극) 사이의 힘

(2) 동일 부호의 자극에는 반발력, 다른 부호의 자극에는 흡인력이 작용함

예제 01

10^{-5} [Wb]와 1.2×10^{-5} [Wb]의 점자극을 공기 중에서 2 [cm] 거리에 놓았을 때 극간에 작용하는 힘은 약 몇 [N]인가?

① 1.9×10^{-2}　② 1.9×10^{-3}　③ 3.8×10^{-2}　④ 3.8×10^{-3}

해설 자계에서의 쿨롱의 법칙

쿨롱의 법칙 $F = \frac{1}{4\pi\mu_0} \times \frac{m_1 m_2}{r^2}$

- $\frac{1}{4\pi\mu_0} = 6.33 \times 10^4$
- $F = \frac{1}{4\pi\mu_0} \times \frac{10^{-5} \times 1.2 \times 10^{-5}}{(2 \times 10^{-2})^2} = 1.9 \times 10^{-2}$ [N]

정답 ①

02 자계와 자위

1 자계 H [AT/m]

자기적 힘이 미치는 공간

(1) 자계 중의 한 점에 단위자하를 놓았을 때 작용하는 힘의 크기

(2) $H = \dfrac{m}{4\pi\mu_0 r^2} = 6.33 \times 10^4 \times \dfrac{m}{r^2}\ [AT/m]$

(3) 쿨롱의 힘

$$F = mH = 6.33 \times 10^4 \times \dfrac{m_1 m_2}{r^2}\ [N]$$

2 자위 [AT]

점자극을 무한 원점에서 임의의 점까지 가져오는 데 필요한 일

$$U = -\int_\infty^d H \cdot dr = \dfrac{m}{4\pi\mu_0 r}\ [AT]$$

03 자기력선과 자속

1 자기력선

자계에서 단위자하가 자기력에 따라 이동 시 그려지는 가상의 선

(1) 자기력선수 : $N = \dfrac{m}{\mu}$ [개]

(2) 자기력선의 특징

　① 자기력선은 N극에서 나와 S극으로 들어감
　② 자기력선은 서로 반발하거나 서로 교차하지 않음
　③ 자기력선의 방향은 자계의 방향과 동일함
　④ 자기력선은 등자위면과 직교
　⑤ 도중에 끊어지지 않음

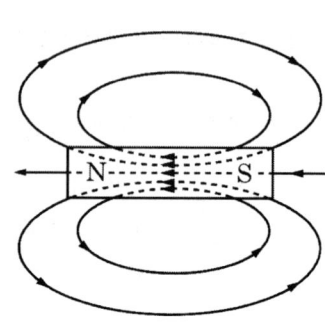

2 자속과 자속밀도

(1) 자속 ϕ [Wb] : 자극에서 1개의 선속이 나오는 것(자속 $\phi = m$)

(2) 자속밀도 B [Wb/m^2] : 단위면적당 자속선 수 $B = \dfrac{\phi}{S} = \mu H$ [Wb/m^2]

예제 02

어떤 자성체 내에서의 자계의 세기가 800 [AT/m]이고 자속밀도가 0.05 [Wb/m²]일 때 이 자성체의 투자율은 몇 [H/m]인가?

① 3.25×10^{-5}
② 4.25×10^{-5}
③ 5.25×10^{-5}
④ 6.25×10^{-5}

해설 자성체의 투자율

$$\mu = \frac{B}{H} = \frac{0.05}{800} = 6.25 \times 10^{-5} \, [H/m]$$

정답 ④

예제 03

비투자율 μ_s, 자속밀도 B [Wb/m²]인 자계 중에 있는 m [Wb]의 점자극이 받는 힘은 몇 [N]인가?

① $\dfrac{mB}{\mu_0}$
② $\dfrac{mB}{\mu_0 \mu_s}$
③ $\dfrac{mB}{\mu_s}$
④ $\dfrac{\mu_0 \mu_s}{mB}$

해설 자계에서 자극이 받는 힘

$$F = mH = \frac{mB}{\mu} = \frac{mB}{\mu_0 \mu_s} \, [N]$$

정답 ②

04 자기쌍극자(Magnetic Dipole)

- 자기쌍극자 : 자석과 같이 한 쪽은 N극, 다른 한 쪽은 S극 성질을 나타내는 작은 물질
- 자기쌍극자 모멘트 : 자기쌍극자의 크기와 방향을 나타냄

$$M = ml \ [Wb \cdot m]$$

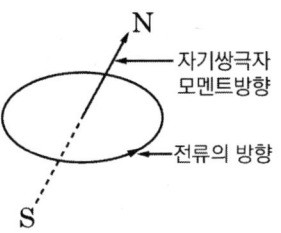

1 자기쌍극자에서 r만큼 떨어진 한 점에서의 자위

$$U = \frac{M}{4\pi\mu_0 r^2}\cos\theta = 6.33 \times 10^4 \times \frac{M\cos\theta}{r^2} \ [AT]$$

※ 전기쌍극자의 전위 $V = \dfrac{M}{4\pi\varepsilon_0 r^2}\cos\theta \ [V]$

2 자계의 세기

$$H = \sqrt{H_r^2 + H_\theta^2} = \frac{M\sqrt{1+3\cos^2\theta}}{4\pi\mu_0 r^3} \ [AT/m]$$

$H = -\,grad\,U, \quad H_r = -\dfrac{\partial U}{\partial r} = \dfrac{M\cos\theta}{2\pi\epsilon_0 r^3} \ [AT/m], \quad H_\theta = -\dfrac{\partial U}{r\,\partial\theta} = \dfrac{M\sin\theta}{4\pi\epsilon_0 r^3} \ [AT/m]$

※ 전기쌍극자의 전계 $E = \dfrac{M\sqrt{1+3\cos^2\theta}}{4\pi\varepsilon_0 r^3} \ [V/m]$

예제 04

두 개의 소자석 A, B의 세기가 서로 같고 길이의 비는 1 : 2이다. 그림과 같이 두 자석을 일직선상에 놓고 그 사이에 A, B의 중심으로부터 r_1, r_2 거리에 있는 점 P에 작은 자침을 놓았을 때 자침이 자석의 영향을 받지 않았다고 한다. $r_1 : r_2$는 얼마인가?

① $1 : \sqrt[3]{2}$ ② $\sqrt[3]{2} : 1$ ③ $1 : \sqrt[3]{4}$ ④ $\sqrt[3]{4} : 1$

해설 자기쌍극자의 자계의 세기

$$H = \frac{M\sqrt{1+3\cos^2\theta}}{4\pi\mu_0 r^3} \, [AT/m]$$

- $\cos(180°) = -1$
- $H_1 - H_2 = 0 = \dfrac{2M}{4\pi\mu_o r_1^3} - \dfrac{2(2M)}{4\pi\mu_o r_2^3} = 0$

$$\frac{r_1}{r_2} = \frac{1}{\sqrt[3]{2}}$$

정답 ①

05 자기이중층

판자석 : 무수한 자기쌍극자가 존재하는 얇은 판

1 판자석의 자위

$$U = \frac{M\omega}{4\pi\mu_0} \, [AT]$$

M : 판자석의 세기, ω : 입체각의 크기

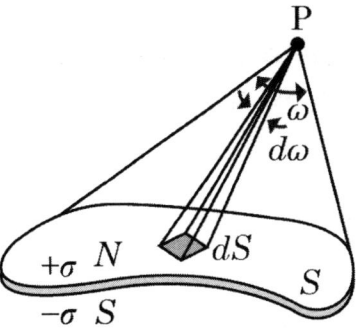

2 원형 코일 중심축상 지점 P의 자위

$$U = \frac{I}{2}\left(1 - \frac{x}{\sqrt{a^2+x^2}}\right) [AT]$$

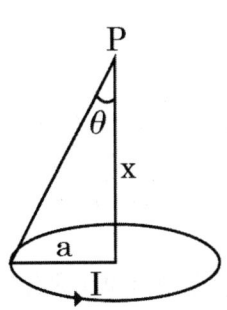

$M = \mu_0 I$, $\omega = 2\pi(1-\cos\theta)$, $\cos\theta = \dfrac{x}{\sqrt{a^2+x^2}}$ 이므로

$$\begin{aligned}
U &= \frac{M\omega}{4\pi\mu_0} = \frac{I}{4\pi}\omega \\
&= \frac{I}{4\pi} \times 2\pi(1-\cos\theta) = \frac{I}{2}(1-\cos\theta) \\
&= \frac{I}{2}\left(1 - \frac{x}{\sqrt{a^2+x^2}}\right) [AT]
\end{aligned}$$

3 등가 판자석에 의한 자계의 계산

(1) 등가 판자석의 세기 : $M = \mu_0 I\,[Wb/m]$

(2) 판자석 양면의 자위차 : $U_{AB} = U_A - U_B = -\int_B^A H \cdot dl = I = \dfrac{M}{\mu_0}$

(3) $U = \dfrac{M\omega}{4\pi\mu_0} = \dfrac{I\omega}{4\pi} = \dfrac{I}{2}(1-\cos\theta) = \dfrac{I}{2}\left(1 - \dfrac{x}{\sqrt{a^2+x^2}}\right)\,[AT]$

(4) $H_x = -\dfrac{\partial U}{\partial x} = \dfrac{I}{2}\dfrac{a^2}{(a^2+x^2)^{\frac{3}{2}}}\,[AT/m]$

(5) 자계 계산 적용 도체 : 원형 도체

예제 05

그림과 같은 반지름 a [m]인 원형 코일에 I [A]의 전류가 흐르고 있다. 이 도체 중심축상 x [m]인 점 P의 자위는 몇 [AT]인가?

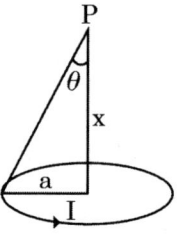

① $\dfrac{I}{2}\left(1 - \dfrac{x}{\sqrt{a^2+x^2}}\right)$ ② $\dfrac{I}{2}\left(1 - \dfrac{a}{\sqrt{a^2+x^2}}\right)$

③ $\dfrac{I}{2}\left(1 - \dfrac{x}{(a^2+x^2)^3}\right)$ ④ $\dfrac{I}{2}\left(1 - \dfrac{a}{(a^2+x^2)^3}\right)$

해설 원형 코일 중심축상 지점 P의 자위

- 원뿔 입체각 $\omega = 2\pi(1-\cos\theta)$
- 자위 $U = \dfrac{I}{4\pi}\omega = \dfrac{I}{4\pi} \times 2\pi(1-\cos\theta) = \dfrac{I}{2}(1-\cos\theta) = \dfrac{I}{2}\left(1 - \dfrac{x}{\sqrt{a^2+x^2}}\right)[AT]$

정답 ①

06 자계의 크기

1 앙페르의 오른나사법칙

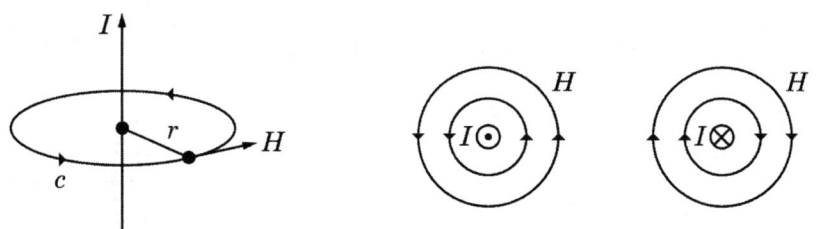

(1) 전류가 흐를 때 오른나사를 돌리는 방향으로 자계 발생

$$i = \nabla \times H$$

(2) $i = \nabla \times H = \dfrac{1}{r}\begin{pmatrix} a_r & ra_\phi & a_z \\ \dfrac{\partial}{\partial r} & \dfrac{\partial}{\partial \phi} & \dfrac{\partial}{\partial z} \\ H_r & rH_\phi & H_z \end{pmatrix}$

2 앙페르 주회적분

(1) 임의의 폐곡선에 대한 자계의 선적분

$$\oint_c H \cdot dl = NI$$

$H \cdot l = NI \rightarrow H = \dfrac{NI}{l}$

(2) 자계 계산 적용 도체 : 무한장 직선 도체, 무한장 원주형 도체, 무한장 솔레노이드, 환상 솔레노이드

3 비오 – 사바르의 법칙(Biot – Savart Law)

$$dH = \frac{Idl}{4\pi r^2}\sin\theta \,[AT/m]$$

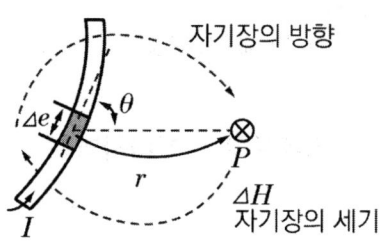

(1) 일정한 전류가 흐르는 도선에 의한 미소 자기장

(2) $H = \int_0^{2\pi} \frac{I}{4\pi(a^2+x^2)} \cdot \frac{a}{\sqrt{a^2+x^2}} a\,d\theta$

$= \frac{I}{2}\frac{a^2}{(a^2+x^2)^{3/2}}\,[AT/m]$

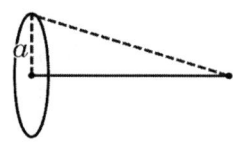

(3) 자계 계산 적용 도체 : 유한장 직선 도체, 유한장 솔레노이드, 원형 도체

예제 06

q [C]의 전하가 진공 중에서 v [m/s]의 속도로 운동하고 있을 때 이 운동 방향과 θ의 각으로 r [m] 떨어진 점의 자계의 세기는 몇 [AT/m]인가?

① $\dfrac{q\sin\theta}{4\pi r^2 v}$ ② $\dfrac{v\sin\theta}{4\pi r^2 q}$ ③ $\dfrac{qv\sin\theta}{4\pi r^2}$ ④ $\dfrac{v\sin\theta}{4\pi r^2 q^2}$

해설 비오 – 사바르의 법칙

$$H = \frac{Il\sin\theta}{4\pi r^2} = \frac{\frac{q}{t}l\sin\theta}{4\pi r^2} = \frac{qv\sin\theta}{4\pi r^2}\,[AT/m]$$

정답 ③

예제 07

반지름 $1\,[cm]$인 원형 코일에 전류 $10\,[A]$가 흐를 때 코일의 중심에서 코일 면에 수직으로 $\sqrt{3}$ $[cm]$ 떨어진 점의 자계의 세기는 몇 $[AT/m]$인가?

① $\dfrac{1}{16}\times 10^3$ ② $\dfrac{3}{16}\times 10^3$ ③ $\dfrac{5}{16}\times 10^3$ ④ $\dfrac{7}{16}\times 10^3$

해설 자계의 세기

$$H = \frac{a^2 I}{2(a^2+r^2)^{\frac{3}{2}}} = \frac{10\times 0.01^2}{2(0.01^2+(\sqrt{3}\times 10^{-2})^2)^{\frac{3}{2}}} = 62.5\,[AT/m]$$

정답 ①

07 자계의 세기 계산

1 직선

(1) 무한장직선

$$H = \frac{I}{l} = \frac{I}{2\pi r} \ [AT/m] (N=1)$$

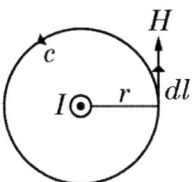

(2) 유한장직선

$$H = \frac{I}{4\pi r}(\sin\theta_1 + \sin\theta_2)$$
$$= \frac{I}{4\pi r}(\cos\beta_1 + \cos\beta_2) \ [AT/m]$$

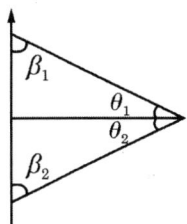

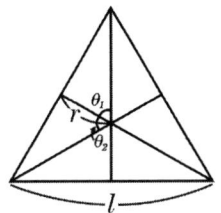	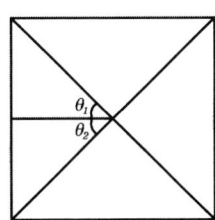	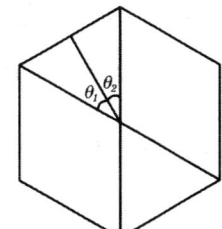
정삼각형 $H = \dfrac{9I}{2\pi l} \ [AT/m]$	정사각형 $H = \dfrac{2\sqrt{2}\,I}{\pi l} \ [AT/m]$	정육각형 $H = \dfrac{\sqrt{3}\,I}{\pi l} \ [AT/m]$

예제 08

6.28 [A]가 흐르는 무한장 직선도선상에서 1 [m] 떨어진 점의 자계의 세기는 몇 [A/m]인가?

① 0.5   ② 1   ③ 2   ④ 3

해설 무한장 직선 도체의 자기장의 세기

$$H = \frac{I}{2\pi r} = \frac{6.28}{2\pi \times 1} = 1 \ [A/m]$$

정답 ②

예제 09

한 변의 길이가 3 [m]인 정삼각형의 회로에 2 [A]의 전류가 흐를 때 정삼각형 중심에서의 자계의 크기는 몇 [AT/m]인가?

① $\dfrac{1}{\pi}$ ② $\dfrac{2}{\pi}$ ③ $\dfrac{3}{\pi}$ ④ $\dfrac{4}{\pi}$

해설 정삼각형 중심에서의 자계의 세기

$$H = \frac{9I}{2\pi\ell} = \frac{9 \times 2}{2\pi \times 3} = \frac{3}{\pi} \, [AT/m]$$

정답 ③

예제 10

정사각형 회로의 면적을 3배로, 흐르는 전류를 2배로 증가시키면 정사각형의 중심에서의 자계의 세기는 약 몇 [%]가 되는가?

① 47   ② 115   ③ 150   ④ 225

해설 정사각형 중심에서의 자계의 세기

$$H = \frac{2\sqrt{2}\,I}{\pi\ell}$$

$$H \propto \frac{2}{\sqrt{3}} = 1.15$$

따라서 115 [%]가 된다.

정답 ②

2 원통형 직선

도체 내부에 전류가 균일하게 흐르는 경우	도체 표면에 전류가 흐르는 경우
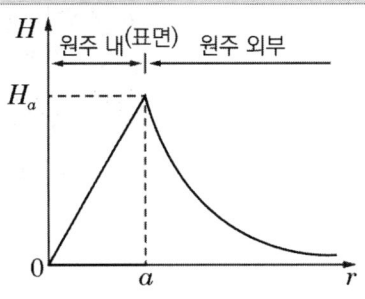	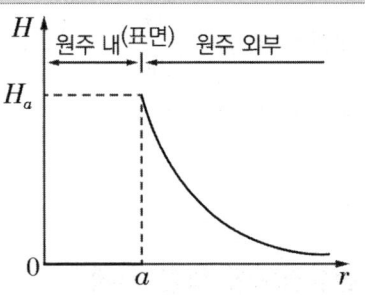
• 내부자계 $H = \dfrac{rI}{2\pi a^2}\,[AT/m]$ • 외부자계 $H = \dfrac{I}{2\pi r} = \dfrac{I}{2\pi a}\,[AT/m]$	• 내부자계 $H = 0$ • 외부자계 $H = \dfrac{I}{2\pi r} = \dfrac{I}{2\pi a}\,[AT/m]$

3 원형 코일

비오 - 사바르의 법칙 $H = \dfrac{I}{2}\dfrac{a^2}{(a^2+x^2)^{3/2}}$ 에서 원형이 되려면 $x = 0$ 이므로

$H = \dfrac{I}{2a}\,[AT/m]$

$$H = \dfrac{I}{2a}\,[AT/m]$$

• θ 만큼 전류가 흐를 때 $H = \dfrac{I}{2a} \times \dfrac{\theta}{2\pi}$

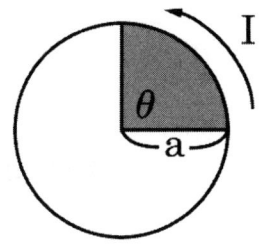

4 무한장 솔레노이드 자계

• 내부자계 $H = \dfrac{NI}{l} = n_0 I\,[AT/m]$

• 외부자계 $H = 0$

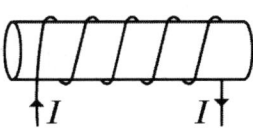

n_0 : 단위길이당 권수

5 환상 솔레노이드 자계

- 내부자계 $H = \dfrac{I}{2\pi r} = \dfrac{NI}{l}\,[AT/m]$
- 외부자계 $H = 0$

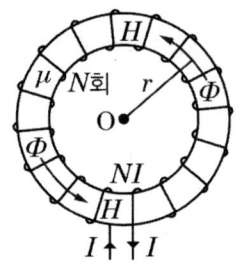

6 면 전류밀도에 의한 자계

(1) 전류밀도 K가 y축에 흐를 때

① 평면판 위 $H : \dfrac{K}{2}(\hat{x})$

② 평면판 아래 $H : \dfrac{K}{2}(-\hat{x})$

③ 평면 전류밀도에 의한 자계는 거리에 무관

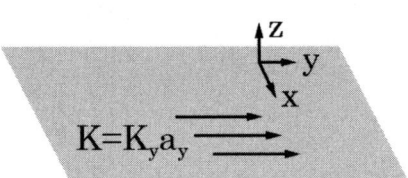

7 자계 정리

구분	자계
무한 직선	$H = \dfrac{I}{l} = \dfrac{I}{2\pi r}$
유한장 직선	$H = \dfrac{I}{4\pi r}(\sin\theta_1 + \sin\theta_2) = \dfrac{I}{4\pi r}(\cos\alpha_1 + \cos\alpha_2)$ • 정육각형 중심자계 $H = \dfrac{\sqrt{3}\,I}{\pi l}$ • 정사각형 중심자계 $H = \dfrac{2\sqrt{2}\,I}{\pi \ell}$ • 정삼각형 중심자계 $H = \dfrac{9I}{2\pi \ell}$
원통형 직선	$H = \dfrac{I}{2\pi a}$
원형 코일	$H = \dfrac{I}{2a}$
무한장 솔레노이드	• 내부자계 $H = \dfrac{NI}{l} = N_o I$ • 외부자계 $H = 0$
환상 솔레노이드	• 내부자계 $H = \dfrac{I}{2\pi r} = \dfrac{NI}{l}$ • 외부자계 $H = 0$

예제 11

공기 중에 있는 무한히 긴 직선도선에 10 [A]의 전류가 흐르고 있을 때 도선으로부터 2 [m] 떨어진 점에서의 자속밀도는 몇 [Wb/m²]인가?

① 10^{-5}
② 0.5×10^{-6}
③ 10^{-6}
④ 2×10^{-6}

[해설] 무한히 긴 직선도선의 자속밀도

$$B = \frac{\mu I}{2\pi r} = \frac{4\pi \times 10^{-7} \times 10}{2\pi \times 2} = 10^{-6} \ [Wb/m^2]$$

정답 ③

08 전자력

1 전자력(도선에 작용하는 힘)

(1) 플레밍의 왼손법칙

① 엄지 : 도체가 받는 힘의 방향(F)

② 검지 : 자속의 진행 방향(B)

③ 중지 : 전류의 진행 방향(I)

④ 도체가 자계 안에서 받는 힘

$$F = (I \times B)l = IBl\sin\theta \ [N]$$

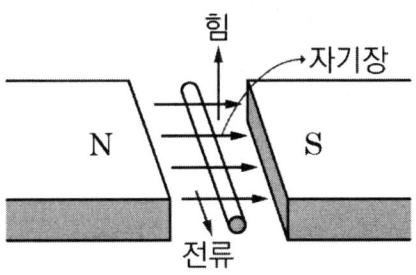

2 두 도선 사이에 작용하는 힘(평행도체에 작용하는 힘)

(1) $F = BIl = \mu_0 Hl = \dfrac{\mu_0 I_1 I_2}{2\pi r}l = \dfrac{2 \times 10^{-7} I_1 I_2}{r}l \ [N]$

$$F = \frac{2 \times 10^{-7} I_1 I_2}{r} \ [N/m]$$

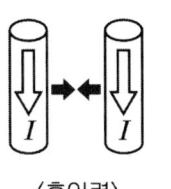
〈흡인력〉

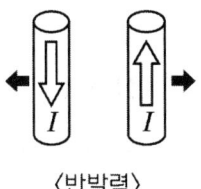
〈반발력〉

(2) 같은 방향 전류(평행도선) : 흡인력

(3) 다른 방향 전류(평행왕복도선) : 반발력

3 로렌츠의 힘

(1) 전계와 자계에 의해 대전된 입자에 가해지는 총 힘

(2) 자기력 $F_m = (I \times B)l = \dfrac{q}{t} \times Bl = q(v \times B)\,[N]$

(3) 전기력 $F_e = qE\,[N]$

(4) 전자기력(로렌츠의 힘)

$$F = F_e + F_m = q[E + (v \times B)]\,[N]$$

(5) 전자의 원운동 조건

① $evB(\text{구심력}) = \dfrac{mv^2}{r}(\text{원심력})$

② 각속도 $\omega = \dfrac{v}{r} = \dfrac{Be}{m}\,[rad/s]$

③ 주파수 $f = \dfrac{Be}{2\pi m}\,[Hz]$

④ 자계 내에 수직투입 시 : 등속원운동

⑤ θ의 각도로 투입 시 : 등속나선운동

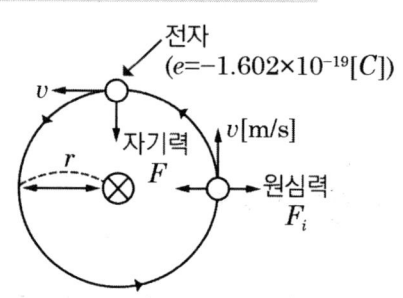

TIP 전자 외의 전하를 띤 입자에도 적용된다.

4 막대자석에 작용하는 회전력

$$T = M \times H = mlH\sin\theta\,[N \cdot m]$$

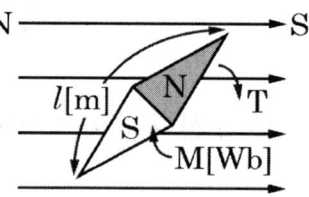

5 회전력

(1) 자계 내 코일의 회전모멘트

$$T = NIBS\cos\theta = \pi a^2 BI\,[N \cdot m/rad]$$

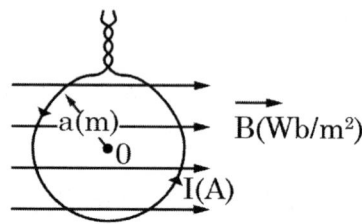

예제 12

선간 전압이 66000 [V]인 2개의 평행왕복도선에 10 [kA]의 전류가 흐르고 있을 때 도선 1 [m]마다 작용하는 힘의 크기는 몇 [N/m]인가? (단, 도선 간의 간격은 1 [m]이다)

① 1   ② 10   ③ 20   ④ 200

해설 두 도선 사이에 작용하는 힘

$$F = \frac{2 \times I^2}{r} \times 10^{-7} = \frac{2 \times (10^4)^2}{1} \times 10^{-7} = 20 [N/m]$$

정답 ③

예제 13

전하 q [C]가 진공 중의 자계 H [AT/m]에 수직방향으로 v [m/s]의 속도로 움직일 때 받는 힘은 몇 [N]인가? (단, 진공 중의 투자율은 μ_0이다)

① qvH   ② μ_0qH   ③ πqvH   ④ $\mu_0$qvH

해설 전하가 받는 힘

$$F = q(v \times B) = qvB \ (\theta = 90° \text{ 이므로}) = \mu_o qvH \ [N]$$

정답 ④

예제 14

2 [C]의 점전하가 전계 E = 2a$_x$ + a$_y$ − 4a$_z$ [V/m] 및 자계 B = −2a$_x$ + 2a$_y$ − a$_z$ [Wb/m^2] 내에서 v = 4a$_x$ − a$_y$ −2a$_z$ [m/s]의 속도로 운동하고 있을 때 점전하에 작용하는 힘 F는 몇 [N]인가?

① -14a$_x$ + 18a$_y$ + 6a$_z$ ② 14a$_x$ - 18a$_y$ - 6a$_z$
③ -14a$_x$ + 18a$_y$ + 4a$_z$ ④ 14a$_x$ + 18a$_y$ + 4a$_z$

해설 로렌츠의 힘

$$F = q[E + v \times B] = 2\left[(2a_x + a_y - 4a_z) + \begin{pmatrix} a_x & a_y & a_z \\ 4 & -1 & -2 \\ -2 & 2 & -1 \end{pmatrix}\right] = 14a_x + 18a_y + 4a_z$$

정답 ④

예제 15

자속밀도가 0.3 [Wb/m²]인 평등자계 내에 5 [A]의 전류가 흐르는 길이 2 [m]인 직선 도체가 있다. 이 도체를 자계 방향에 대하여 60°의 각도로 놓았을 때 이 도체가 받는 힘은 약 몇 [N]인가?

① 1.3   ② 2.6   ③ 4.7   ④ 5.7

해설 전자력

$$F = BI\ell \sin\theta = 0.3 \times 5 \times 2 \times \frac{\sqrt{3}}{2} = 2.6\ [N]$$

정답 ②

예제 16

자속밀도가 B인 곳에 전하 Q, 질량 m인 물체가 자속밀도 방향과 수직으로 입사한다. 속도를 2배로 증가시키면 원운동의 주기는 몇 배가 되는가?

① 1/2   ② 1   ③ 2   ④ 4

해설 원운동의 주기

- $\dfrac{mv^2}{r} = evB$, $v = \dfrac{erB}{m}$

- 각속도 $\omega = \dfrac{v}{r}$

- 주기 $T = \dfrac{1}{f} = \dfrac{2\pi}{\omega} = \dfrac{2\pi}{\dfrac{v}{r}} = \dfrac{2\pi r}{\dfrac{erB}{m}} = \dfrac{2\pi m}{eB}$

주기는 속도와 관련이 없으므로 변화는 없다.

정답 ②

09 전자력현상

1 스트레치효과

자유로이 구부릴 수 있는 가는 사각형의 도선에 대전류를 흘리면 각 도선 상호 간 반발력이 작용하며 **도선이 원의 형태**를 이루게 되는 현상

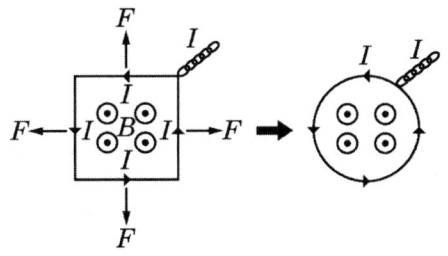

2 홀효과

도체가 자기장 속에 놓여 있고, 그 자기장에서 직각 방향으로 전류를 흘릴 때 전류와 **자기장의 방향에 수직하게 전압차**가 형성되는 현상

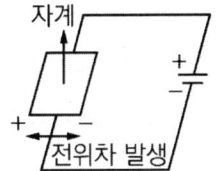

3 핀치효과

직류전압 인가 시 전류가 **도선 중심** 쪽으로 집중되어 흐르는 현상

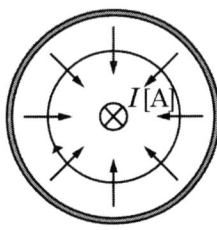

예제 17

전류와 자계 사이의 힘의 효과를 이용한 것으로 자유로이 구부릴 수 있는 도선에 대전류를 통하면 도선 상호 간에 반발력에 의하여 도선이 원을 형성하는데 이와 같은 현상은?

① 스트레치효과　　　　　　② 핀치효과
③ 홀효과　　　　　　　　　④ 스킨효과

해설 스트레치효과

자유로이 구부릴 수 있는 가는 사각형의 도선에 대전류를 흘리면 각 도선 상호 간 반발력이 작용하며 도선이 원의 형태를 이루는 현상

정답 ①

CHAPTER 06 개념 체크 OX

1 $F = \dfrac{1}{4\pi\mu_0} \times \dfrac{m_1 m_2}{r^2}\ [N]$ 은 자계에서의 쿨롱의 법칙이다. ☐O ☐X

2 정삼각형 코일의 중심에서의 자계의 세기는 $H = \dfrac{\sqrt{3}\,I}{\pi l}\ [AT/m]$ 이다. ☐O ☐X

3 홀효과는 직류전압 인가 시 전류가 도선 중심 쪽으로 집중되어 흐르는 현상이다. ☐O ☐X

4 전자를 자계 내에 수직투입하면 등속원운동한다. ☐O ☐X

5 앙페르의 오른나사법칙은 전류가 흐를 때 오른나사를 돌리는 방향으로 자계가 발생함을 의미한다. ☐O ☐X

6 전류가 흐르는 두 평행도선 사이에 작용하는 힘은 $F = \dfrac{2 \times 10^{-7} I_1 I_2}{r}\ [N/m]$ 이다. ☐O ☐X

정답 01 (O) 02 (X) 03 (X) 04 (O) 05 (O) 06 (O)

2 정삼각형 코일의 중심에서의 자계의 세기는 $H = \dfrac{9I}{2\pi l}\ [AT/m]$ 이다.

3 <u>핀치효과</u>는 직류전압 인가 시 전류가 도선 중심 쪽으로 집중되어 흐르는 현상이다.

CHAPTER 07 자성체와 자기회로

01 자성체

자기장 내에서 **자화**하는 물질

1 자성체의 종류

(1) 강자성체($\mu_s \gg 1$) : 외부자계와 같은 방향으로 자화가 **강하게** 되는 자성체

　① 종류 : 니켈(Ni), 코발트(Co), 철(Fe), 망간(Mn)　　　　암 니 코 철망에 걸렸다.
　② 강자성체로 자기차폐를 하여 외부자계의 영향을 막을 수 있음
　③ 강자성체의 특징
　　　• 자기포화 특성
　　　• 고투자율 특성
　　　• 히스테리시스 특성
　　　• 퀴리온도 : 자성을 잃기 시작하는 온도

(2) 상자성체($\mu_s > 1$) : 외부자계와 같은 방향으로 자화가 **약하게** 되는 자성체

　① 종류 : 알루미늄(Al), 백금(Pt), 텅스텐(W), 산소(O_2), 공기

　　　　　　　　　　　　　　암 알까기 백 번 했더니 지갑이 텅 산소만 남았다.

(3) 반(역)자성체 ($\mu_s < 1$) : 외부자계와 자화가 **반대 방향**으로 되는 자성체

　① 종류 : 금(Au), 은(Ag), 구리(Cu), 비스무트(Bi), 안티모니(Sb), 아연(Zn), 납(Pb)

　　　　　　　　　　　　　　　　　　　암 금, 은, 동 땄더니 비가 안 와.

(4) 진공중의 비투자율 $\mu_s = 1$

(5) 초전도체 비투자율 $\mu_s = 0$

　　　　　TIP 초전도체 : 특정 조건에서 전류에 대한 저항이 0이며, 반자성을 띠는 물질

예제 01

강자성체가 아닌 것은?

① 철　　　　② 구리　　　　③ 니켈　　　　④ 코발트

해설 자성체의 종류

- 강자성체 : 니켈(Ni), 코발트(Co), 철(Fe), 망간(Mn)
- 상자성체 : 알루미늄(Al), 백금(Pt), 텅스텐(W), 산소(O_2), 공기
- 반자성체 : 금(Au), 은(Ag), 구리(Cu), 비스무트(Bi), 안티모니(Sb), 아연(Zn), 납(Pb)

정답 ②

예제 02

다음 조건 중 틀린 것은? (단, χ_m : 비자화율, μ_r : 비투자율이다)

① $\mu_r \gg 1$이면 강자성체

② $\chi_m > 0$, $\mu_r < 1$이면 상자성체

③ $\chi_m < 0$, $\mu_r < 1$이면 반자성체

④ 물질은 χ_m 또는 μ_r의 값에 따라 반자성체, 상자성체, 강자성체 등으로 구분한다.

해설 자성체의 성질

상자성체는 비투자율 μ_r이 1보다 커야 한다.

정답 ②

2 자기차폐와 정전차폐

자기차폐	정전차폐
(1) 내부장치 또는 공간을 물질로 포위시켜 외부자계의 영향을 차폐시키는 방식으로 강자성체 중에서 비투자율이 큰 물질을 사용 (2) 자계에서는 투자율이 무한인 자성체가 존재하지 않기 때문에 완전히 차단하는 것은 불가능(불완전차폐)	(1) 도체를 접지하여 다른 도체 간에 정전현상이 미치지 않도록 완전히 차단된 상태 (2) 정전차폐는 도체를 사용하여 외부전계의 영향을 완전히 막을 수 있음(완전차폐)

예제 03

진공 중의 도체계에서 임의의 도체를 일정 전위의 도체로 완전 포위하면 내외 공간의 전계를 완전 차단시킬 수 있는데 이것을 무엇이라 하는가?

① 홀효과 ② 정전차폐
③ 핀치효과 ④ 전자차폐

해설 정전차폐

정전차폐 : 진공 중 도체계에 임의의 도체를 일정 전위의 도체로 완전히 포위함으로써 내외 공간의 전계를 완전히 차단시키는 방법

정답 ②

02 자화

1 자화의 정의

(1) 자계 중에 놓인 물체가 자성을 띠는 것

(2) 외부 자기장에 의해 내부에 자기모멘트가 생기는 것

2 자화의 세기

(1) $J = \dfrac{m}{S} = \dfrac{ml}{Sl} = \dfrac{M}{V}\,[Wb/m^2]$ (체적당 자기모멘트)

$$J = B - B_0 = \mu_0(\mu_s - 1)H = B\left(1 - \dfrac{1}{\mu_s}\right)[Wb/m^2]$$

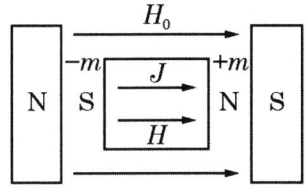

3 자화율 $\chi = \mu_0(\mu_s - 1)$

(1) 강자성체 $\chi \gg 0$, 상자성체 $\chi > 0$, 반자성체 $\chi < 0$

(2) $J = \chi H$

(3) 비자화율 $\chi_m = \mu_s - 1$

예제 04

길이 20 [cm], 단면의 반지름 10 [cm]인 원통이 길이의 방향으로 균일하게 자화되어 자화의 세기가 200 [Wb/m²]인 경우 원통 양 단자에서의 전 자극의 세기는 몇 [Wb]인가?

① π ② 2π ③ 3π ④ 4π

해설 자극의 세기(자화량)

$$J = \frac{m}{S}[Wb/m^2] \quad m = JS = J\pi r^2 = 200\pi(10 \times 10^{-2})^2 = 2\pi\,[Wb]$$

정답 ②

예제 05

다음의 관계식 중 성립할 수 없는 것은? (단, μ는 투자율, χ는 자화율, μ_0는 진공의 투자율, J는 자화의 세기이다)

① $J = \chi B$
② $B = \mu H$
③ $\mu = \mu_o + \chi$
④ $\mu_s = 1 + \frac{\chi}{\mu_o}$

해설 자속밀도와 자계의 관계

$$\chi = \mu_0(\mu_s - 1) \quad J = \mu_0(\mu_s - 1)H = \chi H$$

정답 ①

4 감자력

자성체에 자계 H_0를 가할 때 자성체 내부에 반대방향으로 자계 H'가 생김

"자계를 감소시킨다"고 해서 **"감자력"**

(1) 감자력 $H' = \dfrac{N}{\mu_0}J = \dfrac{\chi N}{\mu_0}H = \dfrac{N(\mu_s - 1)}{1 + N(\mu_s - 1)}H_0$

(2) 내부자계의 세기 $H = H_0 - H' = H_0 - \dfrac{\chi N}{\mu_0}H = \dfrac{H_0}{1 + \dfrac{\chi N}{\mu_0}} = \dfrac{H_0}{1 + N(\mu_s - 1)}$

(3) 자화의 세기 $J = \chi H = \dfrac{(\mu - \mu_0)H_0}{1 + N(\mu_s - 1)} = \dfrac{\mu_o(\mu_s - 1)}{1 + (\mu_s - 1)N} \times H_0$

🔑 구삼환영

구 자성체의 감자율은 $\dfrac{1}{3}$, 환상 솔레노이드의 감자율은 0

5 자기포화

외부자계를 한계값 이상 상승시키면 자화의 세기가 증가하지 않고 일정하게 포화되는 현상

6 바크하우젠효과

자구가 어느 순간에 급격히 회전하기 때문에, B - H 곡선을 자세히 보면 자속밀도는 매끈한 곡선이 아니라 계단형으로 변화함

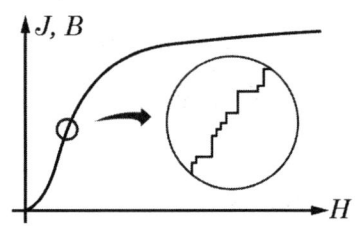

03 히스테리시스 곡선

자화이력이 없는 자성체에 전류를 흘려주면 외부자계 H가 유도됨
외부자계의 세기 H가 변화했을 때 자성체 내부의 자속밀도 B의 경로

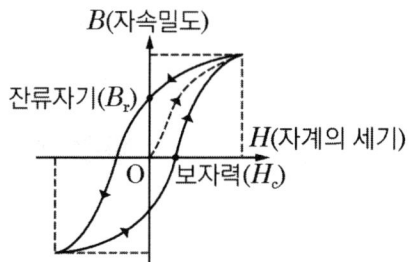

- 잔류자기 : 자계의 세기가 0일 때도 남아 있는 잔류 자속밀도
- 보자력(=자화력) : 남아 있는 잔류자기를 없애기 위한 역방향의 자계의 세기

1 히스테리시스 손실

자성체에 전류를 흘려주고 싶었는데 자계가 생기고 잔류자기가 생성됨

(1) 히스테리시스 손실은 히스테리시스 곡선의 **면적과 비례**하는 관계
즉, 면적이 작을수록 손실 또한 적음

(2) 히스테리시스 손실 $P_h = kfB_m^{1.6 \sim 2.0}$ $[J/m^3]$

2 자석의 구비 조건

(1) 전자석 : 철사에 코일을 감고 전류를 흘릴 때만 자석의 성질을 가지는 것으로 **잔류자기가 크고, 보자력은 작아야 함**

(2) 영구자석 : 한번 자화되면 영구적으로 자석의 성질을 가지며, **잔류자기, 보자력 모두 커야 함**

예제 06

전기기기의 철심(자심) 재료로 규소강판을 사용하는 이유는?

① 동손을 줄이기 위해
② 와전류손을 줄이기 위해
③ 히스테리시스손을 줄이기 위해
④ 제작을 쉽게 하기 위해

해설 전기기기 철심의 구성

규소강판을 '사용'하면 히스테리시스손이 감소한다.
와전류손을 줄이는 방법은 규소강판을 '성층'하는 것이다.

정답 ③

3 와류손(맴돌이 전류손)

- 자속의 변화를 방해하기 위한 역자속을 만드는 전류
- 금속 내부의 자속이 변화하면 유도기전력이 발생하여 전류가 흐를 때 줄열이 생겨 발생하는 손실
- 규소강판을 성층하여 철심을 만들어 와류손을 줄임

$$\text{와전류손(와류손) } P_e \propto k(tfB_m)^2 \, [W/m^3]$$

f : 주파수, B_m : 최대자속밀도, t : 두께, k, σ : 도전율

예제 07

영구자석 재료로 사용하기에 적합한 특성은?

① 잔류자기와 보자력이 모두 큰 것이 적합하다.
② 잔류자기는 크고, 보자력은 작은 것이 적합하다.
③ 잔류자기는 작고, 보자력은 큰 것이 적합하다.
④ 잔류자기와 보자력이 모두 작은 것이 적합하다.

해설 자석의 조건

- 전자석 : 잔류자기가 크고, 보자력은 작아야 한다.
- 영구자석 : 잔류자기, 보자력 모두 커야 한다.

정답 ①

04 에너지

1 에너지 밀도(자계에너지, N·S극의 흡인력)

(1) 축적에너지 $W = \frac{1}{2}CV^2$ 에서 $El = V$를 대입하면 $W = \frac{1}{2}\frac{\varepsilon S}{d}E^2 l^2 = \frac{1}{2}\varepsilon E^2 V \, [J]$

(2) 자계에너지 밀도

$$w = \frac{1}{2}\mu H^2 = \frac{B^2}{2\mu} = \frac{1}{2}BH \, [J/m^3]$$

(3) 자석의 흡인력

$$F = \frac{1}{2}\mu H^2 S = \frac{B^2}{2\mu}S = \frac{1}{2}BHS \, [N]$$

05 경계 조건

1 자성체의 경계 조건

(1) **자계**는 **접선**성분이 같다($H_1 \sin\theta_1 = H_2 \sin\theta_2$).

(2) **자속밀도**는 **법선**성분이 같다($B_1 \cos\theta_1 = B_2 \cos\theta_2$).

(3) 경계면에 수직으로 입사한 자속은 굴절하지 않음

(4) 입사각과 굴절각은 투자율에 비례 $\left(\dfrac{\tan\theta_1}{\tan\theta_2} = \dfrac{\mu_1}{\mu_2}\right)$

(5) 자속이 모이는 정도는 투자율에 비례

(6) 경계면상 두 점 사이의 자위차가 같음

예제 08

두 자성체 경계면에서 정자계가 만족하는 것은?

① 자계의 법선성분이 같다.
② 자속밀도의 접선성분이 같다.
③ 자속은 투자율이 작은 자성체에 모인다.
④ 양측 경계면상의 두 점 간 자위차가 같다.

해설 자성체의 경계 조건

- 자계의 접선성분이 같다($H_1 \sin\theta_1 = H_2 \sin\theta_2$).
- 자속밀도의 법선성분이 같다($B_1 \cos\theta_1 = B_2 \cos\theta_2$).
- 자속이 모이는 정도는 투자율에 비례한다. 즉, 자속은 투자율이 큰 자성체에 모이려 한다.
- 경계면상 두 점 사이의 자위차가 같다.

정답 ④

예제 09

상이한 매질의 경계면에서 전자파가 만족해야 할 조건이 아닌 것은? (단, 경계면은 두 개의 무손실 매질 사이이다)

① 경계면의 양측에서 전계의 접선성분은 서로 같다.
② 경계면의 양측에서 자계의 접선성분은 서로 같다.
③ 경계면의 양측에서 자속밀도의 접선성분은 서로 같다.
④ 경계면의 양측에서 전속밀도의 법선성분은 서로 같다.

해설 유전체와 자성체의 경계 조건

- 경계면의 법선 부분의 전속밀도가 같다.
- 경계면의 접선 부분의 전계가 같다.

정답 ③

06 자기회로

1 자기저항

전기회로에서의 전기저항과 유사한 역할을 하는 자기회로에서의 저항

$$R_m = \frac{l}{\mu A} \, [AT/Wb]$$

TIP 전기저항과의 비교 $R = \frac{l}{kS} \, [\Omega]$

(1) 공극이 없는 경우 자기저항

$$R_m = \frac{l}{\mu A}, \quad R_m = \frac{l}{\mu A} = \frac{F}{\phi} = \frac{NI}{\phi} \, [AT/Wb]$$

(2) 공극을 만든 후의 자기저항

$$R_m' = \frac{l_g}{\mu_0 A} + \frac{l}{\mu A} = \frac{l}{\mu A}\left(1 + \frac{l_g}{l}\mu_s\right) [AT/Wb] \quad (\because l \fallingdotseq l - l_g)$$

2 기자력

자기회로에서 자속을 생성시키는 능력 $F = NI = R_m \phi \, [AT]$

3 퍼미언스(Permeance)

자기저항의 역수 $P = \frac{1}{R_m} \, [H]$

전기회로	자기회로
(회로도)	(회로도)
기전력 V [V]	기자력 $F = NI$ [AT]
전류 I [A]	자속 ϕ [Wb]
전기저항 R [Ω]	자기저항 R_m [AT/Wb]
옴의 법칙 $R = \frac{V}{I}$ [Ω]	옴의 법칙 $R_m = \frac{NI}{\phi}$ [AT/Wb]
도전율 k [℧/m], [S/m]	투자율 μ [H/m]

예제 10

자기회로의 자기저항에 대한 설명으로 옳지 않은 것은?

① 자기회로의 단면적에 반비례한다.
② 자기회로의 길이에 반비례한다.
③ 자성체의 비투자율에 반비례한다.
④ 단위는 [AT/Wb]이다.

해설 자기회로의 자기저항

$$R_m = \frac{NI}{\phi} = \frac{l}{\mu A} \ [AT/Wb], \quad R_m \propto l$$

정답 ②

예제 11

철심에 도선을 250회 감고 1.2 [A]의 전류를 흘렸더니 1.5 × 10⁻³ [Wb]의 자속이 생겼다. 자기저항은 몇 [AT/Wb]인가?

① 2×10^5
② 3×10^5
③ 4×10^5
④ 5×10^5

해설 자기저항

$$R_m = \frac{NI}{\phi} = \frac{250 \times 1.2}{1.5 \times 10^{-3}} = 2 \times 10^5 \ [AT/Wb]$$

정답 ①

예제 12

환상철심에 감은 코일에 5 [A]의 전류를 흘려 2000 [AT]의 기자력을 발생시키고자 한다면 코일의 권수는 몇 회로 하면 되는가?

① 100회
② 200회
③ 300회
④ 400회

해설 기자력

$$F = NI \ [AT]$$
$$N = \frac{F}{I} = \frac{2000}{5} = 400 \ [회]$$

정답 ④

예제 13

자기회로와 전기회로에 대한 설명으로 틀린 것은?

① 자기저항의 역수를 컨덕턴스라 한다.
② 자기회로의 투자율은 전기회로의 도전율에 대응된다.
③ 전기회로의 전류는 자기회로의 자속에 대응된다.
④ 자기저항의 단위는 [AT/Wb]이다.

해설 퍼미언스의 의미

자기저항의 역수를 퍼미언스라고 한다.

정답 ①

07 전기와 자기의 상관관계

	전기		자기	
쿨롱의 법칙	$F = \dfrac{1}{4\pi\varepsilon} \times \dfrac{Q_1 Q_2}{r^2}$ [N]		쿨롱의 법칙	$F = \dfrac{1}{4\pi\mu} \times \dfrac{m_1 m_2}{r^2}$ [N]
전하	Q [C]		자하	m [Wb]
ε_0	8.855×10^{-12} [F/m]		μ_0	$4\pi \times 10^{-7}$ [H/m]
전장의 세기	$E = \dfrac{1}{4\pi\varepsilon} \times \dfrac{Q}{r^2}$ [V/m]		자장의 세기	$H = \dfrac{1}{4\pi\mu} \times \dfrac{m}{r^2}$ [AT/m]
전위	$V = \dfrac{1}{4\pi\varepsilon} \times \dfrac{Q}{r}$ [V]		자위	$U = \dfrac{1}{4\pi\mu} \times \dfrac{m}{r}$ [AT]
정전기력	$F = QE$ [N]		정자기력	$F = mH$ [N]
전기력선의 총수	$\dfrac{Q}{\varepsilon}$ [개]		자기력선의 총수	$\dfrac{m}{\mu}$ [개]
전속 전기력선 묶음	ψ(프사이)		자속 자기력선 묶음	ϕ(파이)
전속밀도	$D = \dfrac{Q}{A} = \dfrac{Q}{4\pi r^2}$ [C/m²] $D = \varepsilon E = \varepsilon_0 \varepsilon_s E$ [C/m²]		자속밀도	$B = \dfrac{\phi}{A} = \dfrac{\phi}{4\pi r^2}$ [Wb/m²] $B = \mu H = \mu_0 \mu_s H$ [Wb/m²]
정전에너지	$W = \dfrac{1}{2} CV^2$ [J]		전자에너지	$W = \dfrac{1}{2} LI^2$ [J]

	전기		자기	
에너지 밀도	$W = \frac{1}{2}\varepsilon E^2$ [J/m³]	에너지 밀도	$W = \frac{1}{2}\mu H^2$ [J/m³]
전기력선	도체 내부에 존재하지 않음	자기력선	도체 내부에 존재함

예제 14

단면적이 같은 자기회로가 있다. 철심의 투자율을 μ라 하고, 철심회로의 길이를 l이라 한다. 지금 그 일부에 미소공극 l_0를 만들었을 때 자기회로의 자기저항은 공극이 없을 때의 약 몇 배인가?

① $1 + \frac{\mu l}{\mu_0 l_0}$

② $1 + \frac{\mu l_0}{\mu_0 l}$

③ $1 + \frac{\mu_0 l}{\mu l_0}$

④ $1 + \frac{\mu_0 l_0}{\mu l}$

해설 공극이 있을 때 자기회로의 자기저항

- 공극이 없을 때의 자기저항 $R_m = \frac{l}{\mu A}$

- 공극이 포함된 자기저항 $R_m{'} = \frac{(l-l_0)}{\mu A} + \frac{l_0}{\mu_0 A} \fallingdotseq \frac{l}{\mu A} + \frac{l_0}{\mu_0 A} = R_m + \frac{l_0}{\mu_0 A}$

  ($\because l - l_0 \fallingdotseq l$)

- 양 변을 R_m으로 나눠주게 되면 $\frac{R_m{'}}{R_m} = 1 + \frac{\frac{l_0}{\mu_0 A}}{R_m} = 1 + \frac{\frac{l_0}{\mu_0 A}}{\frac{l}{\mu A}} = 1 + \frac{\mu l_0}{\mu_0 l}$

정답 ②

CHAPTER 07 | 개념 체크 OX

1. 니켈(Ni), 코발트(Co)는 상자성체이다.   O X
2. 강자성체는 자기포화 특성을 가지고 있다.   O X
3. 비스무트(Bi)는 강자성체이다.   O X
4. 정전차폐는 불완전차폐다.   O X
5. 자화의 세기는 체적당 자기모멘트이다.   O X
6. 히스테리시스 손실은 히스테리시스 곡선의 면적과 반비례한다.   O X
7. 전자석은 잔류자기가 크고, 보자력은 작아야 한다.   O X
8. 자성체의 경계조건에서 자속밀도는 접선성분이 같다.   O X

정답   01 (X)   02 (O)   03 (X)   04 (X)   05 (O)   06 (X)   07 (O)   08 (X)

1. 니켈(Ni), 코발트(Co)는 강자성체이다.
3. 비스무트(Bi)는 반자성체이다.
4. 정전차폐는 완전차폐다.
6. 히스테리시스 손실은 히스테리시스 곡선의 면적과 비례한다.
8. 자성체의 경계조건에서 자속밀도는 법선성분이 같다.

CHAPTER 08 전자유도 및 인덕턴스

01 패러데이

1 패러데이법칙

$$e = N\frac{d\phi}{dt}\ [V]$$

유도되는 기전력은 폐회로에 쇄교하는 자속의 시간적 변화율과 권수의 곱에 비례

2 렌츠의 법칙

유도되는 기전력은 코일의 쇄교 자속의 변화를 **방해하는 방향**으로 발생

3 노이만의 법칙(패러데이 – 렌츠의 법칙)

$$e = -N\frac{d\phi}{dt}\ [V]$$

예제 01

인덕턴스가 20 [mH]인 코일에 흐르는 전류가 0.2초 동안 6 [A]만큼 바뀌었다면 코일에 유기되는 기전력은 몇 [V]인가?

① 0.6　　② 1　　③ 6　　④ 30

해설 패러데이의 전자유도법칙

코일에 유기(유도)되는 기전력 $e = N\dfrac{d\phi}{dt}$

자기 인덕턴스 $L = \dfrac{d\phi}{di}$ 이므로 대입하면 $e = L\dfrac{di}{dt}$

따라서 $e = 20 \times 10^{-3} \times \dfrac{6}{0.2} = 0.6\ [V]$

정답 ①

예제 02

다음 ㉠, ㉡에 대한 법칙으로 알맞은 것은?

> 전자유도에 의하여 회로에 발생되는 기전력은 쇄교 자속 수의 시간에 대한 감소비율에 비례한다는 (㉠)에 따르고, 특히 유도된 기전력의 방향은 (㉡)에 따른다.

① ㉠ 패러데이의 법칙 ㉡ 렌츠의 법칙
② ㉠ 렌츠의 법칙 ㉡ 패러데이의 법칙
③ ㉠ 플레밍의 왼손법칙 ㉡ 패러데이의 법칙
④ ㉠ 패러데이의 법칙 ㉡ 플레밍의 왼손법칙

해설 패러데이 – 렌츠의 법칙

$$e = -N\frac{d\phi}{dt}\,[V]$$

- 패러데이의 법칙 : 유기기전력의 크기를 결정
- 렌츠의 법칙 : 유기기전력의 방향을 결정

정답 ①

02 유기기전력(플레밍의 오른손법칙)

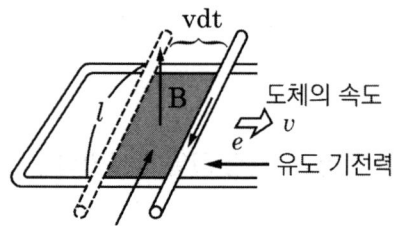

- 평등자계 B에 수직으로 놓여진 길이 l인 도체가 속도 v로 이동 시 유기기전력 $e = Blv\sin\theta\,[V]$
- 자속의 증가율 $d\phi = Blv(dt)$
- 유기기전력 $e = N\dfrac{d\phi}{dt} = \dfrac{Blv\,dt}{dt} = Blv\sin\theta\,[V]$

예제 03

2 [Wb/m²]인 평등자계 속에 길이가 30 [cm]인 도선이 자계와 직각 방향으로 놓여 있다. 이 도선이 자계와 30°의 방향으로 30 [m/s]의 속도로 이동할 때 도체 양단에 유기되는 기전력은 몇 [V]인가?

① 3   ② 9   ③ 30   ④ 90

해설 유기기전력

$$e = l(v \times B) = vBl\sin\theta = 30 \times 2 \times 0.3 \times 0.5 = 9\,[V]$$

정답 ②

1 코일에 유기되는 기전력의 최댓값

(1) 코일에 유기되는 기전력의 최댓값

$$E_m = \omega NSB = 2\pi f NSB \ [V]$$

$\omega = 2\pi f$: 각속도

(2) 코일에 유기되는 기전력의 실횻값

$$E = \frac{1}{\sqrt{2}}\omega NSB = 4.44 f NSB \ [V]$$

TIP 교류전원의 실횻값 : 직류 전원으로 대체 가능한 값

예제 04

코일의 면적을 2배로 하고 자속밀도의 주파수를 2배로 높이면 유기기전력의 최댓값은 어떻게 되는가?

① 1　　　② 2　　　③ 4　　　④ 6

해설 유기기전력의 최댓값

- $E_m = \omega NSB = 2\pi f NSB \ [V]$
- $E_m \propto f$　$E_m \propto S$　면적 S와 주파수 f를 2배로 높이면
- $E_m' = 4E_m \ [V]$　유기기전력의 최댓값은 4배가 된다.

정답 ③

03 표피효과

- 도체에 고주파 전류가 흐를 때 전류가 **도체 표면**에만 흐르는 현상
- 전류의 주파수가 증가함에 따라 도체 내부 전류밀도가 지수함수적으로 감소하는 현상

1 침투깊이

$$\delta = \sqrt{\frac{2}{\omega\sigma\mu}} = \frac{1}{\sqrt{\pi f \sigma \mu}} \ [m]$$

f : 주파수, σ : 도전율, μ : 투자율

$$\text{표피효과} \propto \frac{1}{\text{침투깊이}}$$

(1) 침투깊이가 깊으면 표피효과가 작음

(2) 주파수, 투자율, 도전율이 높으면 침투깊이가 작고, 표피효과가 큼

예제 05

주파수가 100 [MHz]일 때 구리의 표피두께(Skin Depth)는 약 몇 [mm]인가? (단, 구리의 도전율은 5.9×10^7 [℧/m]이고, 비투자율은 0.99이다)

① 3.3×10^{-2}
② 6.6×10^{-2}
③ 3.3×10^{-3}
④ 6.6×10^{-3}

해설 침투깊이

$$\delta = \sqrt{\frac{2}{\omega\mu\sigma}} = \sqrt{\frac{1}{\pi f \mu \sigma}} = \sqrt{\frac{1}{\pi \times 10^8 \times 4\pi \times 10^{-7} \times 0.99 \times 5.9 \times 10^7}}$$
$$= 6.6 \times 10^{-6} [m] = 6.6 \times 10^{-3} [mm]$$

정답 ④

04 인덕턴스

1 자기 인덕턴스

$$LI = N\phi, \quad L = N\frac{d\phi}{di}$$

(1) 코일의 자체 유도능력을 나타내는 양

(2) 코일에 발생되는 유도기전력

$$e = -N\frac{d\phi}{dt} = -L\frac{di}{dt} [V]$$

(3) 자기 인덕턴스

$$L = \frac{N\phi}{I} = \frac{N}{I} \times \frac{NI}{R_m} = \frac{N^2}{R_m} = \frac{N^2}{\frac{l}{\mu S}} = \frac{\mu S N^2}{l} [H]$$

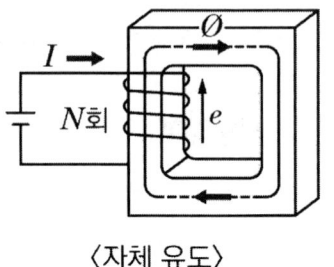

〈자체 유도〉

2 상호 인덕턴스 $M = k\sqrt{L_1 L_2}$

(1) 1차 전류의 시간당 변화량과 2차 유도전압의 비례상수

$$e_1 = L_1 \frac{di_1}{dt}\,[V], \quad e_2 = M\frac{di_1}{dt}\,[V]$$

(2) 2차 코일에 발생되는 유도기전력

$$e_2 = -M\frac{di_1}{dt}\,[V]$$

(3) 상호 인덕턴스 M

$$L_1 = \frac{N_1^2}{R}\,[H], \quad L_2 = \frac{N_2^2}{R}\,[H], \quad M = \frac{N_1 N_2}{R}\,[H]$$

(4) $L_1 L_2 = M^2$, $\quad M = \sqrt{L_1 L_2}$

(5) $M = \frac{N_2}{N_1} L_1 = \frac{N_1}{N_2} L_2\,[H]$

(6) 결합계수 k : 누설 자속을 고려한 계수

$$k = \frac{M}{\sqrt{L_1 L_2}} \quad (0 \leq k \leq 1)$$

예제 06

자기 인덕턴스의 성질을 설명한 것으로 옳은 것은?

① 경우에 따라 정(+) 또는 부(-)의 값을 갖는다.
② 항상 정(+)의 값을 갖는다.
③ 항상 부(-)의 값을 갖는다.
④ 항상 0이다.

해설 자기 인덕턴스

자기 인덕턴스는 항상 정의 값을 갖는다.

정답 ②

예제 07

자기 인덕턴스가 L_1, L_2이고, 상호 인덕턴스가 M인 두 회로의 결합계수가 1일 때 성립되는 식은?

① $L_1 \cdot L_2 = M$
② $L_1 \cdot L_2 < M^2$
③ $L_1 \cdot L_2 > M^2$
④ $L_1 \cdot L_2 = M^2$

해설 결합계수

결합계수 $k = \dfrac{M}{\sqrt{L_1 L_2}}$, $M^2 = L_1 L_2$

정답 ④

3 인덕턴스의 접속

(1) 직렬연결

가동접속	차동접속
$L = L_1 + L_2 + 2M$ $= L_1 + L_2 + 2k\sqrt{L_1 L_2}\ [H]$	$L = L_1 + L_2 - 2M$ $= L_1 + L_2 - 2k\sqrt{L_1 L_2}\ [H]$

(2) 병렬연결

가동접속	차동접속
$L = \dfrac{L_1 L_2 - M^2}{L_1 L_2 - 2M}\ [H]$	$L = \dfrac{L_1 L_2 - M^2}{L_1 L_2 + 2M}\ [H]$

(3) 코일에 축적되는 에너지

$$W = \dfrac{1}{2}LI^2 = \dfrac{1}{2}N\phi I\ [J]$$

예제 08

다음 중 인덕턴스의 공식으로 옳은 것은? (단, N은 권수, I는 전류, l은 철심의 길이, R_m은 자기저항, μ는 투자율, S는 철심 단면적이다)

① $\dfrac{NI}{R_m}$
② $\dfrac{N^2}{R_m}$
③ $\dfrac{\mu NS}{l}$
④ $\dfrac{\mu_0 NIS}{l}$

해설 자기 인덕턴스

$LI = N\phi$, $L = \dfrac{N\phi}{I} = \dfrac{N}{I} \times \dfrac{NI}{R_m} = \dfrac{N^2}{R_m}$

정답 ②

예제 09

두 코일 A, B의 자기 인덕턴스가 각각 3 [mH], 5 [mH]라 한다. 두 코일을 직렬연결 시 자속이 서로 상쇄되도록 했을 때의 합성 인덕턴스는 서로 증가하도록 연결했을 때의 60 [%]이었다. 두 코일의 상호 인덕턴스는 몇 [mH]인가?

① 0.5
② 1
③ 5
④ 10

해설 합성 인덕턴스와 상호 인덕턴스

$L_{가동} = L_1 + L_2 + 2M = 8 + 2M$
$L_{차동} = L_1 + L_2 - 2M = 8 - 2M = 0.6 L_{가동} = 0.6(8 + 2M) = 4.8 + 1.2M$
$8 - 2M = 4.8 + 1.2M$, $3.2M = 3.2$, $M = 1 [mH]$

정답 ②

예제 10

철심이 들어 있는 환상코일이 있다. 1차 코일의 권수 N₁ = 100회일 때 자기 인덕턴스는 0.01 [H]였다. 이 철심에 2차 코일 N₂ = 200회를 감았을 때 1, 2차 코일의 상호 인덕턴스는 몇 [H]인가? (단, 이 경우 결합계수 k = 1로 한다)

① 0.01
② 0.02
③ 0.03
④ 0.04

해설 환상 솔레노이드의 자기 인덕턴스

- 권수비 $a = \dfrac{N_1}{N_2} = \sqrt{\dfrac{L_1}{L_2}}$

  $\sqrt{L_2} = \dfrac{N_2}{N_1}\sqrt{L_1}$ $\qquad L_2 = \left(\dfrac{N_2}{N_1}\right)^2 L_1 = \left(\dfrac{200}{100}\right)^2 0.01 = 0.04\,[H]$

- 상호 인덕턴스 $M = k\sqrt{L_1 L_2}$

  $M = \sqrt{0.01 \times 0.04} = 0.1 \times 0.2 = 0.02\,[H]$

정답 ②

05 인덕턴스의 계산

1 환상 솔레노이드의 인덕턴스

$$L = \dfrac{N\phi}{I} = \dfrac{N}{I}\dfrac{NI}{R} = \dfrac{N^2}{\dfrac{l}{\mu S}} = \dfrac{\mu S N^2}{l}\,[H]$$

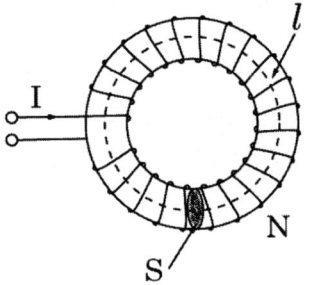

2 무한장 솔레노이드의 인덕턴스

(1) 전체 인덕턴스

$$L = \dfrac{\mu S N^2}{l}\,[H]$$

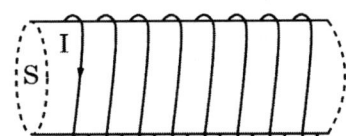

(2) 단위길이당 인덕턴스

$L_n = \dfrac{L}{l} = \dfrac{\mu S N^2}{l^2} = \mu S n^2\,[H/m]$

($n = \dfrac{N}{l}$은 단위길이당 권수)

3 동축케이블(원주 도체)의 인덕턴스

$$L_i = \frac{\mu_1 \ell}{8\pi} + \frac{\mu_2 \ell}{2\pi} \ln \frac{b}{a} \ [H]$$

(1) 내부 도체 인덕턴스(= 원주 도체의 인덕턴스)

$$L_i = \frac{\mu_1 \ell}{8\pi} \ [H]$$

(2) 외부 도체 인덕턴스

$$L_o = \frac{\mu_2 \ell}{2\pi} \ln \frac{b}{a} \ [H]$$

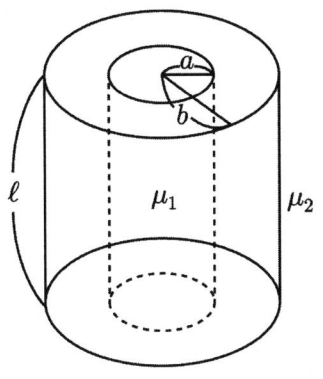

4 평행 전선 사이의 인덕턴스

(1) 내부 도체 인덕턴스

$$L_i = 2 \times \frac{\mu \ell}{8\pi} = \frac{\mu \ell}{4\pi} \ [H]$$

(2) 외부 도체 인덕턴스

$$L_o = \frac{\mu \ell}{\pi} \ln \frac{d-a}{a} = \frac{\mu \ell}{\pi} \ln \frac{d}{a} \ [H]$$

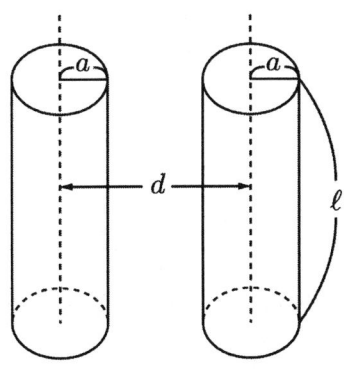

예제 11

그림과 같이 일정한 권선이 감겨진 권회수 N회, 단면적 S [m²], 평균자로의 길이 l [m]인 환상 솔레노이드에 전류 I [A]를 흘렸을 때 이 환상 솔레노이드의 자기 인덕턴스는 몇 [H]인가? (단, 환상철심의 투자율은 μ이다)

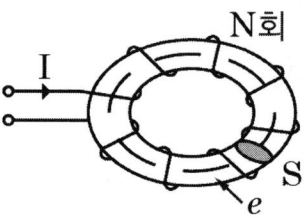

① $\dfrac{\mu^2 N}{l}$　　② $\dfrac{\mu SN}{l}$　　③ $\dfrac{\mu^2 SN}{l}$　　④ $\dfrac{\mu SN^2}{l}$

해설 환상 솔레노이드의 자기 인덕턴스

$$L = \frac{N\phi}{I} = \frac{N}{I} \times \frac{NI}{R_m} = \frac{\mu SN^2}{l} \ [H]$$

정답 ④

예제 12

반지름 a [m]인 원주 도체의 단위길이당 내부 인덕턴스는 몇 [H/m]인가?

① $\dfrac{\mu}{4\pi}$　　② $\dfrac{\mu}{8\pi}$　　③ $4\pi\mu$　　④ $8\pi\mu$

해설 원주 도체의 단위길이당 내부 인덕턴스

$$L = \frac{\mu}{8\pi} \ [H/m]$$

정답 ②

CHAPTER 08 | 개념 체크 OX

1 유도기전력의 방향을 결정하는 법칙은 패러데이법칙이다.   ⃞ O ⃞ X

2 유도기전력은 $e = -N\dfrac{d\phi}{dt}\,[V]$ 으로 계산한다.   ⃞ O ⃞ X

3 표피효과는 침투깊이와 반비례한다.   ⃞ O ⃞ X

4 동축원주도체의 외부도체 인덕턴스는 $L_i = \dfrac{\mu_1 \ell}{8\pi}\,[H]$ 이다.   ⃞ O ⃞ X

5 코일에 축적되는 힘은 $W = \dfrac{1}{2}LI^2$ 이다.   ⃞ O ⃞ X

6 결합계수 k가 1일 때 상호인덕턴스는 $M = \sqrt{L_1 L_2}$ 이다.   ⃞ O ⃞ X

정답   01 (X)   02 (O)   03 (O)   04 (X)   05 (X)   06 (O)

1 유도기전력의 방향을 결정하는 법칙은 <u>렌츠의 법칙</u>이다.

4 동축원주도체의 <u>내부도체</u> 인덕턴스는 $L_i = \dfrac{\mu_1 \ell}{8\pi}\,[H]$ 이다.

5 코일에 축적되는 <u>에너지</u>는 $W = \dfrac{1}{2}LI^2$ 이다.

CHAPTER 09 전자계

01 전도전류와 변위전류

1 전도전류

(1) 전도전류

도체에서의 전자 이동에 의한 전류

$$I_c = \frac{V}{R} = \frac{El}{\rho \frac{l}{S}} = \frac{ES}{\rho} = kES \ [A]$$

(2) 전도전류밀도

$$i_c = \frac{I_c}{S} = kE \ [A/m^2]$$

2 변위전류

(1) 변위전류의 특징

① **가상전류**로서, 시간적으로 변화하는 전속밀도에 의한 전류
② 거리상으로 떨어져 있으나 전계의 변화로 인해 영향을 받은 전자가 이동
③ 전도전류처럼 자계를 발생

(2) 변위전류의 계산

$$I_d = \frac{\partial D}{\partial t} S = \omega \varepsilon E S \ [A]$$

$\omega = 2\pi f$: 각속도

(3) 변위전류밀도

$$i_d = \frac{I_d}{S} = \frac{\partial D}{\partial t} = \varepsilon \frac{\partial E}{\partial t} = \omega \varepsilon E \ [A/m^2]$$

예제 01

다음 중 ( )에 들어갈 내용으로 옳은 것은?

맥스웰은 전극 간의 유전체를 통하여 흐르는 전류를 해석하기 위해 (㉠)의 개념을 도입하였고, 이것도 (㉡)를 발생한다고 가정하였다.

① ㉠ 와전류   ㉡ 자계
② ㉠ 변위전류 ㉡ 자계
③ ㉠ 전자전류 ㉡ 전계
④ ㉠ 파동전류 ㉡ 전계

해설 변위전류

$$I_d = \epsilon \frac{dE}{dt} \times S$$

유전체 내에서 전속밀도의 시간적 변화에 의한 전류이며, 전도전류처럼 자계를 발생

정답 ②

예제 02

공기 중에서 2 [V/m]의 전계의 세기에 의한 변위전류밀도의 크기를 2 [A/m²]으로 흐르게 하려면 전계의 주파수는 약 몇 [MHz]가 되어야 하는가?

① 9000
② 18000
③ 36000
④ 72000

해설 변위전류의 크기

- 변위전류밀도 $i_d = \omega \epsilon E = 2\pi f \left(\frac{10^{-9}}{36\pi} \right) \times 2 = 2$
- 주파수 $f = 18000 \, [MHz]$

정답 ②

예제 03

변위전류와 가장 관계가 깊은 것은?

① 반도체　　　② 유전체　　　③ 자성체　　　④ 도체

해설 변위전류

유전체 내에서 전속밀도의 시간적 변화에 의해서 발생하는 전류

정답 ②

3 유전체 손실

유전체를 전극에 끼우고 교류전압을 가할 때 흐르는 전류의 위상은 유전손실이 있기 때문에 90°에서 δ만큼 늦음

(1) 유전체 손실각 $\tan\delta = \dfrac{i_c}{i_d} = \dfrac{kE}{\omega\varepsilon E} = \dfrac{k}{\omega\varepsilon} = \dfrac{f_c}{f}$

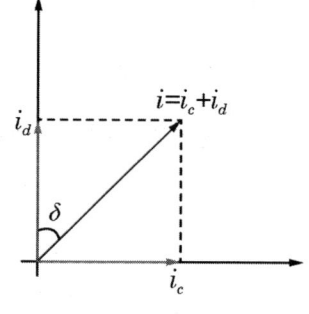

(2) 손실각으로 도체와 유전체를 구분할 수 있음

　$\delta > 45°$: 도체

　$\delta < 45°$: 부도체

(3) 임계주파수 : 도체와 부도체를 구분하는 임계점에서의 주파수

　$f_c = \dfrac{k}{2\pi\varepsilon}\ [Hz]$

예제 04

유전체 중을 흐르는 전도전류 I_σ와 변위전류 I_d를 갖게 하는 주파수를 임계주파수 f_c, 임의의 주파수를 f라 할 때 유전손실 $\tan\delta$는 얼마인가?

① $\dfrac{f_c}{2f}$　　　② $\dfrac{f}{2f_c}$　　　③ $\dfrac{f_c}{f}$　　　④ $\dfrac{f}{f_c}$

해설 유전손실($\tan\delta$)

- 전도전류 $I_\sigma = \sigma ES$, 변위전류 $I_d = \omega\varepsilon ES$
- 같을 경우 $\sigma = \omega\varepsilon = 2\pi f_c \varepsilon$, $f_c = \dfrac{\sigma}{2\pi\varepsilon}$

　$\tan\delta = \dfrac{i_\sigma}{i_d} = \dfrac{\sigma}{\omega\varepsilon} = \dfrac{\sigma}{2\pi f\varepsilon} = \dfrac{f_c}{f}$

정답 ③

02 맥스웰 방정식

1 맥스웰 방정식의 해석

맥스웰 방정식			
$\nabla \cdot D = \rho$	$\oint D \cdot dS = Q$	전속에서의 가우스법칙	• 전속은 발산함 • 고립된 전하가 존재함
$\nabla \cdot B = 0$	$\oint_s B \cdot dS = 0$	자속에서의 가우스법칙	• 자계는 발산하지 않음 • 자극은 독립적으로 존재하지 않음
$\nabla \times E = -\frac{\partial B}{\partial t}$	$\int_c E \cdot dl = -\int_s \frac{\partial B}{\partial t} \cdot dS$	패러데이 법칙	시간에 따라 자기장이 변하면 회전하는 성분의 전기장이 발생하고, 부호는 반대
$\nabla \times H = i_c + \frac{\partial D}{\partial t}$	$\oint_c H \cdot dl = I + \int_s \frac{\partial D}{\partial t} \cdot dS$	암페르의 주회적분	i_c : 전도전류밀도 i_d : 변위전류밀도

2 벡터퍼텐셜 A

(1) 자속과 자계를 구하기 위해 벡터 A를 도입하여 계산하는 방법

(2) $B = \nabla \times A = rot\, A$

예제 05

맥스웰 전자계의 기초 방정식으로 틀린 것은?

① $rot\, H = i_c + \frac{\partial D}{\partial t}$ ② $rot\, E = -\frac{\partial B}{\partial t}$

③ $div\, D = \rho$ ④ $div\, B = -\frac{\partial D}{\partial t}$

해설 맥스웰 방정식의 미분형

- $div\, D = \rho$ (가우스법칙)
- $div\, B = 0$ (가우스법칙)
- $rot\, E = -\frac{\partial B}{\partial t}$ (패러데이법칙)
- $rot\, H = i_c + \frac{\partial D}{\partial t}$ (암페어 주회적분법칙)

정답 ④

예제 06

맥스웰의 전자 방정식 중 패러데이의 법칙에 의하여 유도된 방정식은?

① $\nabla \times E = -\dfrac{\partial B}{\partial t}$
② $\nabla \times H = i_c + \dfrac{\partial D}{\partial t}$
③ $div\, D = \rho$
④ $div\, B = 0$

해설 맥스웰 방정식의 미분형

- $div\, D = \rho$ (가우스법칙)
- $div\, B = 0$ (가우스법칙)
- $rot\, E = -\dfrac{\partial B}{\partial t}$ (패러데이법칙)
- $rot\, H = i_c + \dfrac{\partial D}{\partial t}$ (암페어 주회적분법칙)

정답 ①

예제 07

전자유도작용에서 벡터퍼텐셜을 A [Wb/m]라 할 때 유도되는 전계 E는 얼마인가?

① $\dfrac{\partial A}{\partial t}$
② $\int A\, dt$
③ $-\dfrac{\partial A}{\partial t}$
④ $-\int A\, dt$

해설 벡터퍼텐셜과 전계의 관계

$$\nabla \times E = -\dfrac{\partial B}{\partial t},\quad B = \nabla \times A$$
$$\nabla \times E = -\dfrac{\partial}{\partial t}(\nabla \times A),\quad E = -\dfrac{\partial A}{\partial t}$$

정답 ③

03 전자계

1 전자파의 특징

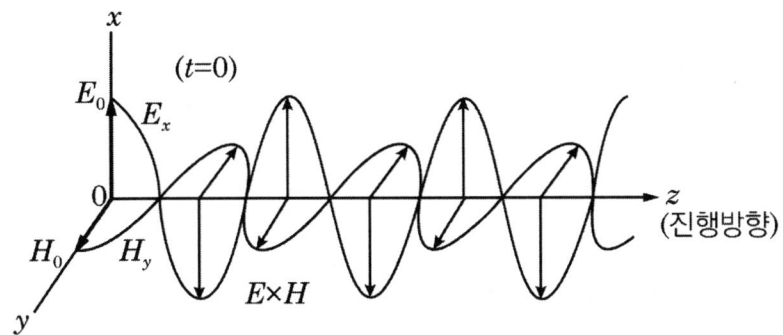

(1) 전계와 자계는 **진행방향에 대해** 항상 **수직**으로 존재함

(2) 전계와 자계는 항상 공존하여 진행함

(3) 전계와 자계의 위상은 서로 같음(**동위상**)

(4) 횡전자파(TEM파) : 전계와 자계는 파동의 진행방향(+z)에 대해 수직인 방향만 가짐

(5) 수평편파 : 전계가 대지에 대해서 수평면에 있는 전자파

(6) 수직편파 : 전계가 대지에 대해서 수직면에 있는 전자파

2 포인팅 벡터

(1) 전자계 내의 한 점을 통과하는 단위면적당 전력

(2) **전자파 에너지**의 진행 방향을 나타냄

(3) 포인팅 벡터 $P = \dfrac{P_0(\text{방사전력})}{S} = \dfrac{E^2}{120\pi} = 120\pi H^2 = E \times H = EH\sin\theta \ [W/m^2]$

예제 08

전자파의 에너지 전달 방향은 어떻게 되는가?

① ▽ × E의 방향과 같다.
② E × H의 방향과 같다.
③ 전계 E의 방향과 같다.
④ 자계 H의 방향과 같다.

해설 포인팅 벡터

- P = E × H
  전자파 에너지의 진행방향을 나타낸다.

정답 ②

3 전자계 파동방정식

(1) $\nabla^2 E = \varepsilon\mu \dfrac{\partial^2 E}{\partial t^2}$

(2) $\nabla^2 H = \varepsilon\mu \dfrac{\partial^2 H}{\partial t^2}$

4 전파속도

(1) 전자파 전파속도

$$v = f\lambda = \dfrac{1}{\sqrt{\varepsilon\mu}}\ [m/s]$$

※ λ가 주어지지 않으면 일반적으로 2π

(2) 진공 중 전파속도(광속) $v = \dfrac{1}{\sqrt{\varepsilon_0\mu_0}} = 3 \times 10^8\ [m/s]$

5 고유 임피던스(Z_0, η)

(1) 전자파 고유 임피던스

① $Z_0 = \dfrac{E}{H} = \sqrt{\dfrac{\mu}{\varepsilon}} = 120\pi\sqrt{\dfrac{\mu_s}{\varepsilon_s}} = 377\sqrt{\dfrac{\mu_s}{\varepsilon_s}}$ [Ω]

② 손실 매질의 고유 임피던스 $Z_0 = \sqrt{\dfrac{jw\mu}{\sigma + jw\varepsilon}} = \sqrt{\dfrac{\dfrac{\mu}{\varepsilon}}{1 - j\dfrac{\sigma}{w\varepsilon}}}$ [Ω]

③ 무손실 매질(진공, 자유공간)의 고유 임피던스 $Z_0 = \dfrac{E}{H} = \sqrt{\dfrac{\mu_0}{\varepsilon_0}} = 120\pi = 377$ [Ω]

(2) 진공 중 고유 임피던스 $Z_0 = \dfrac{E}{H} = \sqrt{\dfrac{\mu_0}{\varepsilon_0}} = 120\pi = 377$ [Ω]

예제 09

자유공간에서의 포인팅 벡터를 P [W/m²]이라 할 때 전계의 세기 E_e는 몇 [V/m]인가?

① $377P$ ② $\dfrac{P}{377}$ ③ $\sqrt{377P}$ ④ $\sqrt{\dfrac{P}{377}}$

해설 포인팅 벡터(P)

$P = E_e H_e = E_e \left(\sqrt{\dfrac{\varepsilon_0}{\mu_0}} E_e\right) = \dfrac{1}{377} E_e^2$

$E_e = \sqrt{377P}$ [V/m]

정답 ③

예제 10

자유공간(진공)에서의 고유 임피던스는 몇 [Ω]인가?

① 144   ② 277   ③ 377   ④ 544

해설 자유공간에서의 고유 임피던스

$\eta_0 = \sqrt{\dfrac{\mu_0}{\varepsilon_0}} = 377$ [Ω]

정답 ③

6 전달계수(전송계수, 전파정수)

$$\gamma = \alpha + j\beta = j\omega\sqrt{\mu\epsilon}\sqrt{1-j\frac{\sigma}{\omega\epsilon}}$$

α : 감쇠정수, β : 위상정수

7 경계면에서의 전자파

(1) 투과계수 $R = \dfrac{2\eta_2}{\eta_2 + \eta_1}$

(2) 반사계수 $R = \dfrac{\eta_2 - \eta_1}{\eta_2 + \eta_1}$

예제 11

영역 1의 유전체 $\varepsilon_{r1} = 4$, $\mu_{r1} = 1$, $\sigma_1 = 0$과 영역 2의 유전체 $\varepsilon_{r2} = 9$, $\mu_{r2} = 1$, $\sigma_1 = 0$일 때 영역 1에서 영역 2로 입사된 전자파에 대한 반사계수는 얼마인가?

① -0.2 ② -5.0 ③ 0.2 ④ 0.8

해설 반사계수

반사계수 $R = \dfrac{\eta_2 - \eta_1}{\eta_2 + \eta_1}$

- $\eta_1 = \dfrac{E_1}{H_1} = \sqrt{\dfrac{\mu_1}{\varepsilon_1}} = \sqrt{\dfrac{\mu_0\mu_{r1}}{\varepsilon_0\varepsilon_{r1}}} = 377\sqrt{\dfrac{\mu_{r1}}{\varepsilon_{r1}}} = 377\sqrt{\dfrac{1}{4}} = 188.5\,[\Omega]$

- $\eta_2 = \dfrac{E_2}{H_2} = \sqrt{\dfrac{\mu_2}{\varepsilon_2}} = \sqrt{\dfrac{\mu_0\mu_{r2}}{\varepsilon_0\varepsilon_{r2}}} = 377\sqrt{\dfrac{\mu_{r2}}{\varepsilon_{r2}}} = 377\sqrt{\dfrac{1}{9}} = 125.7\,[\Omega]$

- $R = \dfrac{\eta_2 - \eta_1}{\eta_2 + \eta_1} = \dfrac{125.7 - 188.5}{125.7 + 188.5} = -0.2$

정답 ①

CHAPTER 09 | 개념 체크 OX

1 전도전류는 시간적으로 변화하는 전속밀도에 의한 전류이다.   O X

2 변위전류밀도는 $i_d = \omega \varepsilon E \ [A/m^2]$으로 계산할 수 있다.   O X

3 유전체 손실각이 $\delta > 45°$이면 도체다.   O X

4 벡터퍼텐셜은 자속밀도와 $B = \nabla \cdot A$의 관계를 갖는다.   O X

5 자유공간의 고유 임피던스는 $Z_0 = 277 \ [\Omega]$이다.   O X

6 전자파의 전계와 자계는 진행방향에 대해 항상 수직으로 존재한다.   O X

7 진공 중 전파속도는 $v = \dfrac{1}{\sqrt{\varepsilon_0 \mu_0}} = 3 \times 10^8 \ [m/s]$이다.   O X

정답 01 (X) 02 (O) 03 (O) 04 (X) 05 (X) 06 (O) 07 (O)

1 <u>변위전류</u>는 시간적으로 변화하는 전속밀도에 의한 전류이다.
4 벡터퍼텐셜은 자속밀도와 $B = \underline{\nabla \times A}$의 관계를 갖는다.
5 자유공간의 고유 임피던스는 $Z_0 = \underline{377} \ [\Omega]$이다.

PART 02

필기

모아 전기기사

최다빈출
N제 플러스

유형 1 | 가우스법칙

(1) 적분형

$$\oint_S D \cdot dS = Q$$

(2) 미분형

$$\nabla \cdot D = \rho$$

난이도 下

01 점전하에 의한 전계는 쿨롱의 법칙을 사용하면 되지만 분포되어 있는 전하에 의한 전계를 구할 때는 무엇을 이용하는가?

① 렌츠의 법칙
② 가우스의 정리
③ 라플라스 방정식
④ 스토크스의 정리

해설 | 가우스 정리

$\int D ds = Q$ (전속 수)

$\int E ds = \dfrac{Q}{\epsilon}$ (전기력선 수)

정답 ②

난이도 中

02 전속밀도 D = X²i + Y²j + Z²k [C/m²]를 발생시키는 점(1, 2, 3)에서의 체적 전하밀도는 몇 [C/m³]인가?

① 12
② 13
③ 14
④ 15

해설 | 가우스법칙

$\nabla \cdot D = \rho_v$
$= \left(\dfrac{\partial}{\partial x}i + \dfrac{\partial}{\partial y}j + \dfrac{\partial}{\partial z}k\right) \cdot (X^2 i + Y^2 j + Z^2 k)$

$2X + 2Y + 2Z = 2 \times 1 + 2 \times 2 + 2 \times 3 = 12\,[C/m^3]$

정답 ①

난이도 上

03 진공 중의 전계강도 E = ix + jy + kz로 표시될 때 반지름 10 [m]의 구면을 통해 나오는 전체 전속은 약 몇 [C]인가?

① 1.1×10^{-7}
② 2.1×10^{-7}
③ 3.2×10^{-7}
④ 5.1×10^{-7}

해설 | 가우스법칙

구면을 통해 나오는 전체 전속은 전하량과 동일하므로 전하량을 구하면 된다.

$\nabla \cdot E = \dfrac{\rho}{\varepsilon_0}$ 의 관계에서 $\rho = \varepsilon_0(\nabla \cdot E)$이므로

$\rho = \varepsilon_0 \left(\dfrac{\partial}{\partial x}i + \dfrac{\partial}{\partial y}j + \dfrac{\partial}{\partial z}k\right) \cdot (ix + jy + kz)$
$= \varepsilon_0(1 + 1 + 1) = 3\varepsilon_0\,[C/m^3]$

전하량은 $Q = \rho V$이므로

$\therefore Q = \rho V = 3\varepsilon_0 \left(\dfrac{4}{3}\pi 10^3\right) = 1.1 \times 10^{-7}\,[C]$

TIP V : 구의 체적 = $\dfrac{4}{3}\pi r^3$

$\varepsilon_0 = 8.85 \times 10^{-12}\,[F/m]$

정답 ①

유형 2 | 쿨롱법칙

(1) 쿨롱힘 F

$$F = QE = \frac{Q_1 Q_2}{4\pi\varepsilon_0 r^2} \ [N]$$

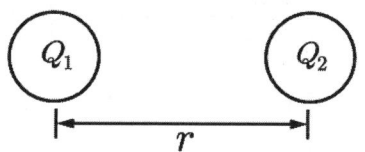

(2) 공기(진공) 중의 쿨롱상수 $k = \dfrac{1}{4\pi\varepsilon_0} = 9 \times 10^9$

난이도 下

01 전하 Q_1, Q_2 간의 작용력이 F_1일 때 근처에 전하 Q_3을 놓을 경우 Q_1과 Q_2 사이의 전기력을 F_2라 하면?

① $F_1 = F_2$
② $F_1 < F_2$
③ $F_1 > F_2$
④ Q_3의 크기에 따라 다르다.

해설 | 쿨롱의 힘

$$F = QE = \frac{Q_1 Q_2}{4\pi\varepsilon_0 \varepsilon_s r^2} \ [N]$$

다른 전하가 추가되더라도 Q_1과 Q_2 사이의 전기력은 항상 동일하다.

정답 ①

난이도 中

02 서로 같은 2개의 구 도체에 동일양의 전하로 대전시킨 후 20 [cm] 떨어뜨린 결과 구 도체에 서로 8.6×10^{-4} [N]의 반발력이 작용하였다. 구 도체에 주어진 전하는 약 몇 [C]인가?

① 5.2×10^{-8}
② 6.2×10^{-8}
③ 7.2×10^{-4}
④ 8.2×10^{-4}

해설 | 쿨롱 법칙

$$F = 9 \times 10^9 \times \frac{Q^2}{r}\ [N]$$

$$Q = \sqrt{\frac{Fr^2}{9 \times 10^9}} = \sqrt{\frac{8.6 \times 10^{-4} \times 0.2^2}{9 \times 10^9}}$$
$$= 6.18 \times 10^{-8}\ [C]$$

정답 ②

난이도 中

03 진공 중에서 점$(0,1)[m]$의 위치에 $-2 \times 10^{-9}\ [C]$의 점전하가 있을 때, 점$(2,0)[m]$에 있는 $1\ [C]$의 점전하에 작용하는 힘은 몇 $[N]$인가? (단, $\hat{x}, \hat{y}$는 단위벡터이다)

① $-\dfrac{18}{3\sqrt{5}}\hat{x} + \dfrac{36}{3\sqrt{5}}\hat{y}$

② $-\dfrac{36}{5\sqrt{5}}\hat{x} + \dfrac{18}{5\sqrt{5}}\hat{y}$

③ $-\dfrac{36}{3\sqrt{5}}\hat{x} + \dfrac{18}{3\sqrt{5}}\hat{y}$

④ $\dfrac{36}{5\sqrt{5}}\hat{x} + \dfrac{18}{5\sqrt{5}}\hat{y}$

해설 | 점전하에 작용하는 힘

- 벡터 $\vec{A} = 2\hat{x} - \hat{y}$,
- 벡터의 크기 $|A| = \sqrt{2^2 + (-1)^2} = \sqrt{5}$
- 단위벡터 $a_0 = \dfrac{2\hat{x} - \hat{y}}{\sqrt{5}}$

$$F = \frac{Q_1 Q_2}{4\pi\epsilon_0 r^2} = \frac{-2 \times 10^{-9} \times 1}{\sqrt{5}} \times 9 \times 10^9 = -\frac{18}{5}$$

$$F = -\frac{18}{5} \times \left(\frac{2\hat{x} - \hat{y}}{\sqrt{5}}\right) = -\frac{36}{5\sqrt{5}}\hat{x} + \frac{18}{5\sqrt{5}}\hat{y}$$

정답 ②

유형 3 | 정전용량 C

$$C = \frac{Q}{V} = \epsilon \frac{S}{d} [F]$$

난이도 下

01 반지름이 30 [cm]인 원판 전극의 평행판 콘덴서가 있다. 전극의 간격이 0.1 [cm]이며, 전극 사이 유전체의 비유전율이 4.0이라 한다. 이 콘덴서의 정전용량은 약 몇 [μF]인가?

① 0.01
② 0.02
③ 0.03
④ 0.04

해설 | 정전용량

$$C = \frac{\epsilon S}{d} = \frac{4 \times 8.85 \times 10^{-12} \times \pi \times 0.3^2}{10^{-3}} = 0.01 \, [\mu F]$$

정답 ①

난이도 中

02 정전용량이 0.03 [μF]인 평행판 공기 콘덴서의 두 극판 사이에 절반 두께의 비유전율 10인 유리판을 극판과 평행하게 넣었다면 이 콘덴서의 정전용량은 약 몇 [μF]이 되는가?

① 1.83
② 18.3
③ 0.055
④ 0.55

해설 | 정전용량

$$C_o = \frac{\epsilon_o S}{d} = 0.03 \, [\mu F]$$

$$C_T = \frac{2C_o \times 20C_o}{2C_o + 20C_o} = \frac{40}{22} \times 0.03 = 0.055 \, [\mu F]$$

정답 ③

> 난이도 上

03 극판 간격 d [m], 면적 S [m²], 유전율 θ [F/m]이고, 정전용량이 C [F]인 평행판 콘덴서에 v = V$_m$sinωt [V]의 전압을 가할 때의 변위전류 [A]는?

① ωCV$_m$cosωt
② CV$_m$sinωt
③ -CV$_m$sinωt
④ -ωCV$_m$cosωt

해설 | 변위전류

$El = V$, $C = \dfrac{\epsilon S}{d}$ 이므로

변위전류 $i_d S = S\dfrac{dD}{dt} = \epsilon S\dfrac{dE}{dt} = \dfrac{\epsilon S}{l}\dfrac{dV}{dt} = \omega CV_m \cos \omega t \,[A]$

정답 ①

유형 4 | 정전에너지

(1) 단위체적당 정전에너지(정전응력, 정전흡인력)

$$w = \frac{1}{2}\epsilon E^2 = \frac{ED}{2} = \frac{D^2}{2\epsilon} \ [J/m^3]$$

※ 단위체적당 에너지 = 면적당 힘 = 정전응력 f

난이도 下

01 유전율 ϵ, 전계의 세기 E인 유전체의 단위체적당 축적되는 정전에너지는?

① $\dfrac{E}{2\epsilon}$
② $\dfrac{\epsilon E}{2}$
③ $\dfrac{\epsilon E^2}{2}$
④ $\dfrac{\epsilon^2 E^2}{2}$

해설 | 단위체적당 정전에너지

$$W = \frac{1}{2}ED = \frac{1}{2}\epsilon E^2 = \frac{D^2}{2\epsilon} \ [J/m^3]$$

정답 ③

난이도 中

02 평행판 커패시터에 어떤 유전체를 넣었을 때 전속밀도가 4.8×10^{-7} [C/m²]이고, 단위체적당 정전에너지가 5.3×10^{-3} [J/m³]이었다. 이 유전체의 유전율은 약 몇 [F/m]인가?

① 1.15×10^{-11}
② 2.17×10^{-11}
③ 3.19×10^{-11}
④ 4.21×10^{-11}

해설 | 단위체적당 정전에너지

$$w = \frac{D^2}{2\epsilon} = 5.3 \times 10^{-3} \, [J/m^3]$$

$$\epsilon = \frac{(4.8 \times 10^{-7})^2}{2} \times \frac{1}{5.3 \times 10^{-3}}$$

$$= 2.17 \times 10^{-11} \, [F/m]$$

정답 ②

난이도 上

03 진공 중에서 전위함수가 $V = x^2 + y^2$ [V]으로 주어졌을 때 $0 \leq x \leq 1, 0 \leq y \leq 1, 0 \leq z \leq 1$ 에 저장되는 정전에너지[J]의 값은?

① ϵ_0
② $\frac{1}{2}\epsilon_0$
③ $\frac{4}{3}\epsilon_0$
④ $2\epsilon_0$

해설 | 정전에너지

$$W = \int \frac{1}{2} \epsilon_0 E^2 dv$$

전위경도 $E = -\text{grad}\, V$
$= -2xi - 2yi$

$$W = \frac{\epsilon_0}{2} \int_0^1 \int_0^1 \int_0^1 (-\text{grad}\, V)^2 dx dy dz$$

$$= \frac{\epsilon_0}{2} \int_0^1 \int_0^1 \int_0^1 (-2xi - 2yi)^2 dx dy dz = \frac{\epsilon_0}{2} \int_0^1 \int_0^1 \int_0^1 (4x^2 - 4y^2) dx dy dz$$

$$= \frac{\epsilon_0}{2} \times \left(\frac{4}{3} + \frac{4}{3}\right) = \frac{4}{3}\epsilon_0$$

정답 ③

유형 5 | 자기저항

$$R_m = \frac{l}{\mu A} \, [AT/Wb]$$

난이도 下

01 자기회로에서 자기 저항의 관계로 옳은 것은?

① 자기회로의 길이에 비례
② 자기회로의 단면적에 비례
③ 자성체의 비투자율에 비례
④ 자성체의 비투자율의 제곱에 비례

해설 | 자기저항

$$R_m = \frac{\ell}{\mu S} \, [AT/Wb]$$

정답 ①

난이도 中

02 자기회로에서 철심의 투자율을 μ라 하고, 회로의 길이를 l이라 할 때 그 회로의 일부에 미소공극 l_g를 만들면 회로의 자기저항은 처음의 몇 배인가? (단, $l_g \ll l$, 즉 $l - l_g \fallingdotseq l$이다)

① $1 + \dfrac{\mu \ell_g}{\mu_o \ell}$
② $1 + \dfrac{\mu \ell}{\mu_o \ell_g}$
③ $1 + \dfrac{\mu_o \ell_g}{\mu \ell}$
④ $1 + \dfrac{\mu_o \ell}{\mu \ell_g}$

해설 | 자기저항의 비

$$\frac{R_m + R_g}{R_m} = 1 + \frac{\dfrac{\ell_g}{\mu_o S}}{\dfrac{\ell - \ell_g}{\mu S}} = 1 + \frac{\mu \ell_g}{\mu_o \ell}$$

정답 ①

난이도 上

03 공극을 가진 환상 솔레노이드에서 총 권수 N, 철심의 비투자율 μ_r, 단면적 A, 길이 l이고, 공극이 δ일 때 공극부에 자속밀도 B를 얻기 위해서는 전류를 몇 [A] 흘려야 하는가?

① $\dfrac{10^7 B}{2\pi N}\left(\dfrac{l}{\mu_r}+\delta\right)$ ② $\dfrac{10^7 B}{2\pi N}\left(\dfrac{\delta}{\mu_r}+l\right)$

③ $\dfrac{10^7 B}{4\pi N}\left(\dfrac{l}{\mu_r}+\delta\right)$ ④ $\dfrac{10^7 B}{4\pi N}\left(\dfrac{\delta}{\mu_r}+l\right)$

해설 | 공극에서의 자속밀도

자기저항 $R_m = R_i + R_g$에서

$R_m = \dfrac{l}{\mu_0\mu_r A} + \dfrac{\delta}{\mu_0 A} = \dfrac{1}{\mu_0 A}\left(\dfrac{l}{\mu_r}+\delta\right)$

여기서 자속 $\phi = \dfrac{F}{R_m} = \dfrac{NI}{R_m}$이므로 I에 대해 정리하면,

$\therefore I = \dfrac{R_m}{N}\phi = \dfrac{BA}{N}R_m = \dfrac{BA}{N\mu_0 A}\left(\dfrac{l}{\mu_r}+\delta\right) = \dfrac{10^7 B}{4\pi N}\left(\dfrac{l}{\mu_r}+\delta\right)$

TIP $\mu_0 = 4\pi \times 10^{-7}$

정답 ③

유형 6 | 자화의 세기 J

$$J = \frac{m}{S} = \frac{M}{V} \, [Wb/m^2]$$

$$J = (\mu - \mu_0)H = \chi H \, [Wb/m^2]$$

* 자화율 $\chi = \mu_0(\mu_s - 1)$

난이도 下

01 비투자율 350인 환상철심 중의 평균 자계의 세기가 280 [AT/m]일 때 자화의 세기는 약 몇 [Wb/m²]인가?

① 0.12　　　　　　② 0.15
③ 0.18　　　　　　④ 0.21

해설 | 자화의 세기
$J = \mu_o(\mu_s - 1)H$
　$= 4\pi \times 10^{-7} \times 349 \times 280 \, [Wb/m^2]$

정답 ①

난이도 中

02 길이 l [m], 단면적의 반지름 a [m]인 원통이 길이 방향으로 균일하게 자화되어 자화의 세기가 J [Wb/m²]인 경우 원통 양단에서의 전자극의 세기 m [Wb]은?

① J　　　　　　② $2\pi J$
③ $\pi a^2 J$　　　　　④ $\dfrac{J}{\pi a^2}$

해설 | 전자극의 세기
$J = \dfrac{m}{A} \, [Wb/m^2]$, $m = JA = J\pi r^2 \, [Wb]$

정답 ③

난이도 上

03 자기 감자율 N = 2.5 × 10⁻³, 비투자율 μ_s = 100의 막대형 자성체를 자계의 세기 H = 500 [AT/m]의 평등자계 내에 놓았을 때 자화의 세기는 약 몇 [Wb/m²]인가?

① 4.98 × 10⁻²
② 6.25 × 10⁻²
③ 7.82 × 10⁻²
④ 8.72 × 10⁻²

해설 | 자화의 세기

$$J = \frac{\mu_o(\mu_s - 1)}{1 + (\mu_s - 1)N} \times H$$

$$= \frac{4\pi \times 10^{-7} \times (100 - 1)}{1 + (100 - 1) \times 2.5 \times 10^{-3}} \times 500$$

$$= 4.98 \times 10^{-2} \, [Wb/m^2]$$

정답 ①

유형 7 | 고유 임피던스(Z_0, η)

$$Z_0 = \frac{E}{H} = \sqrt{\frac{\mu}{\varepsilon}} = 120\pi\sqrt{\frac{\mu_s}{\varepsilon_s}} = 377\sqrt{\frac{\mu_s}{\varepsilon_s}}\ [\Omega]$$

난이도 下

01 전계와 자계와의 관계에서 고유임피던스는?

① $\sqrt{\epsilon\mu}$
② $\sqrt{\frac{\mu}{\epsilon}}$
③ $\sqrt{\frac{\epsilon}{\mu}}$
④ $\frac{1}{\sqrt{\epsilon\mu}}$

해설 | 고유 임피던스

$Z = \sqrt{\frac{\mu}{\epsilon}}\ [\Omega]$

정답 ②

난이도 中

02 평면 전자파에서 전계의 세기가 $E = 5\sin\omega\left(t - \frac{x}{v}\right)[\mu V/m]$인 공기 중에서의 자계의 세기는 몇 $[\mu A/m]$인가?

① $-\frac{5\omega}{v}\cos w(t - \frac{x}{v})$

② $5\omega\cos w(t - \frac{x}{v})$

③ $4.8 \times 10^2 \sin w(t - \frac{x}{v})$

④ $1.3 \times 10^{-2} \sin w(t - \frac{x}{v})$

해설 | 자계의 세기

$\dfrac{E}{H} = \dfrac{1}{377}$, $H = \dfrac{E}{377}$ 이므로

$H = 1.3 \times 10^{-2} \sin w(t - \dfrac{x}{v})[\mu A/m]$

정답 ④

난이도 上

03 공기 중에서 x 방향으로 진행하는 전자파가 있다. $E_y = 3 \times 10^{-2} \sin\omega(x-vt)$ [V/m], $E_z = 4 \times 10^{-2} \sin\omega(x-vt)$ [V/m]일 때 포인팅 벡터의 크기 [W/m²]는?

① $6.63 \times 10^{-6} \sin^2\omega(x-vt)$
② $6.63 \times 10^{-6} \cos^2\omega(x-vt)$
③ $6.63 \times 10^{-4} \sin\omega(x-vt)$
④ $6.63 \times 10^{-4} \cos\omega(x-vt)$

해설 | 포인팅벡터

- $P = EH = \dfrac{E^2}{377}$, $E = \sqrt{E_y^2 + E_z^2}$
- $E = \sqrt{4^2 + 3^2} \times 10^{-2} = 5 \times 10^{-2}$ 이므로

  $P = \dfrac{(5 \times 10^{-2} \times \sin\omega(x-vt))^2}{377} = 6.63 \times 10^{-6} \sin^2\omega(x-vt)$

정답 ①

PART 03

필기

모아 전기기사

과년도 기출문제

2024년 1회

01 원점에 1 [μC]의 점전하가 있을 때 점 P(1, -1, 2) [m]에서의 전계의 세기에 대한 단위벡터는 약 얼마인가?

① $0.41a_x - 0.41a_y + 0.82a_z$
② $-0.33a_x + 0.33a_y - 0.66a_z$
③ $-0.41a_x + 0.41a_y - 0.82a_z$
④ $0.33a_x - 0.33a_y + 0.66a_z$

해설 | 전계의 세기에 대한 단위벡터

단위벡터는 $a_0 = \dfrac{\vec{A}}{|A|}$ 이므로

$a_0 = \dfrac{a_x - a_y + 2a_z}{\sqrt{1^2 + (-1)^2 + 2^2}}$

$= 0.41a_x - 0.41a_y + 0.82a_z$

02 다음 설명 중 옳지 않은 것은?

① 전류가 흐르고 있는 금속선에 있어서 임의 두 점 간의 전위차는 전류에 비례한다.
② 저항의 단위는 옴[Ω]을 사용한다.
③ 금속선의 저항 R은 길이 l에 반비례한다.
④ 저항률(ρ)의 역수를 도전율이라고 한다.

해설 | 저항

$R = \rho \dfrac{l}{A} [\Omega]$

ρ : 고유저항 l : 길이 A : 넓이

03 평행판 콘덴서의 극판 사이에 유전율이 각각 ε_1, ε_2인 두 유전체를 반씩 채우고 극판 사이에 일정한 전압을 걸어 줄 때 매질 (1), (2) 내의 전계의 세기 E_1, E_2 사이에 성립하는 관계로 옳은 것은?

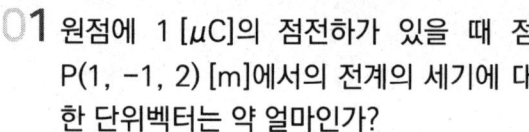

① $E_2 = 4E_1$ ② $E_2 = 2E_1$
③ $E_2 = \dfrac{E_1}{4}$ ④ $E_2 = E_1$

해설 | 유전율 경계조건

$D_1 = D_2$이므로 $\varepsilon_1 E_1 = \varepsilon_2 E_2$

$E_2 = \dfrac{\varepsilon_1}{\varepsilon_2} \times E_1 = \dfrac{1}{4} E_1$

04 공기 중에서 전자기파의 파장이 1 [m]라면 그 주파수는 몇 [MHz]인가?

① 100   ② 300
③ 1000   ④ 3000

해설 | 파장

$f = \dfrac{v}{\lambda} = \dfrac{3 \times 10^8}{1} = 3 \times 10^8 [Hz]$,

$\therefore 3 \times 10^2 [MHz]$

정답 01 ① 02 ③ 03 ③ 04 ②

05 두 개의 자극판이 놓여 있을 때, 자계의 세기 H [AT/m], 자속밀도 B [Wb/m²], 투자율 μ [H/m]인 곳의 자계의 에너지 밀도 [J/m³]는?

① $\dfrac{H^2}{2\mu}$ ② $\dfrac{1}{2}\mu H^2$

③ $\dfrac{\mu H}{2}$ ④ $\dfrac{1}{2}B^2 H$

해설 | 자계의 에너지 밀도

$$W = \dfrac{1}{2}BH = \dfrac{\mu H^2}{2} = \dfrac{B^2}{2\mu}\,[J/m^3]$$

06 공간 도체 내의 한 점에 있어서 자속이 시간적으로 변화하는 경우에 성립하는 식은?

① $\nabla \times E = \dfrac{\partial H}{\partial t}$ ② $\nabla \times E = -\dfrac{\partial H}{\partial t}$

③ $\nabla \times E = \dfrac{\partial B}{\partial t}$ ④ $\nabla \times E = -\dfrac{\partial B}{\partial t}$

해설 | 맥스웰 전자방정식(패러데이의 법칙)

- 미분형 : $\nabla \times E = -\dfrac{\partial B}{\partial t}$
- 적분형 : $\oint_c E \cdot dl = -\displaystyle\int_s \dfrac{dB}{dt}ds$

07 자기인덕턴스 L [H]인 코일에 I [A]의 전류를 흘렸을 때 코일에 축적되는 에너지 W [J]와 전류 I [A] 사이의 관계를 그래프로 표시하면 어떤 모양이 되는가?

① 포물선 ② 직선
③ 원 ④ 타원

해설 | 에너지와 전류 사이의 관계

- $W = \dfrac{1}{2}LI^2\,[J]$
- 축적되는 에너지와 전류는 포물선의 그래프를 갖는다.

08 자기인덕턴스 L_1, L_2와 상호인덕턴스 M 사이의 결합계수는? (단, 단위는 [H]이다)

① $\dfrac{M}{\sqrt{L_1 L_2}}$ ② $\dfrac{M}{L_1 L_2}$

③ $\dfrac{\sqrt{L_1 L_2}}{M}$ ④ $\dfrac{L_1 L_2}{M}$

해설 | 결합계수

결합계수 $k = \dfrac{M}{\sqrt{L_1 L_2}}$

정답 05 ② 06 ④ 07 ① 08 ①

09 다음 중 정전계에 대한 설명으로 옳은 것은?

① 전계 에너지가 항상 ∞인 전기장을 의미한다.
② 전계 에너지가 항상 0인 전기장을 의미한다.
③ 전계 에너지가 최소로 되는 전하 분포의 전계를 의미한다.
④ 전계 에너지가 최대로 되는 전하 분포의 전계를 의미한다.

해설 | 정전계의 정의
정전계는 전계 에너지가 최소로 되는 전하 분포의 전계를 의미한다.

10 유전율 ε, 투자율 μ인 매질 내에서 전자파의 속도[m/s]는?

① $\sqrt{\dfrac{\mu}{\varepsilon}}$
② $\sqrt{\varepsilon\mu}$
③ $\sqrt{\dfrac{\varepsilon}{\mu}}$
④ $\dfrac{3 \times 10^8}{\sqrt{\varepsilon_s \mu_s}}$

해설 | 전파속도
$$v = \dfrac{1}{\sqrt{\varepsilon\mu}} = \dfrac{3 \times 10^8}{\sqrt{\varepsilon_s \mu_s}} \ [m/s]$$

11 비투자율 μ_s는 역자성체에서 다음 중 어느 값을 갖는가?

① $\mu_s = 1$
② $\mu_s < 1$
③ $\mu_s > 1$
④ $\mu_s = 0$

해설 | 비투자율 μ_s
- $\mu_s \gg 1$: 강자성체
- $\mu_s > 1$: 상자성체
- $\mu_s < 1$: 반자성체(역자성체)

12 자계의 세기 H = xya_y − xza_z일 때 점 (2, 3, 5)에서 전류밀도는 몇 [A/m^2]인가?

① $3a_x + 5a_y$
② $3a_y + 5a_z$
③ $5a_x + 3a_z$
④ $5a_y + 3a_z$

해설 | 전류밀도
$$i = rotH = \begin{pmatrix} a_x & a_y & a_z \\ \dfrac{\partial}{\partial x} & \dfrac{\partial}{\partial y} & \dfrac{\partial}{\partial z} \\ 0 & xy & -xz \end{pmatrix} = za_y + ya_z$$
$$= 5a_y + 3a_z$$

정답 09 ③ 10 ④ 11 ② 12 ④

13 Q [C]의 전하를 가진 반지름 a [m]의 도체구를 유전율 ε [F/m]의 기름탱크로부터 공기 중으로 빼내는 데 필요한 에너지는 몇 [J]인가?

① $\dfrac{Q^2}{8\pi\epsilon_o a}\left(1-\dfrac{1}{\epsilon_s}\right)$

② $\dfrac{Q^2}{4\pi\epsilon_o a}\left(1-\dfrac{1}{\epsilon_s}\right)$

③ $\dfrac{Q^2}{8\pi\epsilon_o a}(\epsilon_s-1)$

④ $\dfrac{Q^2}{4\pi\epsilon_o a}(\epsilon_s-1)$

해설 | 도체구를 공기 중으로 빼내는 데 필요한 에너지

$W = W_1 - W_2 = \dfrac{Q^2}{2C_o} - \dfrac{Q^2}{2C}$

$= \dfrac{Q^2}{8\pi\epsilon_o a}\left(1-\dfrac{1}{\epsilon_s}\right) [J]$

14 패러데이관에 대한 설명으로 틀린 것은?

① 관 내의 전속 수는 일정하다.
② 관의 밀도는 전속밀도와 같다.
③ 진전하가 없는 점에서 불연속이다.
④ 관 양단에 양(+), 음(-)의 단위전하가 있다.

해설 | 패러데이관
패러데이관은 진전하가 없는 점에서 연속이다.

15 전계 내에서 폐회로를 따라 단위 전하가 일주할 때 전계가 한 일은 몇 [J]인가?

① ∞ ② π
③ 1 ④ 0

해설 | 폐회로 상에서 전계가 행하는 일

$\oint_c QE\,dl = Q\oint_c E\,dl = 0$ 이므로, 폐회로 상 전하를 일주시킬 때 전계가 하는 일은 항상 0이다.

16 매질1(ϵ_1)은 나일론(비유전율 ϵ_s = 4)이고, 매질2(ϵ_2)는 진공일 때 전속밀도 D가 경계면에서 각각 θ_1, θ_2의 각을 이룰 때 θ_2 = 30°라면 θ_1의 값은?

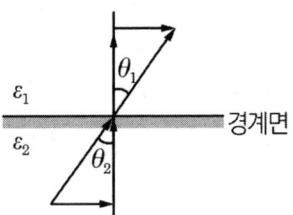

① $\tan^{-1}\dfrac{4}{\sqrt{3}}$ ② $\tan^{-1}\dfrac{\sqrt{3}}{4}$

③ $\tan^{-1}\dfrac{\sqrt{3}}{2}$ ④ $\tan^{-1}\dfrac{2}{\sqrt{3}}$

해설 | 입사각과 굴절각

$\dfrac{\tan\theta_1}{\tan\theta_2} = \dfrac{\epsilon_1}{\epsilon_2}$, $\dfrac{\tan\theta_1}{\frac{1}{\sqrt{3}}} = 4$ 이므로

$\theta_1 = \tan^{-1}\dfrac{4}{\sqrt{3}}$

17 평면 도체 표면에서 d [m]의 거리에 점전하 Q [C]가 있을 때 이 전하를 무한원까지 운반하는 데 필요한 일은 몇 [J]인가?

① $\dfrac{Q^2}{4\pi\epsilon_o d}$ ② $\dfrac{Q^2}{8\pi\epsilon_o d}$

③ $\dfrac{Q^2}{12\pi\epsilon_o d}$ ④ $\dfrac{Q^2}{16\pi\epsilon_o d}$

해설 | 전기 영상법

$$W = Fr = \dfrac{Q^2}{4\pi\epsilon_o(2d)^2}d = \dfrac{Q^2}{16\pi\epsilon_o d}\,[J]$$

18 전기력선의 성질에 대한 설명 중 옳은 것은?

① 전기력선은 도체 표면과 직교한다.
② 전기력선은 전위가 낮은 점에서 높은 점으로 향한다.
③ 전기력선은 도체 내부에 존재할 수 있다.
④ 전기력선은 등전위면과 평행하다.

해설 | 전기력선의 성질

② 전기력선은 전위가 높은 점에서 낮은 점으로 향한다.
③ 전기력선은 도체 내부에 존재하지 않는다.
④ 전기력선은 등전위면과 수직하다.

19 각종 전기기기에 접지하는 이유로 가장 옳은 것은?

① 편의상 대지는 전위가 영상 전위이기 때문이다.
② 대지는 습기가 있기 때문에 전류가 잘 흐르기 때문이다.
③ 영상전하로 생각하여 땅속은 음(-)전하이기 때문이다.
④ 지구의 정전용량이 커서 전위가 거의 일정하기 때문이다.

해설 | 접지의 목적

지면이 영전위이기 때문에 고장전류를 땅으로 보내기 위함이며, 이렇게 할 수 있는 이유는 지구의 정전용량이 매우 크기 때문이다.

20 비투자율 μ_s = 1, 비유전율 ϵ_s = 50인 매질 내의 고유임피던스는 약 몇 [Ω]인가?

① 21.5 ② 33.1
③ 45.6 ④ 53.3

해설 | 고유임피던스

$$Z_0 = 377\sqrt{\dfrac{\mu_s}{\epsilon_s}} = \dfrac{377}{\sqrt{50}} = 53.3\,[\Omega]$$

정답 17 ④ 18 ① 19 ④ 20 ④

2024년 2회

01 그림과 같이 균일하게 도선을 감은 권수 N, 단면적 S [m^2], 평균길이 l [m]인 공심의 환상솔레노이드 I [A]의 전류를 흘렸을 때 자기인덕턴스 L [H]의 값은?

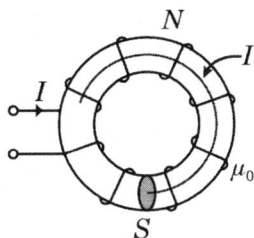

① $L = \dfrac{4\pi N^2 S}{l} \times 10^{-5}$

② $L = \dfrac{4\pi N^2 S}{l} \times 10^{-6}$

③ $L = \dfrac{4\pi N^2 S}{l} \times 10^{-7}$

④ $L = \dfrac{4\pi N^2 S}{l} \times 10^{-8}$

해설 | 솔레노이드 인덕턴스

$L = \dfrac{\mu_o S N^2}{l} = \dfrac{4\pi N^2 S}{l} \times 10^{-7} [H]$

02 전속밀도 D, 전계의 세기 E, 분극의 세기 P 사이의 관계식은?

① $P = D + \varepsilon_0 E$

② $P = D - \varepsilon_0 E$

③ $P = D(1 - \varepsilon_0)E$

④ $P = \varepsilon_0(D - E)$

해설 | 분극의 세기

$P = D - \varepsilon_0 E$ [C/m^2]

03 평행판 공기콘덴서의 정전용량이 0.06 [μF]이다. 전극판 간격의 1/2 두께의 유리판을 전극에 평행하게 넣어 만든 공기콘덴서의 정전용량은 몇 [μF]인가? (단, 유리의 비유전율은 ε_s = 5이다)

① 0.01 ② 0.05
③ 0.1   ④ 0.5

해설 | 콘덴서의 정전용량

$C_o = \dfrac{\epsilon_o S}{d}$ 에서 $C_1 = 2C_o, C_2 = 10C_o$

이므로 $C_T = \dfrac{20C_o}{10C_o + 2C_o} = 0.1 [\mu F]$

정답 01 ③ 02 ② 03 ③

04 전기력선의 성질로서 틀린 것은?

① 전하가 없는 곳에서 전기력선은 발생, 소멸이 없다.
② 전기력선은 그 자신만으로 폐곡선이 되는 일은 없다.
③ 전기력선은 등전위면과 수직이다.
④ 전기력선은 도체내부에 존재한다.

해설 | 전기력선의 성질
전기력선은 도체 내부에 존재하지 않는다.

05 전자파에서 전계 E와 자계 H의 비(E/H)는? (단, μ_s, ϵ_s는 각각 공간의 비투자율, 비유전율이다)

① $377\sqrt{\dfrac{\epsilon_s}{\mu_s}}$
② $377\sqrt{\dfrac{\mu_s}{\epsilon_s}}$
③ $\dfrac{1}{377}\sqrt{\dfrac{\epsilon_s}{\mu_s}}$
④ $\dfrac{1}{377}\sqrt{\dfrac{\mu_s}{\epsilon_s}}$

해설 | 파동 임피던스
$\dfrac{E}{H} = \sqrt{\dfrac{\mu}{\epsilon}} = 377\sqrt{\dfrac{\mu_s}{\epsilon_s}}$

06 투자율을 μ라 하고 공기 중의 투자율 μ_0와 비투자율 μ_s의 관계에서 $\mu_s = \dfrac{\mu}{\mu_o} = 1 + \dfrac{\chi}{\mu_o}$ 로 표현된다. 이에 대한 설명으로 알맞은 것은? (단, χ는 자화율이다)

① $\chi > 0$인 경우 역자성체
② $\chi < 0$인 경우 상자성체
③ $\mu_s > 1$인 경우 비자성체
④ $\mu_s < 1$인 경우 역자성체

해설 | 자성체의 종류별 비투자율
① $\chi > 0$인 경우 상자성체
② $\chi < 0$인 경우 역자성체
③ $\mu_s > 1$인 경우 상자성체

07 x < 0 영역에는 자유공간, x > 0 영역에는 비유전율 ϵ_s = 2인 유전체가 있다. 자유공간에서 전계 E = 10a_x가 경계면에 수직으로 입사한 경우 유전체 내의 전속밀도는?

① $5\epsilon_0 a_x$
② $10\epsilon_0 a_x$
③ $15\epsilon_0 a_x$
④ $20\epsilon_0 a_x$

해설 | 유전체 내의 전속밀도
전계가 수직으로 입사 시 전속밀도는 같으므로 $D_1 = D_2$
따라서 $D_1 = \epsilon_o E = \epsilon_o 10 a_x = D_2$

정답 04 ④ 05 ② 06 ④ 07 ②

08 맥스웰의 전자방정식 중 패러데이의 법칙에서 유도된 식은? (단, D : 전속밀도, ρ_v : 공간 전하밀도, B : 자속 밀도, E : 전계의 세기, J : 전류밀도, H : 자계의 세기)

① $div\, D = \rho_v$

② $div\, B = 0$

③ $\nabla \times H = J + \dfrac{\partial D}{\partial t}$

④ $\nabla \times E = -\dfrac{\partial B}{\partial t}$

해설 | 맥스웰 방정식

- $div\, D = \rho$ (가우스법칙)
- $div\, B = 0$ (가우스법칙)
- $rot\, E = -\dfrac{\partial B}{\partial t}$ (패러데이법칙)
- $rot\, H = i_c + \dfrac{\partial D}{\partial t}$ (암페어 주회적분법칙)

09 전기 쌍극자에 관한 설명으로 틀린 것은?

① 전계의 세기는 거리의 세제곱에 반비례한다.
② 전계의 세기는 주위 매질에 따라 달라진다.
③ 전계의 세기는 쌍극자모멘트에 비례한다.
④ 쌍극자의 전위는 거리에 반비례한다.

해설 | 전기 쌍극자에 의한 전계

$$E = \dfrac{M\sqrt{1+3\cos^2\theta}}{4\pi\varepsilon_0 r^3}\ [V/m]$$

10 감자력이 0인 것은?

① 구 자성체
② 환상 철심
③ 타원 자성체
④ 굵고 짧은 막대 자성체

해설 | 감자력

- 구자성체 : $\dfrac{1}{3}$
- 환상 철심 : 0

11 코일로 감겨진 환상 자기회로에서 철심의 투자율을 μ [H/m]라 하고, 자기회로의 길이를 l [m]라 할 때 그 자기회로의 일부에 미소 공극 l_g [m]를 만들면 회로의 자기 저항은 이전의 약 몇 배 정도 되는가?

① $1 + \dfrac{\mu l_g}{\mu_0 l}$

② $1 + \dfrac{\mu l}{\mu_0 l_g}$

③ $\dfrac{\mu l_g}{\mu_0 l}$

④ $\dfrac{\mu l}{\mu_0 l_g}$

해설 | 환상솔레노이드의 자기저항

- 공극을 만들지 않았을 때의 자기저항

$$R_m = \dfrac{l}{\mu A}$$

- 공극을 만든 후의 자기저항

$$R_m' = \dfrac{l_g}{\mu_0 A} + \dfrac{l}{\mu A}\ (\because l \fallingdotseq l - l_g)$$

따라서 $\dfrac{R_m'}{R_m} = \dfrac{\dfrac{l_g}{\mu_0 A} + \dfrac{l}{\mu A}}{\dfrac{l}{\mu A}} = 1 + \dfrac{\mu l_g}{\mu_0 l}$

12 환상 철심에 권선 수 20인 A코일과 권선 수 80인 B코일이 감겨 있을 때 A코일의 자기인덕턴스가 5 [mH]라면 두 코일의 상호 인덕턴스는 몇 [mH]인가? (단, 누설자속은 없는 것으로 본다)

① 20 ② 1.25
③ 0.8 ④ 0.05

해설 | 두 코일의 상호 인덕턴스

$$M = L_A \frac{N_B}{N_A} = 5 \times \frac{80}{20} = 20 \, [mH]$$

13 반지름 a [m]의 구도체에 전하 Q [C]이 주어질 때, 구도체 표면에 작용하는 정전응력[N/m²]은?

① $\frac{Q^2}{64\pi^2 \varepsilon_0 a^4}$ ② $\frac{Q^2}{32\pi^2 \varepsilon_0 a^4}$
③ $\frac{Q^2}{16\pi^2 \varepsilon_0 a^4}$ ④ $\frac{Q^2}{8\pi^2 \varepsilon_0 a^4}$

해설 | 구도체 표면에 작용하는 정전응력

• 구도체 표면의 전계의 세기

$$E = \frac{Q}{4\pi\varepsilon_0 a^2} \, [V/m]$$

• 정전응력은 $f = \frac{1}{2}\varepsilon_0 E^2$ 이므로,

$$\therefore f = \frac{1}{2}\epsilon_0 \left(\frac{Q}{4\pi\varepsilon_0 a^2}\right)^2$$

$$= \frac{Q^2}{32\pi^2 \varepsilon_0 a^4} [N/m^2]$$

14 진공 중에서 무한 평면도체의 표면으로부터 1 [m] 떨어진 곳에 4 [C]의 점전하가 있다. 이 점전하가 받는 힘은 몇 [N]인가?

① $\frac{1}{\pi\epsilon_0}$ ② $\frac{1}{4\pi\epsilon_0}$
③ $\frac{1}{8\pi\epsilon_0}$ ④ $\frac{1}{16\pi\epsilon_0}$

해설 | 전기 영상법

$$F = \frac{Q_1 Q_2}{4\pi\epsilon_0 (2r)^2} = \frac{4 \times 4}{4\pi\epsilon_0 2^2} = \frac{1}{\pi\epsilon_0} \, [N]$$

15 내압과 용량이 각각 200 [V] 5 [μF], 300 [V] 4 [μF], 400 [V] 3 [μF], 500 [V] 3 [μF]인 4개의 콘덴서를 직렬연결하고 양단에 직류전압을 가하여 전압을 서서히 상승시키면 최초로 파괴되는 콘덴서는? (단, 콘덴서의 재질이나 형태는 동일하다)

① 200 [V], 5 [μF] ② 300 [V], 4 [μF]
③ 400 [V], 3 [μF] ④ 500 [V], 3 [μF]

해설 | 직렬연결 시 콘덴서의 절연파괴

전하량이 가장 작은 콘덴서가 절연파괴가 가장 빨리 일어나므로 전하량을 구해보면
$Q_1 = C_1 V_1 = 5 \times 10^{-6} \times 200 = 1 \times 10^{-3}$ [C]
$Q_2 = C_2 V_2 = 4 \times 10^{-6} \times 300 = 1.2 \times 10^{-3}$ [C]
$Q_3 = C_3 V_3 = 3 \times 10^{-6} \times 400 = 1.2 \times 10^{-3}$ [C]
$Q_4 = C_4 V_4 = 3 \times 10^{-6} \times 500 = 1.5 \times 10^{-3}$ [C]
즉, 200 [V], 5 [μF]의 콘덴서가 먼저 파괴된다.

정답 12 ① 13 ② 14 ① 15 ①

16 자속밀도 B [Wb/m²]의 평등 자계 내에서 길이 l [m]인 도체 ab가 속도 v [m/s]로 그림과 같이 도선을 따라서 자계와 수직으로 이동할 때 도체 ab에 의해 유기된 기전력의 크기 e [V]와 폐회로 abcd 내 저항 R에 흐르는 전류의 방향은? (단, 폐회로 abcd 내 도선 및 도체의 저항은 무시한다)

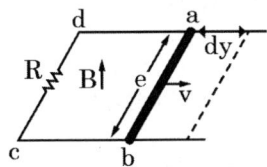

① e = Blv, 전류방향 : c → d
② e = Blv, 전류방향 : d → c
③ e = Blv², 전류방향 : c → d
④ e = Blv², 전류방향 : d → c

해설 | 유기기전력 e = (v × B)l
플레밍의 오른손법칙에 의해 전류의 방향은 시계방향으로 흐른다(a → b → c → d).

17 다음 그림과 같은 정육각형 회로에 전류 I [A]가 흐르고 있을 때 중심에서의 자계의 세기는 몇 [A/m]인가? (단, 한 변의 길이는 l [m])

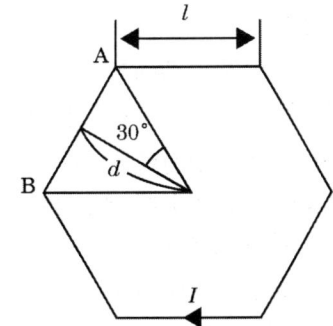

① $H = \dfrac{9I}{2\pi l}[AT/m]$

② $H = \dfrac{2\sqrt{2}I}{\pi l}[AT/m]$

③ $\dfrac{\sqrt{3}I}{\pi l}[AT/m]$

④ $\dfrac{\sqrt{3}I}{2\pi l}[AT/m]$

해설 | 자계의 세기

정삼각형 $H = \dfrac{9I}{2\pi l}[AT/m]$

정사각형 $H = \dfrac{2\sqrt{2}I}{\pi l}[AT/m]$

정육각형 $\dfrac{\sqrt{3}I}{\pi l}[AT/m]$

정답 16 ① 17 ③

18 두 유전체의 경계면에 대한 설명 중 옳은 것은?

① 두 유전체의 경계면에 전계가 수직으로 입사하면 두 유전체 내의 전계의 세기는 같다.
② 유전율이 작은 쪽에서 큰 쪽으로 전계가 입사할 때 입사각은 굴절각보다 크다.
③ 경계면에서 정전력은 전계가 경계면에 수직으로 입사할 때 유전율이 큰 쪽에서 작은 쪽으로 작용한다.
④ 유전율이 큰 쪽에서 작은 쪽으로 전계가 경계면에 수직으로 입사할 때 유전율이 작은 쪽의 전계의 세기가 작아진다.

해설 | 유전체의 경계조건
① 수직입사 시 전속밀도가 같다.
② 유전율이 작은 쪽에서 큰 쪽으로 전계가 입사할 때 입사각은 굴절각보다 크다.
④ 유전율이 큰 쪽에서 작은 쪽으로 전계가 경계면에 수직으로 입사할 때 유전율이 작은 쪽의 전계의 세기가 커진다.

19 다음 중 틀린 것은?

① 저항의 역수는 컨덕턴스이다.
② 저항률의 역수는 도전율이다.
③ 도체의 저항은 온도가 올라가면 그 값이 증가한다.
④ 저항률의 단위는 $[\Omega/m^2]$이다.

해설 | 저항률(고유저항)

$$R = \rho \frac{l}{S}$$

$$\rho = R \frac{S}{l} [\Omega \cdot m^2/m] = [\Omega \cdot m]$$

20 다음 중 식이 틀린 것은?

① 발산의 정리
$$: \int_s E \cdot ds = \int_v div E \, dv$$

② Poisson의 방정식 : $\nabla^2 V = \dfrac{\rho}{\varepsilon_0}$

③ Gauss의 정리 : $div D = \rho$

④ Laplace의 방정식 : $\nabla^2 V = 0$

해설 | 푸아송의 방정식

$$\nabla^2 V = -\frac{\rho}{\varepsilon_0}$$

2024년 3회

01 자유공간에서 정육각형의 꼭짓점에 동량, 동질의 점전하 Q가 각각 놓여 있을 때 정육각형 한 변의 길이가 a라 하면 정육각형 중심의 전계의 세기는?

① $\dfrac{Q}{4\pi\epsilon_o a^2}$ ② $\dfrac{3Q}{2\pi\epsilon_o a^2}$
③ $6Q$ ④ 0

해설 | 전계의 세기

정n각형의 중심의 전계의 세기는 0이다.

02 [Ω·sec]와 같은 단위는?

① [F] ② [F/m]
③ [H] ④ [H/m]

해설 | Ω·sec와 동일한 단위

$L = e\dfrac{dt}{di} \ [V \cdot \dfrac{\sec}{A} = \Omega \cdot \sec] = [H]$

03 자기회로와 전기회로에 대한 설명으로 옳은 것은?

① 자기저항의 역수를 컨덕턴스라 한다.
② 도전율의 단위는 [S/m]이다.
③ 전기회로의 전류는 자기회로의 자속밀도에 대응된다.
④ 자기저항의 단위는 [Wb]이다.

해설 | 자기회로와 전기회로

자기저항의 역수를 퍼미언스라고 한다.
자기저항의 단위는 [AT/Wb]이다.

04 손실유전체(일반매질)에서의 고유임피던스는?

① $\sqrt{\dfrac{\frac{\epsilon}{\mu}}{1-j\frac{\sigma}{2\omega\epsilon}}}$ ② $\sqrt{1-j\dfrac{\sigma}{2\omega\epsilon}}$

③ $\sqrt{\dfrac{\frac{\sigma}{\omega\epsilon}}{1-j\frac{\sigma}{\omega\epsilon}}}$ ④ $\sqrt{\dfrac{\frac{\mu}{\epsilon}}{1-j\frac{\sigma}{\omega\epsilon}}}$

해설 | 손실매질의 고유임피던스

$Z = \dfrac{E}{H} = \sqrt{\dfrac{jw\mu}{\sigma+jw\epsilon}} = \sqrt{\dfrac{\frac{\mu}{\epsilon}}{1-j\frac{\sigma}{w\epsilon}}}$

정답 01 ④ 02 ③ 03 ② 04 ④

05 내구의 반지름이 a [m], 외구의 내 반지름이 b [m]인 동심 구형 콘덴서의 내구의 반지름과 외구의 내 반지름을 각각 2a, 2b로 증가시키면 이 동심구형 콘덴서의 정전용량은 몇 배로 되는가?

① 1 ② 2
③ 3 ④ 4

해설 | 동심구형 콘덴서의 정전용량
$$C = \frac{4\pi\epsilon ab}{b-a} = \frac{4\pi\epsilon(2a)(2b)}{2b-2a} = 2\frac{4\pi\epsilon ab}{b-a}[F]$$

06 자기 쌍극자에 의한 자위 U [A]에 해당되는 것은? (단, 자기 쌍극자의 자기 모멘트 M [Wb·m], 쌍극자의 중심으로부터의 거리는 r [m], 쌍극자의 정방향과의 각도는 θ라 한다)

① $6.33 \times 10^4 \times \frac{M\sin\theta}{r^3}$

② $6.33 \times 10^4 \times \frac{M\sin\theta}{r^2}$

③ $6.33 \times 10^4 \times \frac{M\cos\theta}{r^3}$

④ $6.33 \times 10^4 \times \frac{M\cos\theta}{r^2}$

해설 | 자극 쌍극자에 의한 자위
$$U = \frac{M}{4\pi\mu_o r^2}\cos\theta$$
$$= 6.33 \times 10^4 \times \frac{M\cos\theta}{r^2}[A]$$

07 다음 중 패러데이의 법칙에 대한 설명으로 가장 적합한 것은?

① 정전유도에 의해 회로에 발생되는 기자력은 자속 쇄교 수의 시간에 대한 증가율에 비례한다.
② 정전유도에 의해 회로에 발생하는 기자력은 자속의 변화 방향으로 유도된다.
③ 전자유도에 의해 회로에 발생되는 기전력은 자속의 변화를 방해하는 반대 방향으로 기전력이 유도된다.
④ 전자유도에 의해 회로에 발생하는 기전력은 자속 쇄교 수의 시간에 대한 변화율에 비례한다.

해설 | 패러데이 법칙
$$e = N\frac{d\phi}{dt}[V]$$

08 구도체에 50 [μC]의 전하가 있다. 이때의 전위가 10 [V]이면 도체의 정전용량은 몇 [μF]인가?

① 3 ② 4
③ 5 ④ 6

해설 | 구도체의 정전용량
$$Q = CV, C = \frac{Q}{V} = \frac{50}{10} = 5[\mu F]$$

09 자성체 중 영구적인 자구를 가지고 있으나 자구의 방향이 인접한 것과 반대 방향을 향하는 것은?

① 반강자성체 ② 상자성체
③ 반자성체   ④ 강자성체

해설 | 자구

자구란 자화가 같은 방향으로 배열된 구역을 말한다. 자구의 방향이 같으면 강자성체, 서로 반대 방향이면 반강자성체이다.

10 한 변의 저항이 R_0인 그림과 같은 무한히 긴 회로에서 AB 간의 합성저항은 어떻게 되는가?

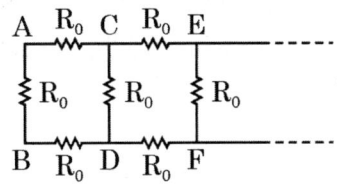

① $(\sqrt{2}-1)R_o$ ② $(\sqrt{3}-1)R_o$
③ $\frac{2}{3}R_o$ ④ $\frac{3}{4}R_o$

해설 | 합성저항

AB 간의 합성저항 R_{ab}과 CD에서 우측으로 본 합성저항(R_{cd})은 같으므로

$$R_{ab} = \frac{(2R_o + R_{ab})R_o}{3R_o + R_{ab}}$$

이를 근의 공식으로 풀면
$R_{ab} = (\sqrt{3}-1)R_o \ [\Omega]$

11 두 종류의 유전율(ϵ_1, ϵ_2)을 가진 유전체 경계면에 진전하가 존재하지 않을 때 성립하는 경계조건을 옳게 나타낸 것은? (단, θ_1, θ_2는 각각 유전체 경계면의 법선 벡터와 E_1, E_2가 이루는 각이다)

① $E_1\sin\theta_1 = E_2\sin\theta_2$,
   $D_1\sin\theta_1 = D_2\sin\theta_2$,
   $\frac{\tan\theta_1}{\tan\theta_2} = \frac{\epsilon_2}{\epsilon_1}$

② $E_1\cos\theta_1 = E_2\cos\theta_2$,
   $D_1\sin\theta_1 = D_2\sin\theta_2$,
   $\frac{\tan\theta_1}{\tan\theta_2} = \frac{\epsilon_2}{\epsilon_1}$

③ $E_1\sin\theta_1 = E_2\sin\theta_2$,
   $D_1\cos\theta_1 = D_2\cos\theta_2$,
   $\frac{\tan\theta_1}{\tan\theta_2} = \frac{\epsilon_1}{\epsilon_2}$

④ $E_1\cos\theta_1 = E_2\cos\theta_2$,
   $D_1\cos\theta_1 = D_2\cos\theta_2$,
   $\frac{\tan\theta_1}{\tan\theta_2} = \frac{\epsilon_1}{\epsilon_2}$

해설 | 유전체의 경계조건

$D_1\cos\theta_1 = D_2\cos\theta_2$
$E_1\sin\theta_1 = E_2\sin\theta_2$
$\frac{\tan\theta_1}{\tan\theta_2} = \frac{\epsilon_1}{\epsilon_2}$

12 그림과 같이 공기 중에서 무한평면도체의 표면으로부터 2 [m]인 곳에 점전하 4 [C]이 있다. 전하가 받는 힘은 몇 [N]인가?

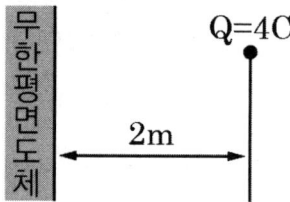

① 3×10^9
② 9×10^9
③ 1.2×10^{10}
④ 3.6×10^{10}

해설 | 전기 영상법

$$F = \frac{Q(-Q)}{4\pi\varepsilon_0(2d)^2} = -\frac{Q^2}{16\pi\varepsilon_0 d^2}$$

여기서 (−)는 흡인력이므로

$$F = 9 \times 10^9 \times \frac{4 \times 4}{4^2} = 9 \times 10^9 \, [N]$$

13 자기회로에서 키르히호프의 법칙에 대한 설명으로 옳은 것은?

① 임의의 결합점으로 유입하는 자속의 대수합은 0이다.
② 임의의 폐자로에서 자속과 기자력의 대수합은 0이다.
③ 임의의 폐자로에서 자기저항과 기자력의 대수합은 0이다.
④ 임의의 폐자로에서 각 부의 자기저항과 자속의 대수합은 0이다.

해설 | 자기회로에서의 키르히호프법칙
결합점에서 유입하는 자속의 합은 0이다.

14 특성임피던스가 η_1, η_2인 두 매질의 경계면에 수직으로 전자파가 입사할 때 전계가 무반사로 되기 위한 조건은?

① $\eta_1 = \eta_2$
② $\eta_1 = 0$
③ $\eta_2 = 0$
④ $\eta_1 + \eta_2 = 0$

해설 | 반사계수

반사계수 $R = \dfrac{\eta_2 - \eta_1}{\eta_2 + \eta_1}$

무반사조건 : $R = 0$
따라서 $\eta_1 = \eta_2$

15 평면 전자파가 유전율 ε, 투자율 μ인 유전체 내를 전파한다. 전계의 세기가 $E = E_m \sin\omega(t-x/v)$ [V/m]라면 자계의 세기 H [AT/m]는?

① $\sqrt{\mu\varepsilon} \, E_m \sin\omega(t - \dfrac{x}{v})$
② $\sqrt{\dfrac{\varepsilon}{\mu}} \, E_m \cos\omega(t - \dfrac{x}{v})$
③ $\sqrt{\dfrac{\varepsilon}{\mu}} \, E_m \sin\omega(t - \dfrac{x}{v})$
④ $\sqrt{\dfrac{\mu}{\varepsilon}} \, E_m \cos\omega(t - \dfrac{x}{v})$

해설 | 자계의 세기

$\dfrac{E}{H} = \sqrt{\dfrac{\mu}{\varepsilon}}$,

$H = \sqrt{\dfrac{\varepsilon}{\mu}} \, E_m \sin\omega(t - \dfrac{x}{v}) \, [AT/m]$

정답 12 ② 13 ① 14 ① 15 ③

16 평행평판 공기콘덴서의 양 극판에 +σ [C/m²], -σ [C/m²]의 전하가 분포되어 있다. 이 두 전극 사이에 유전율 ε [F/m]인 유전체를 삽입한 경우의 전계 [V/m]는? (단, 유전체의 분극전하밀도를 +σ′, -σ′이라 한다)

① $\dfrac{\sigma}{\epsilon_o}$ ② $\dfrac{\sigma+\sigma'}{\epsilon_o}$

③ $\dfrac{\sigma}{\epsilon_o} - \dfrac{\sigma'}{\epsilon}$ ④ $\dfrac{\sigma-\sigma'}{\epsilon_o}$

해설 | 전계의 세기

$$E = \frac{D-P}{\epsilon_o} = \frac{\sigma-\sigma'}{\epsilon_o} [V/m]$$

17 비투자율 μ_s는 상자성체에서 다음 중 어느 값을 갖는가?

① $\mu_s = 1$ ② $\mu_s < 1$
③ $\mu_s > 1$ ④ $\mu_s = 0$

해설 | 비투자율 μ_s
- $\mu_s \gg 1$: 강자성체
- $\mu_s > 1$: 상자성체
- $\mu_s < 1$: 반자성체(역자성체)

18 변위전류에 대해 설명이 옳지 않은 것은?

① 전도전류이든 변위전류이든 모두 전자 이동이다.
② 유전율이 무한히 크면 전하의 변위를 일으킨다.
③ 변위전류는 유전체 내에 유전속 밀도의 시간적 변화에 비례한다.
④ 유전율이 무한대이면 내부 전계는 항상 0이다.

해설 | 변위전류
전속 밀도의 시간적 변화에 의해 나타난다. 전자의 이동으로 인해 나타나는 것은 전도전류이다.

19 평행판 콘덴서에 어떤 유전체를 넣었을 때 전속밀도가 4.8×10^{-7} [C/m²]이고, 단위체적당 정전 에너지가 5.3×10^{-3} [J/m³]이었다. 이 유전체의 유전율은 몇 [F/m]인가?

① 1.15×10^{-11} ② 2.17×10^{-11}
③ 3.19×10^{-11} ④ 4.21×10^{-11}

해설 | 유전체의 유전율

$$W = \frac{D^2}{2\epsilon}$$

$$\epsilon = \frac{D^2}{2W} = \frac{(4.8 \times 10^{-7})^2}{2 \times 5.3 \times 10^{-3}}$$

$$= 2.17 \times 10^{-11} [F/m]$$

정답 16 ④ 17 ③ 18 ① 19 ②

20 전선을 균일하게 2배의 길이로 당겨 늘였을 때 전선의 체적이 불변이라면 저항은 몇 배가 되는가?

① 2
② 4
③ 6
④ 8

해설 | 전기저항

$R = \rho \dfrac{\ell}{S}$에서 길이가 2배가 되면 넓이는 절반이 되므로 저항은 4배가 증가한다.

정답 20 ②

2023년 1회

01 반지름 a [m]의 반구형 도체를 대지표면에 그림과 같이 묻었을 때 접지저항 R [Ω]은? (단, ρ [Ω·m]는 대지의 고유저항이다)

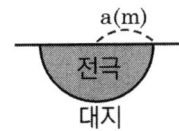

① $\dfrac{\rho}{2\pi a}$ ② $\dfrac{\rho}{4\pi a}$

③ $2\pi a\rho$ ④ $4\pi a\rho$

해설 | 반구형 도체저항

$$R = \dfrac{\rho\epsilon}{C} = \dfrac{\rho}{2\pi r}\ [\Omega]$$

02 전위 V = 3xy + z + 4일 때 전계 E는?

① i3x + j3y + k   ② -i3y + j3x + k
③ i3x - j3y - k   ④ -i3y - j3x - k

해설 | 전계

$$E = -\nabla V = -[(3y)i + (3x)j + (1)k]\ [V/m]$$

03 전자파가 유전율과 투자율이 각각 ε_1, μ_1인 매질에서 ε_2, μ_2인 매질에 수직으로 입사할 경우 입사전계 E_1과 입사자계 H_1에 비하여 투과전계 E_2와 투과 자계 H_2의 크기는 각각 어떻게 되는가? (단, $\sqrt{\dfrac{\mu_1}{\epsilon_1}} > \sqrt{\dfrac{\mu_2}{\epsilon_2}}$ 이다)

① E_2, H_2 모두 E_1, H_1에 비하여 크다.
② E_2, H_2 모두 E_1, H_1에 비하여 적다.
③ E_2는 E_1에 비하여 크고, H_2는 H_1에 비하여 적다.
④ E_2는 E_1에 비하여 적고, H_2는 H_1에 비하여 크다.

해설 | 투과계수

- $\dfrac{E_2}{E_1} = \dfrac{2Z_2}{Z_1 + Z_2} \dfrac{2\sqrt{\dfrac{\mu_2}{\epsilon_2}}}{\sqrt{\dfrac{\mu_1}{\epsilon_1}} + \sqrt{\dfrac{\mu_2}{\epsilon_2}}}$

- $\dfrac{H_2}{H_1} = \dfrac{2Z_1}{Z_1 + Z_2} \dfrac{2\sqrt{\dfrac{\mu_1}{\epsilon_1}}}{\sqrt{\dfrac{\mu_1}{\epsilon_1}} + \sqrt{\dfrac{\mu_2}{\epsilon_2}}}$

- $\sqrt{\dfrac{\mu_1}{\epsilon_1}} > \sqrt{\dfrac{\mu_2}{\epsilon_2}}$ 이므로
$E_1 > E_2$, $H_2 > H_1$

정답   01 ①   02 ④   03 ④

04 히스테리시스 곡선의 기울기는 다음의 어떤 값에 해당하는가?
① 투자율 ② 유전율
③ 자화율 ④ 감자율

해설 | 히스테리시스 곡선
종축은 자속밀도, 횡축은 자계의 세기이므로 기울기는 투자율이다($\mu = \frac{B}{H}$).

05 무한장 선로에 균일하게 전하가 분포된 경우 선로로부터 r [m] 떨어진 P점에서의 전계의 세기 E [V/m]는 얼마인가? (단, 선전하 밀도는 ρ_L [C/m]이다)

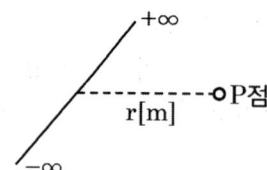

① $E = \frac{\rho_L}{4\pi\epsilon_o r}$ ② $E = \frac{\rho_L}{4\pi\epsilon_o r^2}$

③ $E = \frac{\rho_L}{2\pi\epsilon_o r}$ ④ $E = \frac{\rho_L}{2\pi\epsilon_o r^2}$

해설 | 무한장 직선 전하에 전계의 세기
$E = \frac{\rho_L}{2\pi\epsilon_0 r} [V/m]$

06 압전효과를 이용하지 않은 것은?
① 수정 발진기 ② 마이크로 폰
③ 초음파 발생기 ④ 자속계

해설 | 압전효과
압력을 가하여 분극을 발생시켜 전위차를 발생시킨다.

07 전계 E [V/m] 및 자계 H [AT/m]의 에너지가 자유공간 사이를 c [m/s]의 속도로 전파될 때 단위 시간에 단위 면적을 지나는 에너지 [W/m²]는?

① $\frac{1}{2}EH$ ② EH

③ EH^2 ④ E^2H

해설 | 포인팅벡터
단위 면적당 전력은 포인팅벡터를 의미하므로, $\vec{P} = \vec{E} \times \vec{H} = EH [W/m^2]$

08 기계적인 변형력을 가할 때, 결정체의 표면에 전위차가 발생되는 현상은?

① 볼타효과 ② 전계효과
③ 압전효과 ④ 파이로효과

해설 | 유전체의 특수현상
① 도체와 도체, 유전체와 유전체, 유전체와 도체를 접촉시키면 전자가 이동하여 양, 음으로 대전되는 현상
② 전기를 흘릴 수 있는 도전성 채널을 만들어 주는 현상
④ 열을 가하면 전기분극이 생기는 현상

09 전계와 자계의 기본법칙에 대한 내용으로 틀린 것은?

① 암페어의 주회적분 법칙 :
$$\oint_c H \cdot dl = I + \int_s \frac{\partial D}{\partial t} \cdot ds$$
② 가우스의 정리 :
$$\oint_s B \cdot ds = 0$$
③ 가우스의 정리 :
$$\oint_s D \cdot ds = \int_v \rho \, dv = Q$$
④ 패러데이의 법칙 :
$$\oint_c D \cdot dl = -\int_s \frac{dH}{dt} ds$$

해설 | 맥스웰 전자방정식(패러데이의 법칙)
- 미분형 : $rot\, E = -\frac{\partial B}{\partial t}$
- 적분형 : $\oint_c E \cdot dl = -\int_s \frac{dB}{dt} ds$

10 와전류손(Eddy Current Loss)에 대한 설명으로 옳은 것은?

① 도전율이 클수록 작다.
② 주파수에 비례한다.
③ 최대자속밀도의 1.6승에 비례한다.
④ 주파수의 제곱에 비례한다.

해설 | 와전류손
$$P_e \propto (tfB_m)^2 \, [W/m^3]$$
t : 두께 f : 주파수 B_m : 최대 자속밀도

11 특성 임피던스가 각각 n₁, n₂인 두 매질의 경계면에 전자파가 수직으로 입사할 때 전계가 무반사로 되기 위한 가장 알맞은 조건은?

① n₂ = 0   ② n₁ = 0
③ n₁ = n₂   ④ n₁ · n₂ = 0

해설 | 무반사 조건
- 반사계수 = $\frac{\eta_2 - \eta_1}{\eta_2 + \eta_1}$

(무반사 조건 $\eta_1 = \eta_2$)

정답 08 ③ 09 ④ 10 ④ 11 ③

12 전기 쌍극자에 대한 설명 중 옳은 것은?

① 반경 방향의 전계성분은 거리의 제곱에 반비례
② 전체 전계의 세기는 거리의 3승에 반비례
③ 전위는 거리에 반비례
④ 전위는 거리의 3승에 반비례

해설 | 전기 쌍극자

전기쌍극자에 의한 전계

$$E = \frac{M\sqrt{1+3\cos^2\theta}}{4\pi\varepsilon_0 r^3} [V/m]$$

13 다음 그림과 같이 y ≤ 0은 완전도체, y > 0은 $\epsilon_s = 2$인 완전유전체이고, 경계면의 무한평면에 면전하밀도 $\rho = 1[nC/m^2]$가 분포되어있다. 이때 (-1, 2, -1)에서 전계의 세기[V/m]는?

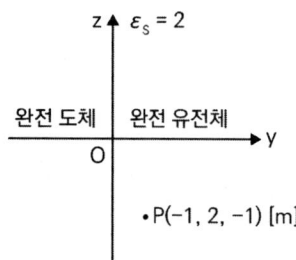

① $10\pi a_y$　　② $15\pi a_y$
③ $18\pi a_y$　　④ $20\pi a_y$

해설 | 무한평면표면에서 전계의 세기

표면에서의 전계 $E = \frac{\rho}{\epsilon} a_y [V/m]$

$$E = \frac{1 \times 10^{-9}}{2} \times 36\pi \times 10^9 a_y = 18\pi a_y [V/m]$$

14 정전계에서 도체에 정(+)의 전하를 주었을 때의 설명으로 틀린 것은?

① 도체 표면의 곡률 반지름이 작은 곳에 전하가 많이 분포한다.
② 도체 외측의 표면에만 전하가 분포한다.
③ 도체 표면에서 수직으로 전기력선이 출입한다.
④ 도체 내에 있는 공동 면에도 전하가 골고루 분포한다.

해설 | 정전계
도체 내에는 전하가 분포하지 않는다.

15 강자성체에서 자속밀도 B와 자화의 세기 J 간의 관계는?

① J와 B는 같다.
② J는 B보다 조금 크다.
③ B는 J보다 조금 크다.
④ B는 J보다 아주 크다.

해설 | 자화의 세기

$$J = \left(1 - \frac{1}{\mu_s}\right) B [Wb/m^2]$$

강자성체의 μ_s는 1보다 아주 크다.
따라서 B는 J보다 조금 크다.

16 면적이 S [m²]이고 극간의 거리가 d [m]인 평행판 콘덴서에 비유전율이 ϵ_r인 유전체를 채울 때 정전용량 [F]은? (단, ϵ_0는 진공의 유전율이다)

① $\dfrac{2\epsilon_0\epsilon_r S}{d}$ ② $\dfrac{\epsilon_0\epsilon_r S}{\pi d}$

③ $\dfrac{\epsilon_0\epsilon_r S}{d}$ ④ $\dfrac{2\pi\epsilon_0\epsilon_r S}{d}$

해설 | 정전용량

$$C = \frac{\epsilon S}{d} = \frac{\epsilon_o \epsilon_s S}{d} [F]$$

---

17 ㉠ [Ω·sec], ㉡ [sec/Ω]과 같은 단위는?

① ㉠ [H], ㉡ [F]
② ㉠ [H/m], ㉡ [F/m]
③ ㉠ [F], ㉡ [H]
④ ㉠ [F/m], ㉡ [H/m]

해설 | R-L, R-C회로의 시정수

- R-L회로
$$\tau = \frac{L}{R} \rightarrow L = \tau R [\Omega \cdot s] = [H]$$

- R-C회로
$$\tau = RC \rightarrow C = \frac{\tau}{R} [\mho \cdot s] = [F]$$

---

18 자기회로에 관한 설명으로 옳은 것은?

① 자기회로의 자기저항은 자기회로의 단면적에 비례한다.
② 자기회로의 기자력은 자기저항과 자속의 곱과 같다.
③ 자기저항 R_{m1}과 R_{m2}을 직렬연결 시 합성 자기저항은 $\dfrac{1}{R_m} = \dfrac{1}{R_{m1}} + \dfrac{1}{R_{m2}}$이다.
④ 자기회로의 자기저항은 자기회로의 길이에 반비례한다.

해설 | 자기회로

기자력 $F = R_m \phi [AT]$

자기저항 $R_m = \dfrac{l}{\mu S}$

---

19 쌍극자 모멘트가 $M[C \cdot m]$인 전기쌍극자에서 점 P의 전계는 $\theta = \dfrac{\pi}{2}$에서 어떻게 되는가? (단, θ는 전기 쌍극자의 중심에서 축 방향과 점 P를 잇는 선분의 사이각이다)

① 0   ② 최소
③ 최대   ④ -∞

해설 | 전기 쌍극자에 의한 전계

$$E = \frac{M\sqrt{1 + 3\cos^2\theta}}{4\pi\varepsilon_0 r^3} [V/m]$$

90° 각도에서 전계는 최소가 된다.

정답 16 ③ 17 ① 18 ② 19 ②

20 유전체 내의 전속밀도를 정하는 원천은?

① 유전체의 유전율이다.
② 분극 전하만이다.
③ 진전하만이다.
④ 진전하와 분극전하이다.

해설 | 전속밀도
진전하에 의해 전속밀도가 정해진다.

정답 20 ③

2023년 2회

01 전자계에 대한 맥스웰의 기본 이론이 아닌 것은?

① 전하에서 전속선이 발산된다.
② 고립된 자극은 존재하지 않는다.
③ 변위전류는 자계를 발생하지 않는다.
④ 자계의 시간적인 변화에 따라 전계의 회전이 생긴다.

해설 | 맥스웰 방정식의 미분형
① $div\,D = \rho$
② $div\,B = 0$
③ $rot\,H = i_c + \dfrac{\partial D}{\partial t}$
 (변위전류는 자계를 발생시킨다)
④ $rot\,E = -\dfrac{\partial B}{\partial t}$

02 대전된 도체의 표면 전하밀도는 도체 표면의 모양에 따라 어떻게 되는가?

① 곡률 반지름이 크면 커진다.
② 곡률 반지름이 크면 작아진다.
③ 표면 모양에 관계없다.
④ 평면일 때 가장 크다.

해설 | 도체 표면 전하밀도
전하밀도는 곡률반지름에 반비례한다.

03 어떤 공간의 비유전율은 2이고, 전위 $V(x,y) = \dfrac{1}{x} + 2xy^2$ 이라고 할때 점 $(\dfrac{1}{2}, 2)$ 에서의 전하밀도 ρ는 약 몇 $[pC/m^3]$인가?

① -20   ② -40
③ -160   ④ -320

해설 | 전하밀도(ρ)
$\nabla^2 V = -\dfrac{\rho}{\epsilon}$
$= \dfrac{\partial^2}{\partial^2 x}\left(\dfrac{1}{x} + 2xy^2\right) + \dfrac{\partial^2}{\partial^2 y}\left(\dfrac{1}{x} + 2xy^2\right)$
$x = \dfrac{1}{2}$ 대입하면, $\nabla^2 V = 18$
$\rho = -18 \times \left(\dfrac{10^{-9}}{36\pi}\right) \times 2 \times 10^{12}$
$= -320\,[pC/m^3]$

04 반지름이 5 [mm]인 구리선에 10 [A]의 전류가 흐르고 있을 때 단위시간당 구리선의 단면을 통과하는 전자의 개수는? (단, 전자의 전하량 e = 1.602 × 10⁻¹⁹ [C]이다)

① 6.24×10^{17} ② 6.24×10^{19}
③ 1.28×10^{21} ④ 1.28×10^{23}

해설 | 전자의 개수
$n = \dfrac{10}{1.602 \times 10^{-19}} = 6.24 \times 10^{19}\,[개]$

정답 01 ③ 02 ② 03 ④ 04 ②

05 z축상에 어떤 직선 도체가 놓여 있다. 이 도체에 +z방향으로 10 [A]의 전류가 흐르고 주위 자속밀도가 $\hat{x}+2\hat{y}$ [Wb/m²]일 때 단위길이당 도체가 받는 힘은?

① $20\hat{x}-10\hat{y}$ ② $-20\hat{x}+10\hat{y}$
③ $20\hat{x}+20\hat{y}$ ④ $20\hat{x}-20\hat{y}$

해설 | 플레밍의 왼손법칙
$F=l(\vec{I}\times\vec{B})$
$=10\hat{z}\times\vec{B}=10\hat{z}\times(\hat{x}+2\hat{y})=10\hat{y}-20\hat{x}$

06 공기 중에서 6 [V/m]의 전계의 세기에 의한 변위전류밀도의 크기를 2 [A/m²]으로 흐르게 하려면 전계의 주파수는 약 몇 [MHz]가 되어야 하는가?

① 6,000 ② 8,000
③ 16,000 ④ 22,000

해설 | 변위전류의 크기
$i_d=\omega\epsilon E=2\pi f\dfrac{10^{-9}}{36\pi}\times 6=2$ 에서
$f=6,000\,[MHz]$

07 진공 중에 있는 반지름 a [m]인 도체구의 표면전하밀도가 σ [C/m²]일 때 도체구 표면의 전계의 세기는 몇 [V/m]인가?

① $\dfrac{\sigma}{\varepsilon_0}$ ② $\dfrac{\sigma}{2\varepsilon_0}$
③ $\dfrac{\sigma^2}{2\varepsilon_0}$ ④ $\dfrac{\varepsilon_0\sigma^2}{2}$

해설 | 도체구 표면의 전계의 세기
전하 밀도 $\sigma[C/m^2]$에서 나오는 전기력선 밀도는 $\dfrac{\sigma}{\varepsilon_0}[개/m^2]=\dfrac{\sigma}{\varepsilon_0}[V/m]$

08 유전율 ε, 전계의 세기 E인 유전체의 단위체적에 축적되는 에너지는?

① $\dfrac{E}{2\epsilon}$ ② $\dfrac{2E}{\epsilon}$
③ $\dfrac{\epsilon E^2}{2}$ ④ $\dfrac{\epsilon^2 E^2}{2}$

해설 | 단위체적당 축적되는 에너지
$W=\dfrac{1}{2}ED=\dfrac{D^2}{2\epsilon}=\dfrac{\epsilon E^2}{2}\,[J/m^3]$

정답 05 ② 06 ① 07 ① 08 ③

09 면적 S [m²], 간격 d [m]인 평행판 콘덴서에 그림과 같이 두께 d₁, d₂ [m]이며, 유전율 ε₁, ε₂ [F/m]인 두 유전체를 극판 간에 평행으로 채웠을 때 정전용량 [F]은?

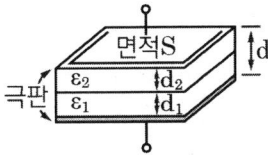

① $\dfrac{S}{\dfrac{d_1}{\varepsilon_1}+\dfrac{d_2}{\varepsilon_2}}$ ② $\dfrac{S^2}{\dfrac{d_1}{\varepsilon_2}+\dfrac{d_2}{\varepsilon_1}}$

③ $\dfrac{\varepsilon_1 S}{d_1}+\dfrac{\varepsilon_2 S}{d_2}$ ④ $\dfrac{\varepsilon_1 \varepsilon_2 S}{d}$

해설 | 콘덴서의 직렬연결 시 정전용량

각각의 정전용량을 C_1, C_2라 하면 이들은 각각 $C_1=\varepsilon_1\dfrac{S}{d_1}$, $C_2=\varepsilon_2\dfrac{S}{d_2}$이고, 직렬연결이므로,

$\therefore C_0=\dfrac{C_1 C_2}{C_1+C_2}=\dfrac{\dfrac{\varepsilon_1 S}{d_1}\dfrac{\varepsilon_2 S}{d_2}}{\dfrac{\varepsilon_1 S}{d_1}+\dfrac{\varepsilon_2 S}{d_2}}$

$=\dfrac{S}{\dfrac{d_1}{\varepsilon_1}+\dfrac{d_2}{\varepsilon_2}}$ [F]

10 자기회로에서 철심의 투자율을 μ라 하고, 회로의 길이를 l이라 할 때 그 회로의 일부에 미소공극 l_g를 만들면 회로의 자기저항은 처음의 몇 배인가? (단, $l_g \ll l$, 즉 $l - l_g \fallingdotseq l$이다)

① $1+\dfrac{\mu l_g}{\mu_o l}$ ② $1+\dfrac{\mu l}{\mu_o l_g}$

③ $1+\dfrac{\mu_o l_g}{\mu l}$ ④ $1+\dfrac{\mu_o l}{\mu l_g}$

해설 | 자기저항의 비

$\dfrac{R_m+R_g}{R_m}=1+\dfrac{\dfrac{l_g}{\mu_o S}}{\dfrac{l-l_g}{\mu S}}=1+\dfrac{\mu l_g}{\mu_o l}$

11 투자율 $\mu=\mu_0$, 굴절률 n = 2, 전도율 σ = 0.5의 특성을 갖는 매질 내부의 한 점에서 전계가 E = 10cos(2πft)aₓ로 주어질 경우 전도전류와 변위전류 밀도의 최댓값의 크기가 같아지는 전계의 주파수 f [GHz]는?

① 1.75 ② 2.25
③ 5.75 ④ 10.25

해설 | 전계의 주파수

전도전류 $i_c=\sigma E$, 변위전류 $i_d=\omega\varepsilon E$
둘이 같아야 하므로 $\sigma E=\omega\varepsilon E=2\pi f\varepsilon E$
따라서 $\sigma=2\pi f\varepsilon$이므로 주파수는

$f=\dfrac{\sigma}{2\pi\varepsilon}=\dfrac{\sigma}{2\pi(n^2\varepsilon_0)}=\dfrac{0.5}{2\pi(4\varepsilon_0)}$

$=2.25\,[GHz]$

12 자속밀도가 20 [Wb/m²]인 자계 중에 5 [cm] 도체를 자계와 60°의 각도로 30 [m/s]로 움직일 때 이 도체에 유기되는 기전력은 몇 [V]인가?

① 15   ② $15\sqrt{3}$
③ 1500   ④ $1500\sqrt{3}$

해설 | 유기기전력

$$e = Blv\sin\theta = 20 \times 0.05 \times 30 \times \frac{\sqrt{3}}{2}$$
$$= 15\sqrt{3}\,[V]$$

13 자계의 벡터 포텐셜을 A라 할 때 자계의 변화에 의하여 생기는 전계의 세기 E는?

① $E = rot\,A$ ② $rot\,E = A$
③ $E = -\dfrac{\partial A}{\partial t}$ ④ $rot\,E = -\dfrac{\partial A}{\partial t}$

해설 | 벡터 포텐셜

$$B = rot\,A,\quad rot\,E = -\frac{\partial B}{\partial t},\quad E = -\frac{\partial A}{\partial t}$$

14 그림과 같이 판의 면적 $\frac{1}{3}S$, 두께 d와 판면적 $\frac{1}{3}S$, 두께 $\frac{1}{2}d$가 되는 유전체($\varepsilon_s = 3$)를 끼웠을 경우의 정전용량은 처음의 몇 배인가?

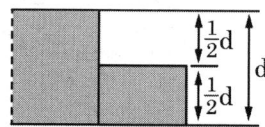

① $\dfrac{1}{6}$ ② $\dfrac{5}{6}$
③ $\dfrac{11}{6}$ ④ $\dfrac{13}{6}$

해설 | 콘덴서의 직병렬 결합

초기 정전용량을 C_0라 하고 그림과 같은 구조로 콘덴서에 유전체가 채워졌다고 할 때 C_1, C_2, C_3는 병렬, C_{21}, C_{22}는 직렬연결이다.

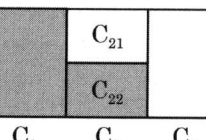

각각의 정전용량을 구해주면,

$$C_1 = \frac{\varepsilon_0 \varepsilon_s S_1}{d_1} = \frac{3\varepsilon_0 S}{3d} = \frac{\varepsilon_0 S}{d} = C_0$$

$$C_{21} = \frac{\varepsilon_0 S_{21}}{d_{21}} = \frac{2\varepsilon_0 S}{3d} = \frac{2}{3}C_0$$

$$C_{22} = \frac{\varepsilon_0 \varepsilon_s S_{22}}{d_{22}} = \frac{2 \times 3\varepsilon_0 S}{3d} = 2C_0$$

$$C_3 = \frac{\varepsilon_0 S_3}{d_3} = \frac{\varepsilon_0 S}{3d} = \frac{1}{3}C_0$$

따라서 합성 정전용량은

$$C_t = C_1 + C_3 + \frac{C_{21}C_{22}}{C_{21}+C_{22}}$$

$$= C_0 + \frac{1}{3}C_0 + \frac{\frac{2}{3}C_0 \times 2C_0}{\frac{2}{3}C_0 + 2C_0} = \frac{11}{6}C_0\,[F]$$

정답 12 ② 13 ③ 14 ③

15 속도 v [m/s] 되는 전자가 자속밀도 B [Wb/m²]인 평등자계 중에 자계와 수직으로 입사했을 때 전자 궤도의 반지름 r은 몇 [m]인가?

① $\dfrac{ev}{mB}$ ② $\dfrac{mB}{ev}$

③ $\dfrac{eB}{mv}$ ④ $\dfrac{mv}{eB}$

해설 | 전자의 운동

전자궤도의 반지름을 물어봤으므로 원운동을 하고 있다는 것을 알 수 있으며, 이로 인해 전자력과 구심력은 같다고 볼 수 있다. 즉

$$F = vBe = \dfrac{mv^2}{r} \rightarrow r = \dfrac{mv^2}{vBe} = \dfrac{mv}{Be} [m]$$

16 V = x² [V]로 주어지는 전위 분포일 때 x = 10 [cm]인 점의 전계는?

① +x 방향으로 20 [V/m]
② -x 방향으로 20 [V/m]
③ +x 방향으로 0.2 [V/m]
④ -x 방향으로 0.2 [V/m]

해설 | 전위 분포에서의 전계 계산

$$E = -\nabla V = -(2x a_x) = -0.2 a_x \ [V/m]$$

17 그림과 같은 환상철심에 A, B의 코일이 감겨있다. 전류 I가 120 [A/s]로 변화할 때 코일 A에 90 [V], 코일 B에 40 [V]의 기전력이 유도된 경우 코일 A의 자기인덕턴스 L₁ [H]와 상호인덕턴스 M [H]의 값은 얼마인가?

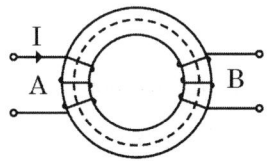

① L₁ = 0.75, M = 0.33
② L₁ = 1.25, M = 0.7
③ L₁ = 1.75, M = 0.9
④ L₁ = 1.95, M = 1.1

해설 | 패러데이 전자유도법칙

$e_1 = L_1 \dfrac{\Delta I}{\Delta t}$, $e_2 = M \dfrac{\Delta I}{\Delta t}$ 이므로,

$\therefore L_1 = \dfrac{e_1}{\dfrac{\Delta I}{\Delta t}} = \dfrac{90}{120} = 0.75 [H]$

$\therefore M = \dfrac{e_2}{\dfrac{\Delta I}{\Delta t}} = \dfrac{40}{120} = 0.33 [H]$

18 20 [℃]에서 저항의 온도계수가 0.002인 니크롬선의 저항이 100 [Ω]이다. 온도가 60 [℃]로 상승되면 저항은 몇 [Ω]이 되겠는가?

① 108   ② 112
③ 115   ④ 120

해설 | 저항의 온도계수
$R_T = R_o[1 + \alpha(t_T - t_o)]$
$R_T = 100[1 + 0.002(60 - 20)] = 108\,[\Omega]$

19 길이 20 [cm], 단면의 반지름 10 [cm]인 원통이 길이의 방향으로 균일하게 자화되어 자화의 세기가 200 [Wb/m²]인 경우 원통 양 단자에서의 전 자극의 세기는 몇 [Wb]인가?

① π ② 2π
③ 3π ④ 4π

해설 | 자극의 세기(자화량)
자화력(자화의 세기)는 단위면적당 자극의 세기로 표현되므로,
$J = \dfrac{m}{S}[Wb/m^2]$ 에 의하여,
$m = JS = J\pi r^2 = 200\pi(10 \times 10^{-2})^2$
$\quad = 2\pi\,[Wb]$

20 전속밀도에 대한 설명으로 가장 옳은 것은?

① 전속은 스칼라량이기 때문에 전속밀도도 스칼라량이다.
② 전속밀도는 전계의 세기의 방향과 반대 방향이다.
③ 전속밀도는 유전체 내에 분극의 세기와 같다.
④ 전속밀도는 유전체와 관계없이 크기는 일정하다.

해설 | 전속밀도
$D = \dfrac{Q}{S}$ 이므로 유전체와 관련이 없다.

정답 18 ① 19 ② 20 ④

2023년 3회

01
벡터 $\vec{A} = 5e^{-r}\cos\phi \vec{a_r} - 5\cos\phi \vec{a_z}$ 가 원통좌표계로 주어졌다. 점 $(2, \frac{3\pi}{2}, 0)$에서의 $\nabla \times A$를 구하였다. $\vec{a_z}$방향의 계수는?

① 2.5 ② -2.5
③ 0.34 ④ -0.34

해설 | 원통좌표계의 외적

$$\nabla \times A = \begin{pmatrix} a_r & a_\phi & a_z \\ \frac{\partial}{\partial r} & \frac{1}{r}\frac{\partial}{\partial \phi} & \frac{\partial}{\partial z} \\ 5e^{-r}\cos\phi & 0 & -5\cos\phi \end{pmatrix}$$

a_z방향의 계수는

$\frac{5}{r}e^{-r}\sin\phi$

$= \frac{5}{2}e^{-2}\sin\frac{3}{2}\pi$

$= -0.338$

02
반지름이 0.01 [m]인 구도체를 접지시키고 중심으로부터 0.1 [m]의 거리에 10 [μC]의 점전하를 놓았다. 구도체에 유도된 총 전하량은 몇 [μC]인가?

① 0 ② -1
③ -10 ④ 10

해설 | 전기 영상법

$Q' = -\frac{a}{d}Q = -\frac{0.01}{0.1} \times 10 = -1\,[\mu C]$

03
전류와 자계 사이의 힘의 효과를 이용한 것으로 자유로이 구부릴 수 있는 도선에 대전류를 통하면 도선 상호 간에 반발력에 의하여 도선이 원을 형성하는데, 이와 같은 현상은?

① 스트레치효과 ② 핀치효과
③ 홀효과 ④ 스킨효과

해설 | 스트레치효과

자유로이 구부릴 수 있는 가는 사각형의 도선에 대전류를 흘리면 각 도선 상호 간 반발력이 작용하며 도선이 원의 형태를 이루게 되는 현상

04
자속밀도가 10 [Wb/m²]인 자계 내에 길이 4 [cm]의 도체를 자계와 직각으로 놓고 이 도체를 0.4초 동안 1 [m]씩 균일하게 이동하였을 때 발생하는 기전력은 몇 [V]인가?

① 1 ② 2
③ 3 ④ 4

해설 | 유기기전력

$e = Blv = 10 \times \frac{0.04}{0.4} = 1\,[V]$

정답 01 ④ 02 ② 03 ① 04 ①

05 면적 S [m²]의 평행한 평판 전극 사이에 유전율이 ε_1, ε_2 [F/m] 되는 두 종류의 유전체를 d/2 두께가 되도록 각각 넣으면 정전용량은 몇 [F]이 되는가?

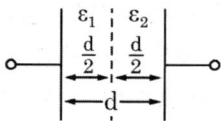

① $\dfrac{2S}{d(\varepsilon_1+\varepsilon_2)}$ ② $\dfrac{2\varepsilon_1\varepsilon_2}{dS(\varepsilon_1+\varepsilon_2)}$

③ $\dfrac{2S\varepsilon_1\varepsilon_2}{d(\varepsilon_1+\varepsilon_2)}$ ④ $\dfrac{S\varepsilon_1\varepsilon_2}{2d(\varepsilon_1+\varepsilon_2)}$

해설 | 콘덴서의 직렬연결

두 콘덴서의 직렬합성 정전용량 C_0는

$$C_0 = \frac{C_1 C_2}{C_1+C_2} = \frac{\dfrac{2\varepsilon_1 S}{d}\times\dfrac{2\varepsilon_2 S}{d}}{\dfrac{2\varepsilon_1 S}{d}+\dfrac{2\varepsilon_2 S}{d}}$$

$$= \frac{2S\varepsilon_1\varepsilon_2}{d(\varepsilon_1+\varepsilon_2)}[F]$$

06 자유공간 중의 전위계에서 V = 5(x² + 2y² - 3z²)일 때 점 P(2, 0, -3)에서의 전하밀도 ρ의 값은?

① 0 ② 2
③ 7 ④ 9

해설 | 푸아송방정식

$$\nabla^2 V = \frac{\partial^2 V}{\partial x^2}+\frac{\partial^2 V}{\partial y^2}+\frac{\partial^2 V}{\partial z^2} = -\frac{\rho}{\varepsilon_0}$$ 을

사용하면

$$\nabla^2 V = 5\left(\begin{array}{l}\dfrac{\partial^2}{\partial x^2}(x^2+2y^2-3z^2)\\+\dfrac{\partial^2}{\partial y^2}(x^2+2y^2-3z^2)\\+\dfrac{\partial^2}{\partial z^2}(x^2+2y^2-3z^2)\end{array}\right)$$

$$= 10+20-30 = 0 = -\frac{\rho}{\varepsilon_0}$$

$\rho = 0 [C/m^3]$

07 액체 유전체를 포함한 콘덴서 용량이 C [F]인 것에 V [V]의 전압을 가했을 경우에 흐르는 누설전류[A]는? (단, 유전체의 유전율은 ε [F/m], 고유저항은 ρ라 한다)

① $\dfrac{\rho\varepsilon}{C}V$ ② $\dfrac{C}{\rho\varepsilon}V$
③ $\dfrac{C}{\rho\varepsilon}V^2$ ④ $\dfrac{\rho\varepsilon}{CV}$

해설 | 저항과 정전용량의 관계

$$RC = \rho\varepsilon \text{에서}, \ I = \frac{V}{R} = \frac{VC}{\rho\varepsilon}[A]$$

정답 05 ③ 06 ① 07 ②

08 무한장 직선형 도선에 I [A]의 전류가 흐를 경우 도선으로부터 R [m] 떨어진 점의 자속밀도 B [Wb/m²]는?

① $B = \dfrac{\mu I}{2\pi R}$ ② $B = \dfrac{I}{2\pi \mu R}$

③ $B = \dfrac{I}{4\pi \mu R}$ ④ $B = \dfrac{\mu I}{4\pi R}$

해설 | 무한장 직선도선 자계

$H = \dfrac{I}{2\pi r} \ [AT/m]$ 이므로

$B = \dfrac{\mu I}{2\pi r} \ [H/m]$ 이다.

09 전류 분포가 벡터 자기 포텐셜 A [Wb/m]를 발생시킬 때 점(-1, 2, 5) [m]에서의 자속밀도 B [T]는? (단, A = 2yz²a_x + y²xa_y + 4xyza_z이다)

① $20a_x - 40a_y + 30a_z$
② $20a_x + 40a_y - 30a_x$
③ $2a_x + 4a_y + 3a_z$
④ $-20a_x - 46a_z$

해설 | 자기포텐셜과 자속밀도의 관계

$B = rot\ A = \nabla \times A = \begin{vmatrix} a_x & a_y & a_z \\ \dfrac{\partial}{\partial x} & \dfrac{\partial}{\partial y} & \dfrac{\partial}{\partial z} \\ 2yz^2 & y^2 x & 4xyz \end{vmatrix}$

$= \left(\dfrac{\partial}{\partial y}(4xyz) - \dfrac{\partial}{\partial z}(y^2 x)\right) a_x$

$\quad - \left(\dfrac{\partial}{\partial x}(4xyz) - \dfrac{\partial}{\partial z}(2yz^2)\right) a_y$

$\quad + \left(\dfrac{\partial}{\partial x}(y^2 x) - \dfrac{\partial}{\partial y}(2yz^2)\right) a_z$

$= (4xz) a_x + (y^2 - 2z^2) a_z |_{x=-1, y=2, z=5}$

$= -20a_x - 46a_z \ [T]$

10 유전율 ε [F/m]인 유전체 중에서 전하가 Q [C], 전위가 V [V], 반지름 a [m]인 도체구가 갖는 에너지는 몇 [J]인가?

① $\dfrac{1}{2}\pi \varepsilon a V^2$ ② $\pi \varepsilon a V^2$

③ $2\pi \varepsilon a V^2$ ④ $4\pi \varepsilon a V^2$

해설 | 도체구가 가지는 정전에너지

반경이 a인 도체구의 정전용량은

$C = 4\pi \varepsilon a \ [F]$

∴ $W = \dfrac{1}{2} CV^2 = \dfrac{1}{2} \times 4\pi \varepsilon a V^2$

$\quad = 2\pi \varepsilon a V^2 \ [J]$

11 전자석의 재료(연철)로 적당한 것은?

① 잔류 자속밀도가 크고, 보자력이 작아야 한다.
② 잔류 자속밀도와 보자력이 모두 작아야 한다.
③ 잔류 자속밀도와 보자력이 모두 커야 한다.
④ 잔류 자속밀도가 작고, 보자력이 커야 한다.

해설 | 전자석의 구비 조건

- 전자석 : 잔류자기가 크고, 보자력은 작아야 한다.
- 영구자석 : 잔류자기, 보자력 모두 커야 한다.

정답 08 ① 09 ④ 10 ③ 11 ①

12 위치함수로 주어지는 벡터량이 $\vec{E}(x,y,z) = iE_x + jE_y + kE_z$이다. 나블라($\nabla$)와의 내적 $\nabla \cdot E$와 같은 의미를 갖는 것은?

① $\dfrac{\partial E_x}{\partial x} + \dfrac{\partial E_y}{\partial y} + \dfrac{\partial E_z}{\partial z}$

② $i\dfrac{\partial E_x}{\partial x} + j\dfrac{\partial E_y}{\partial y} + k\dfrac{\partial E_z}{\partial z}$

③ $\int \dfrac{\partial E_x}{\partial x} + \int \dfrac{\partial E_y}{\partial y} + \int \dfrac{\partial E_z}{\partial z}$

④ $i\int \dfrac{\partial E_x}{\partial x} + j\int \dfrac{\partial E_y}{\partial y} + k\int \dfrac{\partial E_z}{\partial z}$

해설 | 전계의 발산

$\nabla \cdot E = div E$
$= \left(\dfrac{\partial}{\partial x}i + \dfrac{\partial}{\partial y}j + \dfrac{\partial}{\partial z}k\right) \cdot (E_x i + E_y j + E_z k)$
$= \dfrac{\partial}{\partial x}E_x + \dfrac{\partial}{\partial y}E_y + \dfrac{\partial}{\partial z}E_z$

13 표피효과에 관한 설명으로 옳은 것은?

① 주파수가 낮을수록 침투깊이는 작아진다.
② 전도도가 작을수록 침투깊이는 작아진다.
③ 표피효과는 전계 혹은 전류가 도체 내부로 들어갈수록 지수함수적으로 적어지는 현상이다.
④ 도체 내부의 전계의 세기가 도체 표면의 전계 세기의 1/2까지 감쇠되는 도체 표면에서 거리를 표피 두께라 한다.

해설 | 표피효과

전류의 주파수가 증가함에 따라 도체 내부 전류밀도가 지수함수적으로 감소되는 현상으로, 표피효과가 일어나는 전선의 범위를 표피두께라 하며, 이는 아래와 같이 표현된다.

$\delta = \sqrt{\dfrac{2}{\omega\mu\sigma}} = \sqrt{\dfrac{1}{\pi f \mu \sigma}}$

(σ : 도전율, μ : 투자율)

14 비유전율 ϵ_r이 4인 유전체의 분극률은 진공의 유전율의 몇 배인가?

① 1　　② 3
③ 9　　④ 12

해설 | 유전체의 분극률
$\chi = \epsilon_o(\epsilon_r - 1) = 3\epsilon_o$

정답　12 ①　13 ③　14 ②

15 $\varepsilon_1 > \varepsilon_2$인 두 유전체의 경계면에 전계가 수직으로 입사할 때 단위면적당 경계면에 작용하는 힘은?

① 힘 $f = \frac{1}{2}\left(\frac{1}{\varepsilon_1} - \frac{1}{\varepsilon_2}\right)D^2$이 ε_2에서 ε_1으로 작용한다.

② 힘 $f = \frac{1}{2}\left(\frac{1}{\varepsilon_1} - \frac{1}{\varepsilon_2}\right)E^2$이 ε_2에서 ε_1으로 작용한다.

③ 힘 $f = \frac{1}{2}\left(\frac{1}{\varepsilon_2} - \frac{1}{\varepsilon_1}\right)D^2$이 ε_1에서 ε_2로 작용한다.

④ 힘 $f = \frac{1}{2}\left(\frac{1}{\varepsilon_1} - \frac{1}{\varepsilon_2}\right)E^2$이 ε_1에서 ε_2로 작용한다.

해설 | 콘덴서의 직렬연결 시의 정전응력

두 유전체에 전계가 수직으로 입사하는 것은 두 콘덴서가 직렬로 연결된 모습이라 볼 수 있으므로 이때 각 콘덴서의 정전응력 f는 $f_1 = \frac{1}{2}\frac{D^2}{\varepsilon_1}$, $f_2 = \frac{1}{2}\frac{D^2}{\varepsilon_2}$이며, 두 힘은 서로 반대 방향을 가리킨다.

$\varepsilon_1 > \varepsilon_2$일 경우 $f_1 < f_2$이므로 경계 작용력은 $f = f_2 - f_1 = \frac{1}{2}\left(\frac{1}{\varepsilon_2} - \frac{1}{\varepsilon_1}\right)D^2 \, [N/m^2]$

16 원점에서 점(-2, 1, 2)로 향하는 단위 벡터를 a_1이라 할 때 $y = 0$인 평면에 평행이고, a_1에 수직인 단위벡터 a_2는?

① $a_2 = \pm\left(\frac{1}{\sqrt{2}}a_x + \frac{1}{\sqrt{2}}a_z\right)$

② $a_2 = \pm\left(\frac{1}{\sqrt{2}}a_x - \frac{1}{\sqrt{2}}a_y\right)$

③ $a_2 = \pm\left(\frac{1}{\sqrt{2}}a_x + \frac{1}{\sqrt{2}}a_y\right)$

④ $a_2 = \pm\left(\frac{1}{\sqrt{2}}a_y - \frac{1}{\sqrt{2}}a_z\right)$

해설 | 단위벡터

$\vec{a_1} = \frac{-2a_x + a_y + 2a_z}{\sqrt{(-2)^2 + (1)^2 + (2)^2}}$

수직은 내적이 0이므로 $\vec{a_1} \cdot \vec{a_2} = 0$

$\frac{-2a_x + a_y + 2a_z}{\sqrt{(-2)^2 + (1)^2 + (2)^2}} \cdot (Aa_x + Ba_z) = 0$

이므로 A = B, A로 정리하면

$Aa_x + Aa_z = 0$

수직인 단위벡터는 $\vec{a_2} = \pm\frac{a_x + a_z}{\sqrt{2}}$

17 정사각형 회로에 전류 l [A]가 흐르고 있을 때, 중심에서의 자계의 세기는 몇 [A/m]인가? (단, 한 변의 길이는 l [m])

① $H = \dfrac{9I}{2\pi l}[AT/m]$

② $H = \dfrac{2\sqrt{2}I}{\pi l}[AT/m]$

③ $\dfrac{\sqrt{3}I}{\pi l}[AT/m]$

④ $\dfrac{\sqrt{3}I}{2\pi l}[AT/m]$

해설 | 자계의 세기

정삼각형 $H = \dfrac{9I}{2\pi l}[AT/m]$

정사각형 $H = \dfrac{2\sqrt{2}I}{\pi l}[AT/m]$

정육각형 $\dfrac{\sqrt{3}I}{\pi l}[AT/m]$

18 진공 중에 같은 전기량 +1 [C]의 대전체 두 개가 약 몇 [m] 떨어져 있을 때 각 대전체에 작용하는 반발력이 1 [N]인가?

① 3.2×10^{-3} ② 3.2×10^{3}
③ 9.5×10^{-4} ④ 9.5×10^{4}

해설 | 쿨롱의 법칙

$F = 9 \times 10^9 \times \dfrac{Q_1 Q_2}{r^2}$ 에서,

$r = \sqrt{9 \times 10^9 \times \dfrac{Q_1 Q_2}{F}}$

$= \sqrt{9 \times 10^9 \times \dfrac{1 \times 1}{1}}$

$\fallingdotseq 9.5 \times 10^4 \, [m]$

19 그림과 같이 내외 도체의 반지름이 a, b인 동축선(케이블)의 도체 사이에 유전율이 ε인 유전체가 채워져 있는 경우 동축선의 단위 길이당 정전용량은?

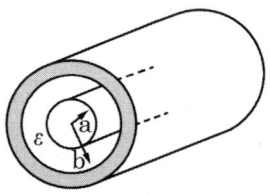

① $\varepsilon \log_e \dfrac{b}{a}$ 에 비례한다.

② $\dfrac{1}{\varepsilon} \log_{10} \dfrac{b}{a}$ 에 비례한다.

③ $\dfrac{\varepsilon}{\log_e \dfrac{b}{a}}$ 에 비례한다.

④ $\dfrac{\varepsilon b}{a}$ 에 비례한다.

해설 | 동축 원통사이의 단위길이당 정전용량

$C = \dfrac{2\pi\varepsilon}{\ln \dfrac{b}{a}}[F/m]$ 이므로, $C \propto \dfrac{\varepsilon}{\log_e \dfrac{b}{a}}$

20 전위경도 V와 전계 E의 관계식은?

① $E = \nabla V$ ② $E = \nabla \cdot V$
③ $E = -\nabla V$ ④ $E = -\nabla \cdot V$

해설 | 전위경도

$E = -\,grad\,V = -\nabla V \,[V/m]$

정답 17 ② 18 ④ 19 ③ 20 ③

전기자기학 2022년 1회

01 면적이 0.02 [m²], 간격이 0.03 [m]이고, 공기로 채워진 평행평판의 커패시터에 1.0 × 10⁻⁶ [C]의 전하를 충전시킬 때 두 판 사이에 작용하는 힘의 크기는 약 몇 [N]인가?

① 1.13　　② 1.41
③ 1.89　　④ 2.83

해설 | 커패시터에 작용하는 힘

전속밀도 $D = \dfrac{Q}{S}$

단위면적당 힘 $f = \dfrac{D^2}{2\epsilon}$

$F = f \times S = \dfrac{Q^2}{2\epsilon_0 S^2} \times S$

$= \dfrac{(1 \times 10^{-6})^2}{2 \times \dfrac{10^{-9}}{36\pi} \times 0.02} = 2.83$

02 자극의 세기가 7.4 × 10⁻⁵ [Wb], 길이가 10 [cm]인 막대자석이 100 [AT/m]의 평등자계 내에 자계의 방향과 30°로 놓여 있을 때 이 자석에 작용하는 회전력[N·m]은?

① 2.5 × 10⁻³　　② 3.7 × 10⁻⁴
③ 5.3 × 10⁻⁵　　④ 6.2 × 10⁻⁶

해설 | 막대자석이 받는 회전력

$T = M \times H = mlH\sin\theta$
$= 7.4 \times 10^{-5} \times 0.1 \times 100 \times 0.5$
$= 3.7 \times 10^{-4} [N \cdot m]$

03 유전율이 $\varepsilon = 2\varepsilon_0$이고 투자율이 μ_0인 비도전성 유전체에서 전자파의 전계의 세기가 $E(z,t) = 120\pi\cos(10^9 t - \beta z)\hat{y}$ [V/m]일 때 자계의 세기 H [A/m]는? (단, $\hat{x}, \hat{y}$는 단위벡터이다)

① $-\sqrt{2}\cos(10^9 t - \beta z)\hat{x}$
② $\sqrt{2}\cos(10^9 t - \beta z)\hat{x}$
③ $-2\cos(10^9 t - \beta z)\hat{x}$
④ $2\cos(10^9 t - \beta z)\hat{x}$

해설 | 특성임피던스에 따른 자계의 세기

$\dfrac{E}{H} = \sqrt{\dfrac{\mu}{\varepsilon}}$ 이므로, 자계는

$H = \sqrt{\dfrac{\varepsilon}{\mu}} E = \dfrac{\sqrt{2}}{377} E$
$= -\sqrt{2}\cos(10^9 t - \beta z)\hat{x}$

04 자기회로에서 전기회로의 도전율 σ [℧/m]에 대응되는 것은?

① 자속　　② 기자력
③ 투자율　　④ 자기저항

해설 | 자기회로와 전기회로 비교

투자율 ↔ 도전율

정답　01 ④　02 ②　03 ①　04 ③

05 단면적이 균일한 환상철심에 권수 1000회인 A코일과 권수 N_B회인 B 코일이 감겨져 있다. A코일의 자기 인덕턴스가 100 [mH]이고, 두 코일 사이의 상호 인덕턴스가 20 [mH]이고, 결합계수가 1일 때 B코일의 권수(N_B)는 몇 회인가?

① 100
② 200
③ 300
④ 400

해설 | 코일의 권수

$$M = \frac{N_b}{N_a}L_a = \frac{200}{3000} \times 0.36 = 0.024\,[H]$$

06 공기 중에서 1 [V/m]의 전계의 세기에 의한 변위전류밀도의 크기를 2 [A/m²]으로 흐르게 하려면 전계의 주파수는 몇 [MHz]가 되어야 하는가?

① 9000
② 18000
③ 36000
④ 72000

해설 | 변위전류밀도

변위전류밀도 $i_d = \omega \varepsilon E\,[A/m^2]$
$\omega = 2\pi f$이므로

$$f = \frac{i_d}{2\pi \epsilon_0 E} = \frac{2}{2\pi \epsilon_0 \times 1} = 3.596 \times 10^{10}$$

$$\fallingdotseq 36000\,[MHz]$$

07 내부 원통 도체의 반지름이 a [m], 외부 원통 도체의 반지름이 b [m]인 동축 원통 도체에서 내외 도체 간 물질의 도전율이 σ [℧/m]일 때 내외 도체 간의 단위 길이당 컨덕턴스[℧/m]는?

① $\dfrac{2\pi\sigma}{\ln\dfrac{b}{a}}$
② $\dfrac{2\pi\sigma}{\ln\dfrac{a}{b}}$
③ $\dfrac{4\pi\sigma}{\ln\dfrac{b}{a}}$
④ $\dfrac{4\pi\sigma}{\ln\dfrac{a}{b}}$

해설 | 동축원주도체의 컨덕턴스

동축원주도체의 정전용량은

$$C = \frac{2\pi\varepsilon l}{\ln\dfrac{b}{a}}\,[F]\text{이므로}$$

$$R = \frac{\rho\epsilon}{C} = \frac{\rho\epsilon}{\dfrac{2\pi\epsilon}{\ln\dfrac{b}{a}}}$$

$$= \frac{\rho}{2\pi}\ln\frac{b}{a} = \frac{1}{2\pi\sigma}\ln\frac{b}{a}\,[\Omega]$$

컨덕턴스는 저항의 역수이므로 $\dfrac{2\pi\sigma}{\ln\dfrac{b}{a}}$

정답 05 ② 06 ③ 07 ①

08
z축 상에 놓인 길이가 긴 직선 도체에 10[A]의 전류가 +z 방향으로 흐르고 있다. 이 도체의 주위의 자속밀도가 $3\hat{x}-4\hat{y}$ [Wb/m²]일 때 도체가 받는 단위 길이당 힘[N/m]은? (단, $\hat{x}, \hat{y}$는 단위벡터이다)

① $-40\hat{x}+30\hat{y}$
② $-30\hat{x}+40\hat{y}$
③ $30\hat{x}+40\hat{y}$
④ $40\hat{x}+30\hat{y}$

해설 | 플레밍의 왼손법칙
$$F=(I\times B)l\,[N]$$
$$=10\hat{z}\times(3\hat{x}-4\hat{y})$$
$$=30\hat{y}+40\hat{x}$$

09
진공 중에서 한 변의 길이가 0.1 [m]인 정삼각형의 세 정점 A, B, C에 각각 2.0×10^{-6}[C]의 점전하가 있을 때 점 A의 전하에 작용하는 힘은 몇 [N]인가?

① $1.8\sqrt{2}$
② $1.8\sqrt{3}$
③ $3.6\sqrt{2}$
④ $3.6\sqrt{3}$

해설 | 쿨롱 법칙

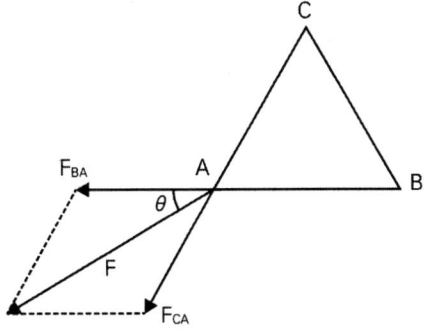

$F_{BA}=F_{CA}$이므로 점 A의 전하에 작용하는 힘은 $2F_{BA}\cos\theta$

쿨롱힘 $F=\dfrac{Q_1 Q_2}{4\pi\varepsilon_0 r^2}\,[N]$이므로

$$2F_{BA}\cos\theta=2\times\dfrac{Q_A Q_B}{4\pi\varepsilon_0 r^2}\cos30°$$
$$=2\times\dfrac{(2.0\times10^{-6})^2}{4\pi\varepsilon_0(0.1)^2}\times\dfrac{\sqrt{3}}{2}=3.6\sqrt{3}$$

10
투자율이 μ [H/m], 자계의 세기가 H [AT/m], 자속밀도가 B [Wb/m²]인 곳에서의 자계 에너지 밀도[J/m³]는?

① $\dfrac{B^2}{2\mu}$
② $\dfrac{H^2}{2\mu}$
③ $\dfrac{1}{2}\mu H$
④ BH

해설 | 자계 에너지
$$W=\dfrac{1}{2}\mu H^2=\dfrac{B^2}{2\mu}=\dfrac{1}{2}BH\,[J/m^3]$$

정답 08 ④ 09 ④ 10 ①

11 진공 내 전위함수가 V = x² + y² [V]로 주어졌을 때, 0 ≤ x ≤ 1, 0 ≤ y ≤ 1, 0 ≤ z ≤ 1 인 공간에 저장되는 정전에너지[J]는?

① $\frac{4}{3}\epsilon_0$ ② $\frac{2}{3}\epsilon_0$
③ $4\epsilon_0$ ④ $2\epsilon_0$

해설 | 정전에너지

$$W = \int \frac{1}{2}\epsilon_0 E^2 dv$$

전위경도 $E = -\operatorname{grad} V$
$\qquad\qquad = -2xi - 2yj$

$$W = \frac{\epsilon_0}{2}\int_0^1\int_0^1\int_0^1 (-\operatorname{grad} V)^2 dxdydz$$

$$= \frac{\epsilon_0}{2}\int_0^1\int_0^1\int_0^1 (-2xi - 2yj)^2 dxdydz$$

$$= \frac{\epsilon_0}{2}\int_0^1\int_0^1\int_0^1 (4x^2 + 4y^2) dxdydz$$

$$= \frac{\epsilon_0}{2}\times\left(\frac{4}{3} + \frac{4}{3}\right) = \frac{4}{3}\epsilon_0$$

12 전계가 유리에서 공기로 입사할 때 입사각 θ_1과 굴절각 θ_2의 관계와 유리에서의 전계 E_1과 공기에서의 전계 E_2의 관계는?

① $\theta_1 > \theta_2$, $E_1 > E_2$
② $\theta_1 < \theta_2$, $E_1 > E_2$
③ $\theta_1 > \theta_2$, $E_1 < E_2$
④ $\theta_1 < \theta_2$, $E_1 < E_2$

해설 | 경계조건

유리의 유전율은 공기의 유전율보다 크므로 $\theta_1 > \theta_2$이고, 전계는 유전율에 반비례하므로 $E_1 < E_2$이다.

13 진공 중에 4 [m] 간격으로 평행한 두 개의 무한 평판 도체에 각각 +4 [C/m²], −4 [C/m²]의 전하를 주었을 때 두 도체 간의 전위차는 약 몇 [V]인가?

① 1.36×10^{11} ② 1.36×10^{12}
③ 1.8×10^{11} ④ 1.8×10^{12}

해설 | 전위차

무한평판 사이 전계는 $E = \dfrac{\sigma}{\epsilon_0}$

$V = Ed$ 이므로
$V = \dfrac{4}{\epsilon_0} \times 4 = 1.8 \times 10^{12} [V]$

14 인덕턴스[H]의 단위를 나타낸 것으로 틀린 것은?

① [Ω · s]   ② [Wb/A]
③ [J/A²]   ④ [N/(A · m)]

해설 | 인덕턴스의 단위

$e = L\dfrac{di}{dt}$ 에서 [H] = [Ω · s]

$N\phi = LI$ 에서 [H] = [Wb/A]

$W = \dfrac{1}{2}LI^2$ 에서 [H] = [J/A²]

정답 11 ① 12 ③ 13 ④ 14 ④

15 진공 중 반지름이 a [m]인 무한길이의 원통 도체 2개가 간격 d [m]로 평행하게 배치되어 있다. 두 도체 사이의 정전용량 C을 나타낸 것으로 옳은 것은?

① $\pi\epsilon_0 \ln\dfrac{d-a}{a}$ ② $\dfrac{\pi\epsilon_0}{\ln\dfrac{d-a}{a}}$

③ $\pi\epsilon_0 \ln\dfrac{a}{d-a}$ ④ $\dfrac{\pi\epsilon_0}{\ln\dfrac{a}{d-a}}$

해설 | 평행한 원통도체의 정전용량

$$C_{AB} = \dfrac{\lambda l}{\dfrac{\lambda}{\pi\varepsilon_0}\ln\dfrac{d-a}{a}} = \dfrac{\pi\varepsilon_0 l}{\ln\dfrac{d-a}{a}} [F]$$

16 진공 중에 4 [m]의 간격으로 놓여진 평행 도선에 같은 크기의 왕복 전류가 흐를 때 단위 길이당 2.0×10^{-7} [N]의 힘이 작용하였다. 이때 평행 도선에 흐르는 전류는 몇 [A]인가?

① 1 ② 2
③ 4 ④ 8

해설 | 두 도선 사이에 작용하는 힘

$$F = \dfrac{2I_1I_2}{r} \times 10^{-7} [N/m]$$

$$I = \sqrt{\dfrac{Fr}{2\times 10^{-7}}} = 2[A]$$

17 평행 극판 사이의 간격이 d [m]이고 정전용량이 0.3 [μF]인 공기 커패시터가 있다. 그림과 같이 두 극판 사이에 비유전율이 5인 유전체를 절반 두께만큼 넣었을 때 이 커패시터의 정전용량은 몇 [μF]이 되는가?

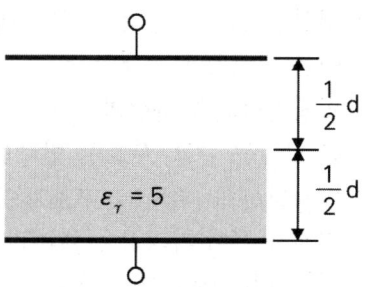

① 0.01 ② 0.05
③ 0.1   ④ 0.5

해설 | 정전용량

$C = \epsilon_0 \dfrac{S}{d} = 0.3[\mu F]$에서

유전체를 넣은 부분의 정전용량은
$\epsilon_r\epsilon_0 \dfrac{S}{\frac{1}{2}d} = 5 \times \dfrac{0.3}{\frac{1}{2}} = 3[\mu F]$,

유전체를 넣지 않은 부분의 정전용량은
$\epsilon_0 \dfrac{S}{\frac{1}{2}d} = \dfrac{0.3}{\frac{1}{2}} = 0.6[\mu F]$이다.

직렬연결되어 있으므로 전체 커패시터의 정전용량은 $\dfrac{3 \times 0.6}{3+0.6} = 0.5[\mu F]$

18 반지름이 a [m]인 접지된 구도체와 구도체의 중심에서 거리 d [m] 떨어진 곳에 점전하가 존재할 때 점전하에 의한 접지된 구도체에서의 영상전하에 대한 설명으로 틀린 것은?

① 영상전하는 구도체 내부에 존재한다.
② 영상전하는 점전하와 구도체 중심을 이은 직선상에 존재한다.
③ 영상전하의 전하량과 점전하의 전하량은 크기는 같고, 부호는 반대이다.
④ 영상전하의 위치는 구도체의 중심과 점전하 사이 거리 d [m]와 구도체의 반지름 a [m]에 의해 결정된다.

해설 | 전기영상법
접지구도체와 점전하에 의한 영상전하의 크기는 $Q' = -\dfrac{a}{d}Q\,[C]$으로, 도체의 반지름과 구의 중심에서 점전하까지의 거리에 의해 결정된다.

19 강자성체의 B-H 곡선을 자세히 관찰하면 매끈한 곡선이 아니라 자속밀도가 어느 순간 급격히 계단적으로 증가 또는 감소하는 것을 알 수 있다. 이러한 현상을 무엇이라 하는가?

① 퀴리점(Curie point)
② 자왜현상(Magneto-striction)
③ 바크하우젠효과(Barkhausen effect)
④ 자기여자효과(Magnetic after effect)

해설 | 바크하우젠효과
히스테리시스 곡선에서 외부 자기장을 가할 때 순간적으로 급격히 회전하여 자속밀도가 증가하는 현상

20 어떤 도체에 교류 전류가 흐를 때 도체에서 나타나는 표피효과에 대한 설명으로 틀린 것은?

① 도체 중심부보다 도체 표면부에 더 많은 전류가 흐르는 것을 표피효과라 한다.
② 전류의 주파수가 높을수록 표피효과는 작아진다.
③ 도체의 도전율이 클수록 표피효과는 커진다.
④ 도체의 투자율이 클수록 표피효과는 커진다.

해설 | 표피효과
- 도체에 고주파 전류가 흐를 때 전류가 도체 표면에만 흐르는 현상
- 전류의 주파수가 증가함에 따라 도체 내부 전류밀도가 지수함수적으로 감소하는 현상

정답 18 ③ 19 ③ 20 ②

2022년 2회

01 ε_r = 81, μ_r = 1인 매질의 고유 임피던스는 약 몇 [Ω]인가? (단, ε_r은 비유전율이고, μ_r은 비투자율이다)

① 13.9　　② 21.9
③ 33.9　　④ 41.9

해설 | 고유 임피던스

$Z_0 = \sqrt{\dfrac{\mu}{\varepsilon}} \equiv 377\sqrt{\dfrac{\mu_r}{\varepsilon_r}}\ [\Omega]$

02 강자성체의 B-H 곡선을 자세히 관찰하면 매끈한 곡선이 아니라 자속밀도가 어느 순간 급격히 계단적으로 증가 또는 감소하는 것을 알 수 있다. 이러한 현상을 무엇이라 하는가?

① 퀴리점(Curie point)
② 자왜현상(Magneto-striction)
③ 바크하우젠효과(Barkhausen effect)
④ 자기여자효과(Magnetic after effect)

해설 | 바크하우젠효과
히스테리시스 곡선에서 외부 자기장을 가할 때 순간적으로 급격히 회전하여 자속밀도가 증가하는 현상

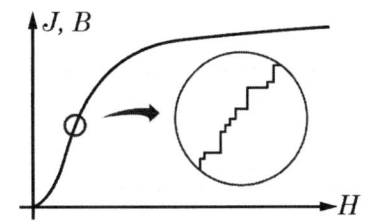

03 진공 중에 무한 평면도체와 d [m]만큼 떨어진 곳에 선전하밀도 λ [C/m]의 무한 직선도체가 평행하게 놓여 있는 경우 직선도체의 단위 길이당 받는 힘은 몇 [N/m]인가?

① $\dfrac{\lambda^2}{\pi\epsilon_0 d}$　　② $\dfrac{\lambda^2}{2\pi\epsilon_0 d}$

③ $\dfrac{\lambda^2}{4\pi\epsilon_0 d}$　　④ $\dfrac{\lambda^2}{16\pi\epsilon_0 d}$

해설 | 무한장 직선 도체의 힘
무한장 직선 도체의 전계의 세기는
$E = \dfrac{\lambda}{2\pi\varepsilon_0 r}\ [V/m]$이다.
$F = qE$이므로
$E = \dfrac{\lambda^2}{4\pi\epsilon_0 d}$

정답　01 ④　02 ③　03 ③

04 그림과 같은 평행판 사이에 유전율이 각각 ε_1, ε_2인 유전체를 끼우고 극판 사이에 일정한 전압을 걸었을 때 두 유전체 사이에 작용하는 힘은? (단, $\varepsilon_1 > \varepsilon_2$)

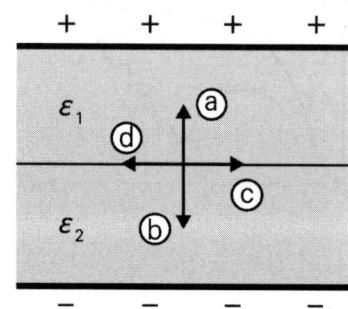

① ⓐ의 방향
② ⓑ의 방향
③ ⓒ의 방향
④ ⓓ의 방향

해설 | 맥스웰 응력

일정한 전압을 걸면 전계가 발생한다. 전계가 경계면에 수직 또는 수평으로 작용할 때 경계면에 수직으로 작용하는 힘을 맥스웰 응력이라 하고, 다음과 같이 구한다.
$$F = \frac{1}{2}\left(\frac{1}{\epsilon_2} - \frac{1}{\epsilon_1}\right)D^2 \text{ [N/m}^2]$$
방향은 유전율이 큰 쪽에서 작은 쪽으로 작용한다.
$\varepsilon_1 > \varepsilon_2$이므로 정답은 ⓑ의 방향이다.

05 정전용량이 20 [μF]인 공기 커패시터에 0.1 [C]의 전하량을 충전하고, 평행판 사이에 비유전율이 10인 유전체를 채웠을 때 유전체의 표면에 나타나는 분극 전하량 [C]은?

① 0.009
② 0.01
③ 0.09
④ 0.1

해설 | 분극 전하량

분극의 세기는
$$P = \epsilon_o(\epsilon_s - 1)E = (1 - \frac{1}{\epsilon_s})D \text{ 이므로}$$
분극 전하량은
$$PS = (1 - \frac{1}{\epsilon_s})DS = (1 - \frac{1}{\epsilon_s})Q$$
$$= (1 - \frac{1}{10}) \times 0.1 = 0.09 [C]$$

06 유전율이 ε_1과 ε_2인 두 유전체가 경계를 이루어 평행하게 접하고 있는 경우 유전율이 ε_1인 영역에 전하 Q가 존재할 때 이 전하와 ε_2인 유전체 사이에 작용하는 힘에 대한 설명으로 옳은 것은?

① $\varepsilon_1 > \varepsilon_2$인 경우 반발력이 작용한다.
② $\varepsilon_1 > \varepsilon_2$인 경우 흡인력이 작용한다.
③ ε_1과 ε_2에 상관없이 반발력이 작용한다.
④ ε_1과 ε_2에 상관없이 흡인력이 작용한다.

해설 | 전기영상법

영상전하 $Q' = \frac{\epsilon_1 - \epsilon_2}{\epsilon_1 + \epsilon_2}Q$ 이므로

$\varepsilon_1 > \varepsilon_2$인 경우 두 전하의 부호가 모두 양수가 되어 반발력이 작용한다.

정답 04 ② 05 ③ 06 ①

07 단면적이 균일한 환상철심에 권수 100회인 A코일과 권수 400회인 B코일이 있을 때 A코일의 자기 인덕턴스가 4 [H]라면 두 코일의 상호 인덕턴스는 몇 [H]인가? (단, 누설자속은 0이다)

① 4　　　　② 8
③ 12　　　 ④ 16

해설 | 두 코일의 상호 인덕턴스

$$M = L_A \frac{N_B}{N_A} = 4 \times \frac{400}{100} = 16 [H]$$

08 평균 자로의 길이가 10 [cm], 평균 단면적이 2 [cm²]인 환상 솔레노이드의 자기 인덕턴스를 5.4 [mH] 정도로 하고자 한다. 이때 필요한 코일의 권선수는 약 몇 회인가? (단, 철심의 비투자율은 15000이다)

① 6　　　　② 12
③ 24　　　 ④ 29

해설 | 자기 인덕턴스

$L = \frac{\mu S N^2}{l}$ 이므로

$N = \sqrt{\frac{Ll}{\mu S}}$

$= \sqrt{\frac{5.4 \times 10^{-3} \times 10 \times 10^{-2}}{\mu_0 \times 15000 \times 2 \times 10^{-4}}}$

$= 11.97$

09 투자율이 μ [H/m], 단면적이 S [m²], 길이가 l [m]인 자성체에 권선을 N회 감아서 I [A]의 전류를 흘렸을 때 이 자성체의 단면적 S [m²]를 통과하는 자속[Wb]은?

① $\mu \frac{I}{Nl} S$　　② $\mu \frac{NI}{Sl}$

③ $\frac{NI}{\mu S} l$　　④ $\mu \frac{NI}{l} S$

해설 | 솔레노이드의 자속

솔레노이드의 자계는 $H = \frac{NI}{l} [AT/m]$

자속 $\phi = BS = \mu HS$

따라서 $\phi = \mu \frac{NI}{l} S$

10 그림은 커패시터의 유전체 내에 흐르는 변위전류를 보여준다. 커패시터의 전극 면적을 S [m²], 전극에 축적된 전하를 q [C], 전극의 표면전하 밀도를 σ [C/m²], 전극 사이의 전속밀도를 D [C/m²]라 하면 변위전류밀도 i_d [A/m²]는?

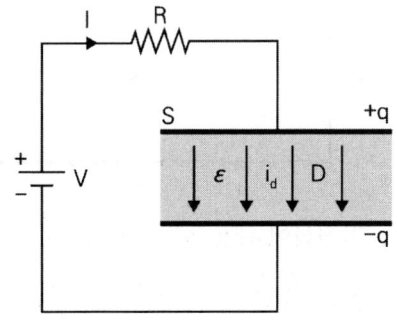

① $\frac{\partial D}{\partial t}$　　　② $\frac{\partial q}{\partial t}$

③ $S \frac{\partial D}{\partial t}$　　④ $\frac{1}{S} \frac{\partial D}{\partial t}$

해설 | 변위전류밀도

$$i_d = \frac{I_d}{S} = \frac{\partial D}{\partial t} = \varepsilon \frac{\partial E}{\partial t} = \omega \varepsilon E \ [A/m^2]$$

단위벡터로 표현하면 $-\frac{1}{\sqrt{5}}\hat{x} + \frac{2}{\sqrt{5}}\hat{y}$

단위벡터에 힘의 크기를 곱하면

$$-\frac{18}{5\sqrt{5}}\hat{x} + \frac{36}{5\sqrt{5}}\hat{y}\,[N]$$

11 진공 중에서 점(1, 3) [m]의 위치에 -2×10^{-9} [C]의 점전하가 있을 때 점(2, 1) [m]에 있는 1 [C]의 점전하에 작용하는 힘은 몇 [N]인가? (단, $\hat{x}, \hat{y}$는 단위벡터이다)

① $-\frac{18}{5\sqrt{5}}\hat{x} + \frac{36}{5\sqrt{5}}\hat{y}$

② $-\frac{36}{5\sqrt{5}}\hat{x} + \frac{18}{5\sqrt{5}}\hat{y}$

③ $-\frac{36}{5\sqrt{5}}\hat{x} - \frac{18}{5\sqrt{5}}\hat{y}$

④ $\frac{18}{5\sqrt{5}}\hat{x} + \frac{36}{5\sqrt{5}}\hat{y}$

12 정전용량이 C_0 [μF]인 평행판의 공기 커패시터가 있다. 두 극판 사이에 극판과 평행하게 절반을 비유전율이 ε_r인 유전체로 채우면 커패시터의 정전용량 [μF]은?

① $\dfrac{C_0}{2(1+\dfrac{1}{\epsilon_r})}$

② $\dfrac{C_0}{1+\dfrac{1}{\epsilon_r}}$

③ $\dfrac{2C_0}{1+\dfrac{1}{\epsilon_r}}$

④ $\dfrac{4C_0}{1+\dfrac{1}{\epsilon_r}}$

해설 | 정전용량

유전체를 넣기 전 커패시터의 정전용량은

$C_0 = \epsilon_0 \dfrac{S}{d}$ 이다.

유전체를 넣은 부분의 정전용량은 $2\epsilon_r C_0$, 넣지 않은 부분은 $2C_0$이므로 직렬연결하면

$$\frac{2\epsilon_r C_0 \times 2C_0}{2\epsilon_r C_0 + 2C_0} = \frac{2C_0}{1+\dfrac{1}{\epsilon_r}}$$

해설 | 쿨롱 법칙

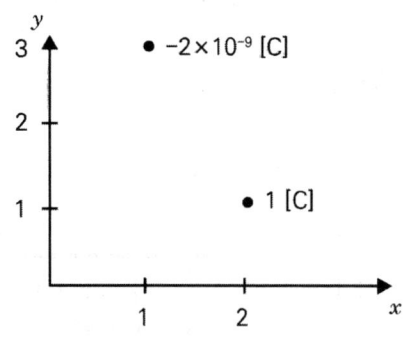

점전하에 작용하는 힘의 크기는

$$F = \frac{Q_1 Q_2}{4\pi\varepsilon_0 r^2} = \frac{-2 \times 10^{-9} \times 1}{4\pi\varepsilon_0 \sqrt{5}^2} = -\frac{18}{5}\ [N]$$

1 [C]의 점전하에 작용하는 힘의 방향은
(1, 3) - (2, 1) = (-1, 2)

정답 11 ① 12 ③

13 그림과 같이 점 O를 중심으로 반지름이 a [m]인 구도체 1과 안쪽 반지름이 b [m]이고 바깥쪽 반지름이 C [m]인 구도체 2가 있다. 이 도체계에서 전위계수 P_{11} [1/F]에 해당하는 것은?

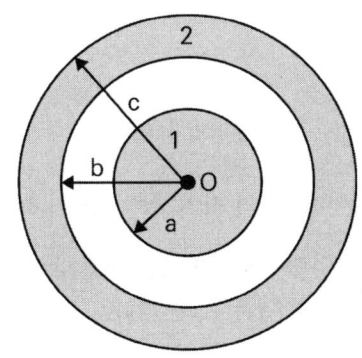

① $\dfrac{1}{4\pi\epsilon}\dfrac{1}{a}$

② $\dfrac{1}{4\pi\epsilon}\left(\dfrac{1}{a}-\dfrac{1}{b}\right)$

③ $\dfrac{1}{4\pi\epsilon}\left(\dfrac{1}{b}-\dfrac{1}{c}\right)$

④ $\dfrac{1}{4\pi\epsilon}\left(\dfrac{1}{a}-\dfrac{1}{b}+\dfrac{1}{c}\right)$

해설 | 전위계수

- $V_1 = V_{ab} + V_{bc} + V_c$
- $V_{ab} = \dfrac{Q_1}{4\pi\epsilon}\left(\dfrac{1}{a}-\dfrac{1}{b}\right)$
- $V_{bc} = 0$
- $V_c = \dfrac{Q_1+Q_2}{4\pi\epsilon C}$

따라서 V_1은

$= \dfrac{1}{4\pi\epsilon}\left(\dfrac{1}{a}-\dfrac{1}{b}+\dfrac{1}{c}\right)Q_1 + \dfrac{1}{4\pi\epsilon C}Q_2$

이므로, P_{11}은 $\dfrac{1}{4\pi\epsilon}\left(\dfrac{1}{a}-\dfrac{1}{b}+\dfrac{1}{c}\right)$

14 자계의 세기를 나타내는 단위가 아닌 것은?

① [A/m]　② [N/Wb]

③ [(H·A)/m²]　④ [Wb/(H·m)]

해설 | 자계의 세기

자계의 세기는 [AT/m] 혹은 [A/m]로 표현하며, [N/Wb]의 단위로도 표현할 수 있다.

15 그림과 같이 평행한 무한장 직선의 두 도선에 I [A], 4I [A]인 전류가 각각 흐른다. 두 도선 사이 점 P에서의 자계의 세기가 0이라면 a/b는?

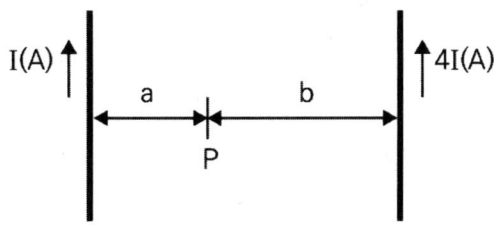

① 2　② 4

③ 1/2　④ 1/4

해설 | 직선 도체에 생성되는 자계의 세기

- $I[A]$ 선전류에 생성되는 자계

  $H_I = \dfrac{I}{2\pi a}$

- $2I[A]$ 선전류에 생성되는 자계

  $H_{4I} = \dfrac{4I}{2\pi b}$

자계가 같다고 했으므로, $H_I = H_{4I}$

즉, $\dfrac{I}{2\pi a} = \dfrac{4I}{2\pi b} = \dfrac{2I}{\pi b}$

∴ $\dfrac{a}{b} = \dfrac{1}{4}$

16 내압 및 정전용량이 각각 1000 [V], -2 [μF], 700 [V], -3 [μF], 600 [V], -4 [μF], 300 [V], -8 [μF]인 4개의 커패시터를 직렬로 연결하고, 양단에 가한 전압을 서서히 증가시킬 경우 가장 먼저 절연이 파괴되는 커패시터는 어느 것인가?

① 1000 [V], -2 [μF]
② 700 [V], -3 [μF]
③ 600 [V], -4 [μF]
④ 300 [V], -8 [μF]

해설 | 직렬연결 시 가장 먼저 파괴되는 콘덴서

커패시터의 전하량이 가장 작은 커패시터가 제일 먼저 파괴되므로 각 커패시터의 전하량을 구하면

$Q_1 = C_1 V_1 = -2 \times 10^{-6} \times 1000$
$\quad = -2 \times 10^{-3} [C]$
$Q_2 = C_2 V_2 = -3 \times 10^{-6} \times 700$
$\quad = -2.1 \times 10^{-3} [C]$
$Q_3 = C_3 V_3 = -4 \times 10^{-6} \times 600$
$\quad = -2.4 \times 10^{-3} [C]$
$Q_4 = C_4 V_4 = -8 \times 10^{-6} \times 300$
$\quad = -2.4 \times 10^{-3} [C]$

따라서 1000 [V], -2 [μF] 커패시터가 가장 먼저 파괴된다.

17 반지름이 2 [m]이고, 권수가 120회인 원형코일 중심에서의 자계의 세기를 30 [AT/m]로 하려면 원형코일에 몇 [A]의 전류를 흘려야 하는가?

① 1   ② 2
③ 3   ④ 4

해설 | 원형코일의 자계

원형코일의 자계 $H = \dfrac{I}{2a} [AT/m]$

코일의 권수가 120이므로 원형 코일이 120개 있는 것과 같다.

총 자계 $H = \dfrac{I}{2a} \times N$

$I = \dfrac{2aH}{N} = \dfrac{2 \times 2 \times 30}{120} = 1$

18 내구의 반지름이 a = 5 [cm], 외구의 반지름이 b = 10 [cm]이고, 공기로 채워진 동심구형 커패시터의 정전용량은 약 몇 [pF]인가?

① 11.1   ② 22.2
③ 33.3   ④ 44.4

해설 | 동심구도체의 정전용량

$C = \dfrac{4\pi\varepsilon_0 ab}{b-a} [F]$

$\quad = \dfrac{4\pi\epsilon_0 \times 5 \times 10 \times 10^{-4}}{(10-5) \times 10^{-2}}$

$\quad = 11.1 \times 10^{-12} [F]$

$\quad = 11.1 [pF]$

19 자성체의 종류에 대한 설명으로 옳은 것은? (단, χ_m는 자화율이고, μ_r는 비투자율이다)

① $\chi_m > 0$이면 역자성체이다.
② $\chi_m < 0$이면 상자성체이다.
③ $\mu_r > 1$이면 비자성체이다.
④ $\mu_r < 1$이면 역자성체이다.

해설 | 비투자율 μ_s
- $\mu_s \gg 1$: 강자성체
- $\mu_s > 1$: 상자성체
- $\mu_s < 1$: 반자성체(역자성체)

20 구좌표계에서 $\nabla^2 r$의 값은 얼마인가? (단, $r = \sqrt{x^2 + y^2 + z^2}$)

① $1/r$ ② $2/r$
③ r ④ $2r$

해설 | 구좌표계

$$\nabla^2 \Psi = \frac{1}{r^2}\frac{\partial}{\partial r}\left(r^2 \frac{\partial \Psi}{\partial r}\right)$$
$$+ \frac{1}{r^2 \sin^2\theta}\frac{\partial^2 \Psi}{\partial \Phi^2} + \frac{1}{r^2 \sin^2\theta}\frac{\partial}{\partial \theta}\left(\sin\theta \frac{\partial \Psi}{\partial \theta}\right)$$

이므로 $\nabla^2 r = \dfrac{2}{r}$

정답 19 ④ 20 ②

2022년 3회

01 맥스웰의 방정식과 연관이 없는 것은?

① 패러데이 법칙 ② 쿨롱의 법칙
③ 스토크스 정리 ④ 가우스 정리

해설 | 맥스웰 방정식

쿨롱의 법칙은 맥스웰 방정식과 무관하다.

02 정삼각형 회로에 전류 I [A]가 흐르고 있을 때, 중심에서의 자계의 세기는 몇 [A/m]인가? (단, 한 변의 길이는 l [m])

① $H = \dfrac{9I}{2\pi l}[AT/m]$

② $H = \dfrac{2\sqrt{2}I}{\pi l}[AT/m]$

③ $\dfrac{\sqrt{3}I}{\pi l}[AT/m]$

④ $\dfrac{\sqrt{3}I}{2\pi l}[AT/m]$

해설 | 자계의 세기

정삼각형 $H = \dfrac{9I}{2\pi l}[AT/m]$

정사각형 $H = \dfrac{2\sqrt{2}I}{\pi l}[AT/m]$

정육각형 $\dfrac{\sqrt{3}I}{\pi l}[AT/m]$

03 진공 중에서 점(0, 1) [m] 되는 곳에 -2×10^{-9} [C] 점전하가 있을 때 점(2, 0)에 있는 1 [C]에 작용하는 힘 [N]은?

① $-\dfrac{36}{5\sqrt{5}}a_x + \dfrac{18}{5\sqrt{5}}a_y$

② $-\dfrac{18}{5\sqrt{5}}a_x + \dfrac{36}{5\sqrt{5}}a_y$

③ $-\dfrac{36}{3\sqrt{5}}a_x + \dfrac{18}{5\sqrt{5}}a_y$

④ $\dfrac{36}{3\sqrt{5}}a_x + \dfrac{18}{5\sqrt{5}}a_y$

해설 | 쿨롱의 법칙

$r = (2-0)a_x + (0-1)a_y = 2a_x - a_y$,

$r_o = \dfrac{1}{\sqrt{5}}r$, $F = r_o \times 9 \times 10^9 \dfrac{(-2) \times 10^{-9}}{(\sqrt{5})^2}$

이므로 $F = -\dfrac{36}{5\sqrt{5}}a_x + \dfrac{18}{5\sqrt{5}}a_y$

정답 01 ② 02 ① 03 ①

04 자기 인덕턴스 L_1, L_2와 상호 인덕턴스 M 일 때, 일반적인 자기 결합 상태에서 결합 계수 k는?

① k < 0
② 0 < k < 1
③ k > 1
④ k = 0

해설 | 결합계수

$$k = \frac{M}{\sqrt{L_1 L_2}} \ (0 < k < 1)$$

06 5000 [μF]의 콘덴서를 60 [V]로 충전시 켰을 때 콘덴서에 축적되는 에너지는 몇 [J]인가?

① 5
② 9
③ 4
④ 90

해설 | 충전 시 콘덴서에 축적되는 에너지

$$W = \frac{1}{2}CV^2 = \frac{1}{2} \times 5 \times 10^{-3} \times 60^2 = 9\,[J]$$

05 유도기전력의 크기는 폐회로에 쇄교하는 자속의 시간적인 변화율에 비례하는 정량 적인 법칙은?

① 노이만의 법칙
② 가우스의 법칙
③ 암페어의 주회적분 법칙
④ 플레밍의 오른손법칙

해설 | 노이만의 법칙

$$e = -N\frac{d\phi}{dt}\,[V]$$

07 인덕턴스가 20 [mH]인 코일에 흐르는 전 류가 0.2초 동안에 2 [A] 변화했다면 자기 유도현상에 의해 코일에 유기되는 기전력 은 몇 [V]인가?

① 0.1
② 0.2
③ 0.3
④ 0.4

해설 | 유기기전력

$$e = L\frac{di}{dt} = 0.02\frac{2}{0.2} = 0.2\,[V]$$

08 유전율이 ε_1, ε_2 [F/m]인 유전체를 평행 극판 사이에 끼우고 전압을 걸었다. 이때 $\varepsilon_1 > \varepsilon_2$라면 두 유전체 사이에 작용하는 힘의 방향은?

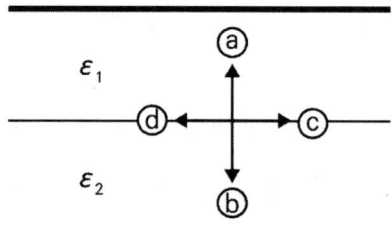

① ⓐ   ② ⓑ
③ ⓒ   ④ ⓓ

해설 | 유전체에 작용하는 힘
유전율이 큰 쪽에서 작은 쪽으로 힘이 작용

09 단면적 S [m²], 단위길이당 권수가 n_0인 무한히 긴 솔레노이드의 자기 인덕턴스 [H/m]를 구하면?

① $\mu S n_o$ ② $\mu S n_o^2$
③ $\mu S^2 n_o$ ④ $\mu S^2 n_o^2$

해설 | 무한장 솔레노이드의 자기 인덕턴스
$$L = \frac{\mu S N^2}{\ell} = \mu S n_o^2 \ [H/m]$$

10 비유전율 $\varepsilon_s = 5$인 유전체 내의 분극률은 몇 [F/m]인가?

① $\dfrac{10^{-8}}{9\pi}$ ② $\dfrac{10^9}{9\pi}$
③ $\dfrac{10^{-9}}{9\pi}$ ④ $\dfrac{10^8}{9\pi}$

해설 | 분극의 세기와 분극률
분극의 세기 $P = \varepsilon_0(\varepsilon_s - 1)E$,
분극률 $\chi = \varepsilon_0(\varepsilon_s - 1)$이므로,
$$\chi = \varepsilon_0(5-1) = \frac{10^{-9}}{36\pi} \times 4 = \frac{10^{-9}}{9\pi} [F/m]$$
$(\because \frac{1}{4\pi\varepsilon_0} = 9 \times 10^9 \rightarrow \varepsilon_0 = \frac{10^{-9}}{36\pi}[F/m])$

11 전위함수가 $V = x^2 + y^2 [V]$인 자유공간 내의 전하밀도는 몇 [C/m³]인가?

① -12.5×10^{-12}
② -22.4×10^{-12}
③ -35.4×10^{-12}
④ -70.8×10^{-12}

해설 | 푸아송 방정식
$$\nabla^2 V = \frac{\partial^2 V}{\partial x^2} + \frac{\partial^2 V}{\partial y^2} + \frac{\partial^2 V}{\partial z^2} = -\frac{\rho}{\epsilon_0}$$
이므로,
$$\nabla^2 V = \frac{\partial^2}{\partial x^2}(x^2 + y^2) + \frac{\partial^2}{\partial y^2}(x^2 + y^2)$$
$$= 2 + 2 = -\frac{\rho}{\epsilon_0}$$
$$\therefore \rho = -4\epsilon_0 = -4 \times 8.855 \times 10^{-12}$$
$$= -35.4 \times 10^{-12} [C/m^3]$$

정답 08 ② 09 ② 10 ③ 11 ③

12 다음 (가), (나)에 들어갈 법칙으로 알맞은 것은?

> 전자유도에 의하여 회로에 발생되는 기전력은 쇄교 자속 수의 시간에 대한 감소비율에 비례한다는 (가)에 따르고, 특히 유도된 기전력의 방향은 (나)에 따른다.

① (가) 패러데이의 법칙
  (나) 렌츠의 법칙
② (가) 렌츠의 법칙
  (나) 패러데이의 법칙
③ (가) 플레밍의 왼손법칙
  (나) 패러데이의 법칙
④ (가) 패러데이의 법칙
  (나) 플레밍의 왼손법칙

해설 | 전자유도 법칙

$$e = -N\frac{d\phi}{dt}\,[V]$$

- 패러데이법칙 : 유기기전력의 크기를 결정
- 렌츠의 법칙 : 유기기전력의 방향을 결정

13 변위전류밀도와 관계없는 것은?

① 전계의 세기   ② 유전율
③ 자계의 세기   ④ 전속밀도

해설 | 변위전류밀도 $i_d = \omega \varepsilon E$
자계와는 관련이 없다.

14 금속도체의 전기저항은 일반적으로 온도와 어떤 관계인가?

① 전기저항은 온도의 변화에 무관하다.
② 전기저항은 온도의 변화에 대해 정특성을 가진다.
③ 전기저항은 온도의 변화에 대해 부특성을 가진다.
④ 금속도체의 종류에 따라 전기저항의 온도 특성은 일관성이 없다.

해설 | 저항과 온도의 관계
$$R_T = R_0(1 + \alpha(T - T_0))$$
α는 온도계수로, 도체에는 정특성을 가진다.

15 진공 중에서 100 [MHz]의 전자파의 파장 [m]은?

① 0.3   ② 0.6
③ 3   ④ 6

해설 | 전자파의 파장
$v = f\lambda$에서 $\lambda = \dfrac{v}{f} = \dfrac{3 \times 10^8}{100 \times 10^6} = 3\,[m]$

정답 12 ① 13 ③ 14 ② 15 ③

16 반지름이 각각 a = 0.2 [m], b = 0.5 [m] 되는 동심구 간의 고유저항 $\rho = 2 \times 10^{12}$ [Ω·m], 비유전율 ε_s = 100인 유전체를 채우고 내외 동심구 간에 150 [V]의 전위차를 가할 때 유전체를 통하여 흐르는 누설전류는 몇 [A]인가?

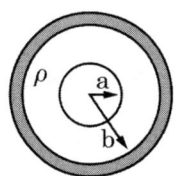

① 2.15×10^{-10}
② 3.14×10^{-10}
③ 5.31×10^{-10}
④ 6.13×10^{-10}

해설 | 유전체에 흐르는 누설전류

$$RC = \varepsilon\rho, \quad R = \frac{\varepsilon\rho}{C_{ab}}$$

$$(\because C_{ab} = \frac{4\pi\varepsilon}{1/a - 1/b})$$

$$\therefore R = \frac{\rho}{4\pi}\left(\frac{1}{a} - \frac{1}{b}\right)$$

따라서 전류는

$$I = \frac{V}{R} = \frac{4\pi V}{\rho\left(\frac{1}{a} - \frac{1}{b}\right)}$$

$$= \frac{4\pi \times 150}{2 \times 10^{12}\left(\frac{1}{0.2} - \frac{1}{0.5}\right)}$$

$$= 3.14 \times 10^{-10} [A]$$

17 자속 ϕ [Wb]가 $\phi_m \cos 2\pi ft$ [Wb]로 변화할 때 이 자속과 쇄교하는 권수 N [회]의 코일의 발생하는 기전력은 몇 [V]인가?

① $-\pi f N \phi_m \cos 2\pi ft$
② $\pi f N \phi_m \sin 2\pi ft$
③ $-2\pi f N \phi_m \cos 2\pi ft$
④ $2\pi f N \phi_m \sin 2\pi ft$

해설 | 패러데이법칙

$e = -N\frac{d\phi}{dt} = -N\frac{d}{dt}(\phi_m \cos 2\pi ft)$ 이므로,

$e = -N\frac{d}{dt}(\phi_m \cos 2\pi ft)$

$= 2\pi f N \phi_m \sin 2\pi ft$ [V]

18 전자파의 특성에 대한 설명으로 틀린 것은?

① 전자파의 속도는 주파수와 무관하다.
② 전파 E_x를 고유 임피던스로 나누면 자파 H_y가 된다.
③ 전파 E_x와 자파 H_y의 진동 방향은 진행 방향에 수평인 종파이다.
④ 매질이 도전성을 갖지 않으면 전파 E_x와 자파 H_y는 동위상이 된다.

해설 | 전자파의 특성
전파와 자파의 진동방향은 수직인 종파이다.

정답 16 ② 17 ④ 18 ③

19 평행판 콘덴서의 극 간 전압이 일정한 상태에서 극 간에 공기가 있을 때의 흡인력을 F_1, 극판 사이에 극판 간격의 2/3 두께의 유리판(ε_r = 10)을 삽입할 때의 흡인력을 F_2라 하면 F_2/F_1는?

① 0.6   ② 0.8
③ 1.5   ④ 2.5

해설 | 평행판 콘덴서의 흡인력

$$C_1 = \frac{\epsilon S}{d}, \quad C_2 = \frac{\frac{10\epsilon_o^2 S^2}{\frac{2}{9}d^2}}{\frac{\epsilon_o S}{\frac{1}{3}d} + \frac{10\epsilon_o S}{\frac{2}{3}d}}$$

$$\frac{F_2}{F_1} = \frac{\frac{1}{2}C_2 V^2}{\frac{1}{2}C_1 V^2} = \frac{10}{4} = 2.5$$

20 전계 E [V/m], 자계 H [AT/m]의 전자계가 평면파를 이루고, 자유공간으로 단위시간에 전파될 때 단위면적당 전력밀도 [W/m²]의 크기는?

① EH^2 ② EH
③ $1/2EH^2$ ④ $1/2EH$

해설 | 포인팅 벡터

$P = EH \, [W/m^2]$

정답 19 ④ 20 ②

2021년 1회

01 비투자율 $\mu_r = 800$, 원형 단면적이 S = 10 [cm²], 평균 자로 길이 $l = 16\pi \times 10^{-2}$ [m]의 환상 철심에 600 [회] 코일을 감고 이 코일에 1 [A]의 전류를 흘리면 환상 철심 내부의 자속은 몇 [Wb]인가?

① 1.2×10^{-3}
② 1.2×10^{-5}
③ 2.4×10^{-3}
④ 2.4×10^{-5}

해설 | 자기 인덕턴스

$$L = \frac{N\phi}{I} = \frac{N}{I} \times \frac{NI}{R_m} = \frac{N^2}{R_m}$$

$$= \frac{N^2}{\frac{l}{\mu S}} = \frac{\mu S N^2}{l} [H]$$

$$\phi = \frac{LI}{N} = \frac{\mu S N^2}{l} \times I \times \frac{1}{N}$$

$$= \frac{4\pi \times 10^{-7} \times 10^{-4} \times 600^2}{16\pi \times 10^{-2}} \times 1 \times \frac{1}{600}$$

$$= 12 \times 10^{-4} = 1.2 \times 10^{-3} [Wb]$$

02 정상전류계에서 $\nabla \cdot i = 0$에 대한 설명으로 틀린 것은?

① 도체 내에 흐르는 전류는 연속이다.
② 도체 내에 흐르는 전류는 일정하다.
③ 단위 시간당 전하의 변화가 없다.
④ 도체 내에 전류가 흐르지 않는다.

해설 | 키르히호프의 전류법칙(KCL)

- 전류가 흐르는 분기점에서 전류의 합은 들어온 양과 나간 양이 같다.
- $I_1 + I_2 = I_3$
- 회로 안에서 전류의 대수합은 0이다.
- $div\ i = 0$

03 동일한 금속 도선의 두 점 사이에 온도차를 주고 전류를 흘렸을 때 열의 발생 또는 흡수가 일어나는 현상은?

① 펠티에(Peltier)효과
② 볼타(Volta)효과
③ 제벡(Seebeck)효과
④ 톰슨(Thomson)효과

해설 | 열전현상

- 펠티에효과 : 서로 다른 두 금속에 전류를 흘릴 시 접속점에 온도차가 발생하는 현상
- 볼타효과 : 서로 다른 두 금속을 접촉시키고 잠시 후 떼어 내면 각각 양과 음으로 대전되는 현상
- 제벡효과 : 서로 다른 두 금속 접속점에 온도차를 주게 되면 열기전력이 생성되는 현상으로 열전대가 대표적인 사용 예
- 톰슨효과 : 같은 금속의 두 접속점에 온도차를 주고 전류를 주면 열의 흡수 또는 발열이 일어나는 현상

정답 01 ① 02 ④ 03 ④

04 비유전율이 2이고, 비투자율이 2인 매질 내에서의 전자파의 전파속도 v [m/s]와 진공 중의 빛의 속도 v_0 [m/s] 사이 관계는?

① $v = \dfrac{1}{2}v_0$ ② $v = \dfrac{1}{4}v_0$

③ $v = \dfrac{1}{6}v_0$ ④ $v = \dfrac{1}{8}v_0$

해설 | 전파속도

- $v_0 = f\lambda = \dfrac{1}{\sqrt{\mu_0 \epsilon_0}}$ $[m/s]$

- $v = f\lambda = \dfrac{1}{\sqrt{\mu\epsilon}} = \dfrac{1}{\sqrt{2\mu_0 \times 2\epsilon_0}}$

  $= \dfrac{1}{2} \times \dfrac{1}{\sqrt{\mu_0 \epsilon_0}} = \dfrac{1}{2}v_0$

05 진공 내의 점(2, 2, 2)에 10^{-9} [C]의 전하가 놓여 있다. 점(2, 5, 6)에서의 전계 E는 약 몇 [V/m]인가? (단, a_y, a_z는 단위벡터이다)

① $0.278a_y + 0.888a_z$
② $0.216a_y + 0.288a_z$
③ $0.288a_y + 0.216a_z$
④ $0.291a_y + 0.288a_z$

해설 | 단위벡터

$a_0 = \dfrac{3j + 4k}{5}$

전계 $E = \dfrac{Q}{4\pi\epsilon_0 r^2} = 9 \times 10^9 \times \dfrac{10^{-9}}{25}$

$= 0.36 [V/m]$

$= 0.36 \times \left(\dfrac{3j + 4k}{5}\right)$

$= 0.216a_y + 0.288a_z [V/m]$

06 한 변의 길이가 l [m]인 정사각형 도체에 전류 I [A]가 흐르고 있을 때 중심점 P에서의 자계의 세기는 몇 [AT/m]인가?

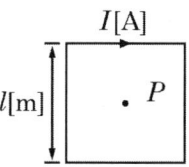

① $16\pi l I$ ② $4\pi l I$

③ $\dfrac{\sqrt{3}\pi}{2l}I$ ④ $\dfrac{2\sqrt{2}}{\pi l}I$

해설 | 정사각형 중심에서의 자계의 세기

$H = \dfrac{nI}{\pi l}\sin\theta\tan\theta$

$= \dfrac{4I}{\pi l} \times \dfrac{\sqrt{2}}{2} \times 1 = \dfrac{2\sqrt{2}}{\pi l}I$ $[AT/m]$

07 간격을 3 [cm]이고, 면적이 30 [cm²]인 평판의 공기 콘덴서에 220 [V]의 전압을 가하면 두 판 사이에 작용하는 힘은 약 몇 [N]인가?

① 6.3×10^{-6} ② 7.14×10^{-7}
③ 8×10^{-5} ④ 5.75×10^{-4}

해설 | 정전응력

$w = \dfrac{1}{2}\epsilon_0 E^2$ $[N/m^2]$

$[N/m^2]$에서 m^2을 없애기 위해 면적 S를 곱한다.

$E = \dfrac{V}{d} = \dfrac{220}{3 \times 10^{-2}}$

$f = \dfrac{1}{2} \times \epsilon_0 \times \left(\dfrac{220}{3 \times 10^{-2}}\right)^2 \times (30 \times 10^{-4})$

$= 7.14 \times 10^{-7}$ $[N]$

정답 04 ① 05 ② 06 ④ 07 ②

08 전계 E [V/m], 전속밀도 D [C/m²], 유전율 $\varepsilon = \varepsilon_0 \varepsilon_r$ [F/m], 분극의 세기 P [C/m²] 사이의 관계를 나타낸 것으로 옳은 것은?

① $P = D + \epsilon_0 E$ ② $P = D - \epsilon_0 E$
③ $P = \dfrac{D + \epsilon_0 E}{\epsilon_0}$ ④ $P = \dfrac{D - E}{\epsilon_0}$

해설 | 분극의 세기

$$P = \epsilon_0(\epsilon_S - 1)E = \left(1 - \frac{1}{\epsilon_r}\right)D$$
$$= D - \epsilon_0 E \,[C/m^2]$$

09 커패시터를 제조하는 데 4가지(A, B, C, D)의 유전재료가 있다. 커패시터 내외 전계를 일정하게 하였을 때 단위체적당 가장 큰 에너지 밀도를 나타내는 재료부터 순서대로 나열한 것은? (단, 유전재료 A, B, C, D의 비유전율은 각각 $\varepsilon_{rA} = 8$, $\varepsilon_{rB} = 10$, $\varepsilon_{rC} = 2$, $\varepsilon_{rD} = 4$이다)

① C > D > A > B
② B > A > D > C
③ D > A > C > B
④ A > B > D > C

해설 | 단위체적당 축적되는 에너지

$$w = \frac{1}{2}\epsilon E^2 \;[N/m^2]$$

전계가 일정하므로 각 ϵ의 크기에 비례한다.
$\epsilon_{rB} > \epsilon_{rA} > \epsilon_{rD} > \epsilon_{rC}$
$B > A > D > C$

10 내구의 반지름이 2 [cm], 외구의 반지름이 3 [cm]인 동심 구도체 간에 고유저항이 1.884×10^2 [Ω·m]인 저항물질로 채워져 있을 때 내외구간의 합성저항은 약 몇 [Ω]인가?

① 2.5 ② 5.0
③ 250 ④ 500

해설 | 동심구도체 정전용량

$$C = \frac{4\pi\epsilon_0 ab}{b - a}\,[F]$$
$$RC = \rho\epsilon$$
$$R = \frac{\rho\epsilon}{C} = \frac{(1.884 \times 10^2) \times \epsilon}{\dfrac{4\pi\epsilon \times (2 \times 10^{-2}) \times (3 \times 10^{-2})}{3 \times 10^{-2} - 2 \times 10^{-2}}}$$
$$= 250\,[\Omega]$$

11 영구자석의 재료로 적합한 것은?

① 잔류 자속밀도(B_r)는 크고, 보자력(H_e)은 작아야 한다.
② 잔류 자속밀도(B_r)는 작고, 보자력(H_e)은 커야 한다.
③ 잔류 자속밀도(B_r)와 보자력(H_e) 모두 작아야 한다.
④ 잔류 자속밀도(B_r)와 보자력(H_e) 모두 커야 한다.

해설 | 자석의 구비 조건

- 전자석 : 철사에 코일을 감고 전류를 흘릴 때만 자석의 성질을 가지는 것으로 잔류자기가 크고, 보자력은 작아야 한다.
- 영구자석 : 한번 자화되면 영구적으로 자석의 성질을 가지며, 잔류자기, 보자력 모두 커야 한다.

정답 08 ② 09 ② 10 ③ 11 ④

12 평등 전계 중에 유전체 구에 의한 전속 분포가 그림과 같이 되었을 때 ϵ_1과 ϵ_2의 크기 관계는?

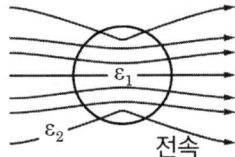

① $\epsilon_1 > \epsilon_2$
② $\epsilon_1 < \epsilon_2$
③ $\epsilon_1 = \epsilon_2$
④ $\epsilon_1 \leq \epsilon_2$

해설 | 분극현상이 나타나는 유전체
- 유전속(전속선)은 유전율이 큰 쪽으로 모이려는 성질이 있다.
- $\epsilon_1 > \epsilon_2$

13 환상 솔레노이드의 단면적 S, 평균 반지름이 r, 권선수가 N이고, 누설자속이 없는 경우 자기 인덕턴스 크기는?

① 권선 수 및 단면적에 비례한다.
② 권선 수의 제곱 및 단면적에 비례한다.
③ 권선수의 제곱 및 평균 반지름에 비례한다.
④ 권선수의 제곱에 비례하고, 단면적에 반비례한다.

해설 | 환상 솔레노이드

$$L = \frac{N\phi}{I} = \frac{N}{I}\frac{NI}{R_m} = \frac{N^2}{\frac{l}{\mu S}} = \frac{\mu S N^2}{l} [H]$$

$\propto N^2, \propto S$

14 전하 e [C], m 질량 [kg]인 전자가 전계 E [V/m] 내에 놓여 있을 때 최초에 정지하고 있었다면 t초 후에 전자의 속도 [m/s]는?

① $\dfrac{meE}{t}$
② $\dfrac{me}{E}t$
③ $\dfrac{mE}{e}t$
④ $\dfrac{Ee}{m}t$

해설 | 전자의 속도
- 쿨롱의 법칙
  $F = QE$
- 뉴턴의 운동 법칙
  $F = ma, \left(a = \dfrac{v}{t}\right), F = m\dfrac{v}{t}$
- 전하량 $Q = ne = It$
  $F = QE = ma, F = eE = m\dfrac{v}{t}$
- $v = \dfrac{Ee}{m}t \ [m/s]$

15 다음 중 비투자율(μ_r)이 가장 큰 것은?

① 금
② 은
③ 구리
④ 니켈

해설 | 자성체의 종류에 따른 비투자율의 크기
- 강자성체 ≫ 1 : 니켈, 코발트, 철, 망간
- 상자성체 > 1 : 백금, 알루미늄, 공기, 텅스텐
- 반(역)자성체 < 1 : 금, 은, 구리, 아연, 비스무트

정답 12 ① 13 ② 14 ④ 15 ④

16 그림과 같은 환상 솔레노이드 내의 철심 중심에서의 자계의 세기 H [AT/m]는? (단, 환상 철심의 평균 반지름은 r [m], 코일의 권수는 N회, 코일에 흐르는 전류는 I [A]이다)

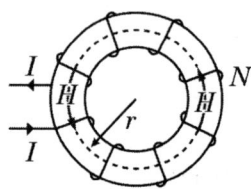

① $\dfrac{NI}{\pi r}$ ② $\dfrac{NI}{2\pi r}$

③ $\dfrac{NI}{4\pi r}$ ④ $\dfrac{NI}{2r}$

해설 | 환상 솔레노이드 내부자계

$$H = \dfrac{NI}{2\pi r} \ [AT/m]$$

17 강자성체가 아닌 것은?

① 코발트 ② 니켈
③ 철   ④ 구리

해설 | 자성체의 종류
- 강자성체 : 니켈, 코발트, 철, 망간
- 상자성체 : 백금, 알루미늄, 공기, 텅스텐
- 반(역)자성체 : 금, 은, 구리, 아연, 비스무트

18 반지름이 a [m]인 원형 도선 2개의 루프가 z축 상에 그림과 같이 놓인 경우 I [A]의 전류가 흐를 때 원형 전류 중심축상의 자계 H [A/m]는? (단, a_z, a_ϕ는 단위벡터이다)

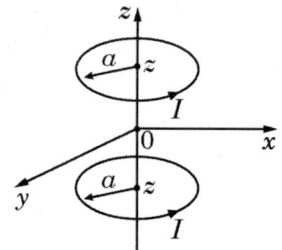

① $H = \dfrac{a^2 I}{(a^2+z^2)^{3/2}} a_\phi$

② $H = \dfrac{a^2 I}{(a^2+z^2)^{3/2}} a_z$

③ $H = \dfrac{a^2 I}{2(a^2+z^2)^{3/2}} a_\phi$

④ $H = \dfrac{a^2 I}{2(a^2+z^2)^{3/2}} a_z$

해설 | 등가 판자석에 의한 자계

- $H = \dfrac{a^2 I}{2(a^2+x^2)^{\frac{3}{2}}} \ [AT/m]$

원형 도선이 2개이므로 ×2를 해준다.
앙페르의 오른나사 법칙에 의해 자계의 방향은 z축이 된다.

자계 $H = \dfrac{a^2 I}{(a^2+z^2)^{3/2}} a_z \ [A/m]$

정답 16 ② 17 ④ 18 ②

19 방송국 안테나 출력이 W [W]이고 이로부터 진공 중에 r [m] 떨어진 점에서 자계의 세기의 실효치는 약 몇 [A/m]인가?

① $\dfrac{1}{r}\sqrt{\dfrac{W}{377\pi}}$ ② $\dfrac{1}{2r}\sqrt{\dfrac{W}{377\pi}}$

③ $\dfrac{1}{2r}\sqrt{\dfrac{W}{188\pi}}$ ④ $\dfrac{1}{r}\sqrt{\dfrac{2W}{377\pi}}$

해설 | 포인팅 벡터

- $P = EH = 377H^2 = \dfrac{E^2}{377}$

  $= \dfrac{W}{S} = \dfrac{W}{4\pi r^2}\ [W/m^2]$

- $377H^2 = \dfrac{W}{4\pi r^2}$

- $H = \sqrt{\dfrac{W}{377 \times 4\pi r^2}}$

  $= \dfrac{1}{2r}\sqrt{\dfrac{W}{377\pi}}\ [A/m]$

20 직교하는 무한 평판도체와 점전하에 의한 영상전하는 몇 개 존재하는가?

① 2 ② 3
③ 4 ④ 5

해설 | 영상전하

무한평면 너머의 영상전하는 크기는 같으며 부호는 반대

- 2차원 평면 중 임의의 +x축, +y축에 존재할 때 (-x축, +y축), (-x축, -y축), (+x축, -y축)에 영상전하가 존재하므로 총 3개가 존재한다.

2021년 2회

01 두 종류의 유전율(ε_1, ε_2)을 가진 유전체가 서로 접하고 있는 경계면에 진전하가 존재하지 않을 때 성립하는 경계조건으로 옳은 것은? (단, E_1, E_2는 각 유전체에서의 전계이고, D_1, D_2는 각 유전체에서의 전속밀도이며, θ_1, θ_2는 각각 경계면의 법선벡터와 E_1, E_2가 이루는 각이다)

① $E_1\cos\theta_1 = E_2\cos\theta_2$
  $D_1\sin\theta_1 = D_2\sin\theta_2$, $\dfrac{\tan\theta_1}{\tan\theta_2} = \dfrac{\epsilon_2}{\epsilon_1}$

② $E_1\cos\theta_1 = E_2\cos\theta_2$
  $D_1\sin\theta_1 = D_2\sin\theta_2$, $\dfrac{\tan\theta_1}{\tan\theta_2} = \dfrac{\epsilon_1}{\epsilon_2}$

③ $E_1\sin\theta_1 = E_2\sin\theta_2$
  $D_1\cos\theta_1 = D_2\cos\theta_2$, $\dfrac{\tan\theta_1}{\tan\theta_2} = \dfrac{\epsilon_2}{\epsilon_1}$

④ $E_1\sin\theta_1 = E_2\sin\theta_2$
  $D_1\cos\theta_1 = D_2\cos\theta_2$, $\dfrac{\tan\theta_1}{\tan\theta_2} = \dfrac{\epsilon_1}{\epsilon_2}$

해설 | 유전체의 경계조건

- 전계는 접선 성분이 같다.
  $E_1\sin\theta_1 = E_2\sin\theta_2$

- 전속밀도는 법선 성분이 같다.
  $D_1\cos\theta_1 = D_2\cos\theta_2$

- 입사각과 굴절각은 유전율에 비례한다.
  $\dfrac{\tan\theta_1}{\tan\theta_2} = \dfrac{\epsilon_1}{\epsilon_2}$

02 공기 중에서 반지름 0.03 [m]의 구도체에 줄 수 있는 최대 전하는 약 몇 [C]인가? (단, 이 구도체의 주위 공기에 대한 절연내력은 5×10^6 [V/m]이다)

① 5×10^{-7} ② 2×10^{-6}
③ 5×10^{-5} ④ 2×10^{-4}

해설 | 구도체에 줄 수 있는 최대 전하
전하 $Q = CV$
전위차 $V = Er$를 대입
$Q = CEr$
$= 4\pi\epsilon_0 r \times E \times r$
$= \dfrac{1}{9 \times 10^9} \times 5 \times 10^6 \times 0.03^2$
$= 5 \times 10^{-7}\,[C]$

03 진공 중의 평등자계 H_0 중에 반지름이 a [m]이고, 투자율이 μ인 구 자성체가 있다. 이 구 자성체의 감자율은? (단, 구 자성체 내부의 자계는 $H = \dfrac{3\mu_0}{2\mu_0 + \mu}H_0$이다)

① 1 ② $\dfrac{1}{2}$
③ $\dfrac{1}{3}$ ④ $\dfrac{1}{4}$

해설 | 감자율
구 자성체의 감자율 = $\dfrac{1}{3}$

정답 01 ④ 02 ① 03 ③

04 유전율 ε, 전계의 세기 E인 유전체의 단위 체적당 축적되는 정전에너지는?

① $\dfrac{E}{2\epsilon}$ ② $\dfrac{\epsilon E}{2}$

③ $\dfrac{\epsilon E^2}{2}$ ④ $\dfrac{\epsilon^2 E^2}{2}$

해설 | 단위체적당 축적되는 에너지

$$W = \dfrac{1}{2}ED = \dfrac{1}{2}\epsilon E^2 = \dfrac{D^2}{2\epsilon} \ [\text{J/m}^3]$$

05 단면적이 균일한 환상철심에 권수 N_A인 A코일과 권수 N_B인 B코일이 있을 때 B코일의 자기 인덕턴스가 L_A [H]라면 두 코일의 상호 인덕턴스 [H]는? (단, 누설자속은 0이다)

① $\dfrac{L_A N_A}{N_B}$ ② $\dfrac{L_A N_B}{N_A}$

③ $\dfrac{N_A}{L_A N_B}$ ④ $\dfrac{N_B}{L_A N_A}$

해설 | 상호인덕턴스

$$M = \dfrac{N_A}{N_B}L_B = \dfrac{N_B}{N_A}L_A$$

여기선 B 코일의 자기 인덕턴스가 L_A이므로 $M = \dfrac{N_A}{N_B}L_A [\text{H}]$

06 비투자율이 350인 환상철심 내부의 평균 자계의 세기가 342 [AT/m]일 때 자화의 세기는 약 몇 [Wb/m²]인가?

① 0.12   ② 0.15
③ 0.18   ④ 0.21

해설 | 자화의 세기

$$J = \mu_0(\mu_s - 1)H = B\left(1 - \dfrac{1}{\mu_s}\right)$$
$$= 4\pi \times 10^{-7} \times (350 - 1) \times 342$$
$$= 0.15 \ [Wb/m^2]$$

07 진공 중에 놓인 Q [C]의 전하에서 발산되는 전기력선의 수는?

① Q ② ϵ_0

③ $\dfrac{Q}{\epsilon_0}$ ④ $\dfrac{\epsilon_0}{Q}$

해설 | 전기력선

전기력선의 수 $N = \dfrac{Q}{\epsilon_0}$ [개]

정답   04 ③   05 ①   06 ②   07 ③

08 비투자율이 50인 환상 철심을 이용하여 100 [cm] 길이의 자기회로를 구성할 때 자기저항을 2.0×10^7 [AT/Wb] 이하로 하기 위해서는 철심의 단면적을 약 몇 [m²] 이상으로 하여야 하는가?

① 3.6×10^{-4} ② 6.4×10^{-4}
③ 8.0×10^{-4} ④ 9.2×10^{-4}

해설 | 자기저항

$$R_m = \frac{l}{\mu S}, \quad 2.0 \times 10^7 \geq \frac{l}{\mu_0 \mu_s S}$$

$$S \geq \frac{1}{2.0 \times 10^7 \times 4\pi \times 10^{-7} \times 50}$$

$$= 8 \times 10^{-4} \, [m^2]$$

09 자속밀도가 10 [Wb/m²]인 자계 중에 10 [cm] 도체를 자계와 60°의 각도로 30 [m/s]로 움직일 때 이 도체에 유기되는 기전력은 몇 [V]인가?

① 15   ② $15\sqrt{3}$
③ 1500   ④ $1500\sqrt{3}$

해설 | 유기기전력

$$e = Blv\sin\theta = 10 \times 0.1 \times 30 \times \frac{\sqrt{3}}{2}$$

$$= 15\sqrt{3} \, [V]$$

10 전기력선의 성질에 대한 설명으로 옳은 것은?

① 전기력선은 등전위면과 평행하다.
② 전기력선은 도체 표면과 직교한다.
③ 전기력선은 도체 내부에 존재할 수 있다.
④ 전기력선은 전위가 낮은 점에서 높은 점으로 향한다.

해설 | 전기력선의 성질
• 전기력선과 등전위면은 수직이다.
• 전기력선은 도체 내부에 존재할 수 없다.
• 전기력선은 전위가 높은 점에서 낮은 점으로 향한다.

11 평등자계와 직각방향으로 일정한 속도로 발사된 전자의 원운동에 관한 설명으로 옳은 것은?

① 플레밍의 오른손법칙에 의한 로렌츠의 힘과 원심력의 평형 원운동이다.
② 원의 반지름은 전자의 발사속도와 전계의 세기의 곱에 반비례한다.
③ 전자의 원운동 주기는 전자의 발사속도와 무관하다.
④ 전자의 원운동 주파수는 전자의 질량에 비례한다.

해설 | 전자의 원운동
① 플레밍의 오른손법칙은 방향을 나타낸 것이다.

② 전자력 $e(v \times B) = \dfrac{mv^2}{r}$

$r = \dfrac{mv}{Be} = \dfrac{mv}{\mu He}$ 이므로 전계의 세기와 상관없다.

③ $w = 2\pi f = \dfrac{v}{r} = \dfrac{v}{\dfrac{mv}{Be}} = \dfrac{Be}{m}$

$f = \dfrac{Be}{2\pi m}$, $f \propto \dfrac{1}{T}$ 이므로 $T = \dfrac{2\pi m}{Be}$ 이다.

따라서 발사속도와 무관하다.

④ $f = \dfrac{Be}{2\pi m}$ 이므로 전자의 질량에 반비례한다.

---

12 전계 E [V/m]가 두 유전체의 경계면에 평행으로 작용하는 경우 경계면에 단위면적당 작용하는 힘의 크기는 몇 [N/m²]인가? (단, ϵ_1, ϵ_2는 각 유전체의 유전율이다)

① $f = E^2(\epsilon_1 - \epsilon_2)$

② $f = \dfrac{1}{E^2}(\epsilon_1 - \epsilon_2)$

③ $f = \dfrac{1}{2}E^2(\epsilon_1 - \epsilon_2)$

④ $f = \dfrac{1}{2E^2}(\epsilon_1 - \epsilon_2)$

해설 | 단위체적당 정전에너지

$w = \dfrac{1}{2}E^2(\epsilon_1 - \epsilon_2)$ [N/m²]

---

13 공기 중에 있는 반지름 a [m]의 독립 금속구의 정전용량은 몇 [F]인가?

① $2\pi\epsilon_0 a$

② $4\pi\epsilon_0 a$

③ $\dfrac{1}{2\pi\epsilon_0 a}$

④ $\dfrac{1}{4\pi\epsilon_0 a}$

해설 | 정전용량

구의 정전용량 $C = 4\pi\epsilon a$ [F]

---

14 와전류가 이용되고 있는 것은?

① 수중 음파 탐지기
② 레이더
③ 자기 브레이크(Magnetic brake)
④ 사이클로트론(Cyclotron)

해설 | 자기 브레이크

자기장을 사용하여 고속으로 움직이는 금속에 와전류를 발생한다.

15 전계 $E = \dfrac{2}{x}\hat{x} + \dfrac{2}{y}\hat{y}\ [V/m]$에서 점 $(3, 5)$ $[m]$를 통과하는 전기력선의 방정식은? (단, $\hat{x}, \hat{y}$는 단위벡터이다)

① $x^2 + y^2 = 12$ ② $y^2 - x^2 = 12$
③ $x^2 + y^2 = 16$ ④ $y^2 - x^2 = 16$

해설 | 전기력선 방정식

$$\int \dfrac{dx}{E_x} = \int \dfrac{dy}{E_y},\ \int \dfrac{x}{2}dx = \int \dfrac{y}{2}dy$$

$\dfrac{1}{4}x^2 = \dfrac{1}{4}y^2 + C,\ x^2 = y^2 + 4C$

$(3, 5)$를 대입하면 $C = -4$가 된다.
따라서 $y^2 - x^2 = 16$

16 전계 $E = \sqrt{2}E_e \sin w\left(t - \dfrac{x}{e}\right)\ [V/m]$의 평면 전자파가 있다. 진공 중에서 자계의 실횻값은 몇 $[A/m]$인가?

① $\dfrac{1}{4\pi}E_e$ ② $\dfrac{1}{36\pi}E_e$
③ $\dfrac{1}{120\pi}E_e$ ④ $\dfrac{1}{360\pi}E_e$

해설 | 자계의 실횻값

$\dfrac{E}{H} = 377 = 120\pi$

$E = \sqrt{2}E_e \sin w\left(t - \dfrac{x}{e}\right)$에서 $\sqrt{2}E_e$는 최댓값이므로 $\dfrac{1}{\sqrt{2}}$를 곱하여 실횻값으로 만든다.

따라서 $H = \dfrac{1}{120\pi}E_e\ [A/m]$

17 진공 중에 서로 떨어져 있는 두 도체 A, B가 있다. 도체 A에만 1 [C]의 전하를 줄 때 도체 A, B의 전위가 각각 3 [V], 2 [V]이었다. 지금 도체 A, B에 각각 1 [C]과 2 [C]의 전하를 주면 도체 A의 전위는 몇 [V]인가?

① 6 ② 7
③ 8 ④ 9

해설 | 전위계수

$V_1 = P_{11}Q_1 + P_{12}Q_2$
$V_2 = P_{21}Q_1 + P_{22}Q_2,\ (P_{12} = P_{21})$
$Q_1 = 1,\ Q_2 = 0$
$P_{11} = 3,\ P_{21} = 2$이므로
$V_1 = 3Q_1 + 2Q_2$
따라서 $V_1 = 3 \times 1 + 2 \times 2 = 7\ [V]$

18 한 변의 길이가 4 [m]인 정사각형의 루프에 1 [A]의 전류가 흐를 때, 중심점에서의 자속밀도 B는 약 몇 [Wb/m²]인가?

① 2.83×10^{-7} ② 5.65×10^{-7}
③ 11.31×10^{-7} ④ 14.14×10^{-7}

해설 | 유한장 직선도체

정사각형의 자계 $H = \dfrac{2\sqrt{2}}{\pi l}I$

$B = \mu_0 H = 4\pi \times 10^{-7} \times \dfrac{2\sqrt{2}}{\pi \times 4} \times 1$
$= 2.83 \times 10^{-7}\ [Wb/m^2]$

정답 15 ④ 16 ③ 17 ② 18 ①

19 원점에 1 [μC]의 점전하가 있을 때 점 P(2, −2, 4) [m]에서의 전계의 세기에 대한 단위벡터는 약 얼마인가?

① $0.41a_x - 0.41a_y + 0.82a_z$
② $-0.33a_x + 0.33a_y - 0.66a_z$
③ $-0.41a_x + 0.41a_y - 0.82a_z$
④ $0.33a_x - 0.33a_y + 0.66a_z$

해설 | 전계의 세기에 대한 단위벡터

단위벡터는 $a_0 = \dfrac{\vec{A}}{|A|}$ 이므로

$$a_0 = \dfrac{2a_x - 2a_y + 4a_z}{\sqrt{2^2 + (-2)^2 + 4^2}}$$

$$= 0.41a_x - 0.41a_y + 0.82a_z$$

20 공기 중에서 전자기파의 파장이 3 [m]라면 그 주파수는 몇 [MHz]인가?

① 100
② 300
③ 1000
④ 3000

해설 | 파장

$$f = \dfrac{v}{\lambda} = \dfrac{3 \times 10^8}{3} = 10^8 \ [Hz],$$

∴ $10^2 \ [MHz]$

정답 19 ① 20 ①

2021년 3회

01 자기 인덕턴스가 각각 L_1, L_2인 두 코일의 상호 인덕턴스가 M일 때 결합 계수는?

① $\dfrac{M}{L_1 L_2}$ ② $\dfrac{L_1 L_2}{M}$

③ $\dfrac{M}{\sqrt{L_1 L_2}}$ ④ $\dfrac{\sqrt{L_1 L_2}}{M}$

해설 | 결합 계수

$M = k\sqrt{L_1 L_2}$, $k = \dfrac{M}{\sqrt{L_1 L_2}}$

02 정상 전류계에서 J는 전류밀도, σ는 도전율, ρ는 고유저항, E는 전계의 세기일 때 옴의 법칙의 미분형은?

① $J = \sigma E$ ② $J = E/\sigma$
③ $J = \rho E$ ④ $J = \rho \sigma E$

해설 | 옴의 법칙 미분형

$J = \sigma E = \dfrac{1}{\rho} E$

03 길이가 10 [cm]이고 단면의 반지름이 1 [cm]인 원통형 자성체가 길이 방향으로 균일하게 자화되어 있을 때 자화의 세기가 0.5 [Wb/m²]이라면 이 자성체의 자기모멘트 [Wb·m]는?

① 1.57×10^{-5} ② 1.57×10^{-4}
③ 1.57×10^{-3} ④ 1.57×10^{-2}

해설 | 자화의 세기

$J = \dfrac{m}{S} = \dfrac{ml}{Sl} = \dfrac{M}{V}\,[Wb/m^2]$,

$0.5 = \dfrac{M}{\pi \times 0.01^2 \times 0.1}$

$M = 1.57 \times 10^{-5}\,[Wb \cdot m]$

정답 01 ③ 02 ① 03 ①

04 그림과 같이 공기 중 2개의 동심 구도체에서 내구(A)에만 전하 Q를 주고 외구(B)를 접지하였을 때 내구(A)의 전위는?

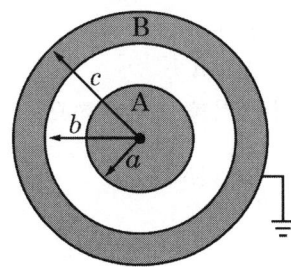

① $\dfrac{Q}{4\pi\epsilon_0}\left(\dfrac{1}{a} - \dfrac{1}{b} + \dfrac{1}{c}\right)$

② $\dfrac{Q}{4\pi\epsilon_0}\left(\dfrac{1}{a} - \dfrac{1}{b}\right)$

③ $\dfrac{Q}{4\pi\epsilon_0} \cdot \dfrac{1}{c}$

④ 0

해설 | 동심구도체 전위

$V = -\int_\infty^a E \cdot dl = \dfrac{Q}{4\pi\epsilon_0}\left(\dfrac{1}{a} - \dfrac{1}{b}\right) [V]$

05 평행판 커패시터에 어떤 유전체를 넣었을 때 전속밀도가 4.8×10^{-7} [C/m²]이고 단위체적당 정전에너지가 5.3×10^{-3} [J/m³]이었다. 이 유전체의 유전율은 약 몇 [F/m]인가?

① 1.15×10^{-11} ② 2.17×10^{-11}
③ 3.19×10^{-11} ④ 4.21×10^{-11}

해설 | 단위체적당 정전 에너지

$w = \dfrac{D^2}{2\epsilon} = 5.3 \times 10^{-3} [J/m^3]$

$\epsilon = \dfrac{(4.8 \times 10^{-7})^2}{2} \times \dfrac{1}{5.3 \times 10^{-3}}$

$= 2.17 \times 10^{-11} [F/m]$

06 히스테리시스 곡선에서 히스테리시스 손실에 해당하는 것은?

① 보자력의 크기
② 잔류자기의 크기
③ 보자력과 잔류자기의 곱
④ 히스테리시스 곡선의 면적

해설 | 히스테리시스 곡선
히스테리시스 손실 = 히스테리시스 면적

정답 04 ② 05 ② 06 ④

07 그림과 같이 극판의 면적이 S [m²]인 평행판 커패시터에 유전율이 각각 $\varepsilon_1 = 4$, $\varepsilon_2 = 2$인 유전체를 채우고 a, b 양단에 V [V]의 전압을 인가했을 때 ε_1, ε_2인 유전체 내부의 전계의 세기 E_1과 E_2의 관계식은? (단, σ[C/m²]는 면 전하밀도이다)

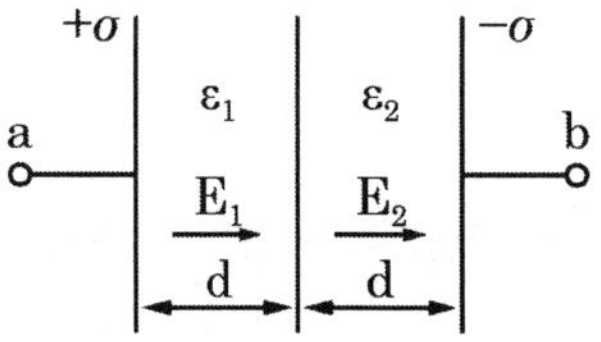

① $E_1 = 2E_2$ ② $E_1 = 4E_2$
③ $2E_1 = E_2$ ④ $E_1 = E_2$

해설 | 전계의 세기

$$E_1 = \frac{Q}{4\pi\epsilon_1 d^2}, \quad 4E_1 = \frac{Q}{4\pi d^2}$$

$$E_2 = \frac{Q}{4\pi\epsilon_2 d^2}, \quad 2E_2 = \frac{Q}{4\pi d^2}$$

$$4E_1 = 2E_2, \quad 2E_1 = E_2$$

08 간격이 d [m]이고 면적이 S [m²]인 평행판 커패시터의 전극 사이에 유전율이 ε인 유전체를 넣고, 전극 간에 V [V]의 전압을 가했을 때 이 커패시터의 전극판을 떼어내는 데 필요한 힘의 크기 [N]는?

① $\dfrac{1}{2\epsilon}\dfrac{V^2}{d^2 S}$ ② $\dfrac{1}{2\epsilon}\dfrac{dV^2}{S}$
③ $\dfrac{1}{2}\epsilon\dfrac{V}{d}S$ ④ $\dfrac{1}{2}\epsilon\dfrac{V^2}{d^2}S$

해설 | 단위 체적당 에너지

$$w = \frac{1}{2}\epsilon E^2 \text{ [N/m}^2\text{]}, \quad (V = Ed, E = \frac{V}{d})$$

$$w = \frac{1}{2}\epsilon\left(\frac{V}{d}\right)^2$$

힘의 크기를 구해야 하므로

$$\frac{1}{2}\epsilon\frac{V^2}{d^2}S \text{ [N]}$$

09 다음 중 기자력(Magnetomotive force)에 대한 설명으로 틀린 것은?

① SI 단위는 암페어(A)이다.
② 전기회로의 기전력에 대응한다.
③ 자기회로의 자기저항과 자속의 곱과 동일하다.
④ 코일에 전류를 흘렸을 때 전류밀도와 코일의 권수의 곱의 크기와 같다.

해설 | 기자력(Magnetomotive force)

①, ③ 기자력 : $F = NI = R_m \varnothing$ [AT], 턴 수가 1인 경우 [A]로 사용한다.
② 전기회로의 기전력에 대응한다.
④ 코일에 전류를 흘렸을 때 전류와 코일의 권수의 곱의 크기와 같다.

정답 07 ③ 08 ④ 09 ④

10 유전율 ε, 투자율 μ인 매질 내에서 전자파의 전파속도는?

① $\sqrt{\dfrac{\mu}{\epsilon}}$ ② $\sqrt{\mu\epsilon}$
③ $\sqrt{\dfrac{\epsilon}{\mu}}$ ④ $\dfrac{1}{\sqrt{\mu\epsilon}}$

해설 | 전파속도

$v = \dfrac{1}{\sqrt{\mu\epsilon}} \ [m/s]$

11 평균 반지름 r이 20 [cm], 단면적 S가 6 [cm²]인 환상 철심에서 권선 수 N이 500 회인 코일에 흐르는 전류 I가 4 [A]일 때 철심 내부에서의 자계의 세기 H는 약 몇 [AT/m]인가?

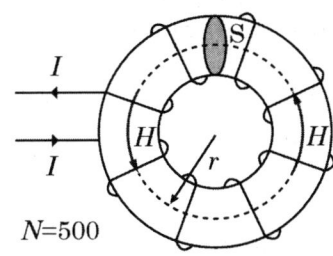

① 1590 ② 1700
③ 1870 ④ 2120

해설 | 자계의 세기

$H = \dfrac{NI}{2\pi r} = \dfrac{500 \times 4}{2\pi \times 0.2} = 1591.55$

$1590 \ [AT/m]$

12 패러데이관(Faraday Tube)의 성질에 대한 설명으로 틀린 것은?

① 패러데이관 중에 있는 전속 수는 그 관속에 진전하가 없으면 일정하며, 연속적이다.
② 패러데이관의 양단에는 양 또는 음의 단위 진전하가 존재하고 있다.
③ 패러데이관 한 개의 단위 전위차 당 보유에너지는 1/2 [J]이다.
④ 패러데이관의 밀도는 전속밀도와 같지 않다.

해설 | 패러데이관

패러데이관의 밀도 = 전속밀도

13 공기 중 무한 평면도체의 표면으로부터 2 [m] 떨어진 곳에 4 [C]의 점전하가 있다. 이 점전하가 받는 힘은 몇 [N]인가?

① $\dfrac{1}{\pi\epsilon_0}$ ② $\dfrac{1}{4\pi\epsilon_0}$
③ $\dfrac{1}{8\pi\epsilon_0}$ ④ $\dfrac{1}{16\pi\epsilon_0}$

해설 | 전기 영상법

$F = \dfrac{Q_1 Q_2}{4\pi\epsilon_0 (2r)^2} = \dfrac{4 \times 4}{4\pi\epsilon_0 4^2} = \dfrac{1}{4\pi\epsilon_0} \ [N]$

14 반지름이 r [m]인 반원형 전류 I [A]에 의한 반원의 중심(O)에서 자계의 세기 [AT/m]는?

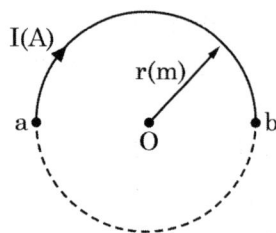

① 2I/r ② I/r
③ I/2r ④ I/4r

해설 | 자계의 세기

$$H = \frac{I}{2a} \times \frac{1}{2}$$

(반원이기 때문에 $\frac{1}{2}$을 곱해 준다)

$$H = \frac{I}{4r} \, [AT/m]$$

15 진공 중에서 점$(0,1)$ $[m]$의 위치에 -2×10^{-9} $[C]$의 점전하가 있을 때 점 $(2,0)[m]$에 있는 1 $[C]$의 점전하에 작용하는 힘은 몇 $[N]$인가? (단, $\hat{x}, \hat{y}$는 단위벡터이다)

① $-\frac{18}{3\sqrt{5}}\hat{x} + \frac{36}{3\sqrt{5}}\hat{y}$

② $-\frac{36}{5\sqrt{5}}\hat{x} + \frac{18}{5\sqrt{5}}\hat{y}$

③ $-\frac{36}{3\sqrt{5}}\hat{x} + \frac{18}{3\sqrt{5}}\hat{y}$

④ $\frac{36}{5\sqrt{5}}\hat{x} + \frac{18}{5\sqrt{5}}\hat{y}$

해설 | 쿨롱 법칙

- 벡터 $\vec{A} = 2\hat{x} - \hat{y}$,
- 벡터의 크기 $|A| = \sqrt{2^2 + (-1)^2} = \sqrt{5}$
- 단위벡터 $a_0 = \frac{2\hat{x} - \hat{y}}{\sqrt{5}}$

$$F = \frac{Q_1 Q_2}{4\pi\epsilon_0 r^2} = \frac{-2 \times 10^{-9} \times 1}{(\sqrt{5})^2} \times 9 \times 10^9$$

$$= -\frac{18}{5}$$

$$F = -\frac{18}{5} \times \left(\frac{2\hat{x} - \hat{y}}{\sqrt{5}}\right)$$

$$= -\frac{36}{5\sqrt{5}}\hat{x} + \frac{18}{5\sqrt{5}}\hat{y}$$

16 내압이 2.0 [kV]이고 정전용량이 각각 0.01 [μF], 0.02 [μF], 0.04 [μF]인 3개의 커패시터를 직렬로 연결했을 때 전체 내압은 몇 [V]인가?

① 1750 ② 2000
③ 3500 ④ 4000

해설 | 직렬연결 시 전체 내압

직렬로 연결 시 전하량이 일정하므로 전하량이 가장 작은 커패시터를 기준으로 한다.

$$V_1 = \frac{Q}{C_1} = \frac{0.01 \times 10^{-6} \times 2000}{0.01 \times 10^{-6}}$$
$$= 2000 \, [V]$$

$$V_2 = \frac{Q}{C_2} = \frac{0.01 \times 10^{-6} \times 2000}{0.02 \times 10^{-6}}$$
$$= 1000 \, [V]$$

$$V_3 = \frac{Q}{C_3} = \frac{0.01 \times 10^{-6} \times 2000}{0.04 \times 10^{-6}}$$
$$= 500 \, [V]$$

$$V_t = V_1 + V_2 + V_3 = 3500 \, [V]$$

정답 14 ④ 15 ② 16 ③

17 그림과 같이 단면적 S [m²]가 균일한 환상 철심에 권수 N₁인 A코일과 권수 N₂인 B코일이 있을 때 A코일의 자기 인덕턴스가 L₁ [H]이라면 두 코일의 상호 인덕턴스 M [H]는? (단, 누설자속은 0이다)

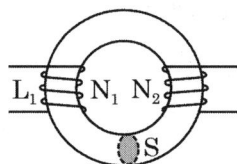

① $\dfrac{L_1 N_2}{N_1}$ ② $\dfrac{N_2}{L_1 N_1}$

③ $\dfrac{L_1 N_1}{N_2}$ ④ $\dfrac{N_1}{L_1 N_2}$

해설 | 상호 인덕턴스

$$M = L_1 \dfrac{N_2}{N_1} = L_2 \dfrac{N_1}{N_2} \ [H]$$

18 간격 d [m], 면적 S [m²]의 평행판 전극 사이에 유전율이 ε인 유전체가 있다. 전극 간에 v(t) = V_m sinωt의 전압을 가했을 때 유전체 속의 변위전류밀도 [A/m²]는?

① $\dfrac{\epsilon w V_m}{d} \cos wt$ ② $\dfrac{\epsilon w V_m}{d} \sin wt$

③ $\dfrac{\epsilon V_m}{wd} \cos wt$ ④ $\dfrac{\epsilon V_m}{wd} \sin wt$

해설 | 변위전류 밀도

$$i_d = \dfrac{\partial D}{\partial t} = \epsilon \dfrac{\partial E}{\partial t}, \ (V = Ed \rightarrow E = \dfrac{V}{d})$$

$$i_d = \epsilon \dfrac{\partial}{\partial t} \times \dfrac{V_m \sin wt}{d}$$

$$= \dfrac{\epsilon w V_m \cos wt}{d} \ [A/m^2]$$

19 속도 v의 전자가 평등자계 내에 수직으로 들어갈 때 이 전자에 대한 설명으로 옳은 것은?

① 구면 위에서 회전하고, 구의 반지름은 자계의 세기에 비례한다.
② 원운동을 하고, 원의 반지름은 자계의 세기에 비례한다.
③ 원운동을 하고, 원의 반지름은 자계의 세기에 반비례한다.
④ 원운동을 하고, 원의 반지름은 전자의 처음 속도의 제곱에 비례한다.

해설 | 로렌츠의 힘

$$\dfrac{mv^2}{r} = Bev, \quad r = \dfrac{mv}{Be} = \dfrac{mv}{\mu He}$$

20 쌍극자 모멘트가 M [C·m]인 전기쌍극자에 의한 임의의 점 P에서의 전계의 크기는 전기쌍극자의 중심에서 축 방향과 점 P를 잇는 선분 사이의 각이 얼마일 때 최대가 되는가?

① 0 ② π/2
③ π/3 ④ π/4

해설 | 전기 쌍극자 임의의 점 P에서의 전계의 크기

$$E = \dfrac{M}{4\pi\epsilon_0 r^3} \sqrt{1 + 3\cos^2\theta} \ [V/m]$$

θ = 0일 때 최대

정답 17 ① 18 ① 19 ③ 20 ①

2020년 1, 2회

01 반자성체의 비투자율(μ_r) 값의 범위는?

① $\mu_r = 1$ ② $\mu_r < 1$
③ $\mu_r > 1$ ④ $\mu_r = 0$

해설 | 자성체와 비투자율의 관계
- 강자성체 : $\mu_s \gg 1$
- 상자성체 : $\mu_s > 1$
- 반자성체(역자성체) : $\mu_s < 1$
- 진공중의 비투자율 : $\mu_s = 1$

02 자기회로에서 자기저항의 크기에 대한 설명으로 옳은 것은?

① 자기회로의 길이에 비례
② 자기회로의 단면적에 비례
③ 자성체의 비투자율에 비례
④ 자성체의 비투자율의 제곱에 비례

해설 | 자기저항

$R_m = \dfrac{l}{\mu S} [AT/Wb]$

길이에 비례, 단면적에 반비례한다.

03 자기 인덕턴스와 상호 인덕턴스와의 관계에서 결합계수 k의 범위는?

① $0 \leq k \leq 1/2$ ② $0 \leq k \leq 1$
③ $1 \leq k \leq 2$ ④ $1 \leq k \leq 10$

해설 | 결합계수

$k = \dfrac{M}{\sqrt{L_1 L_2}}$

04 전위함수 V = $x^2 + y^2$ [V]일 때 점(3, 4)[m]에서의 등전위선의 반지름은 몇 [m]이며, 전기력선 방정식은 어떻게 되는가?

① 등전위선의 반지름 : 3
   전기력선 방정식 : $y = \dfrac{3}{4}x$
② 등전위선의 반지름 : 4
   전기력선 방정식 : $y = \dfrac{4}{3}x$
③ 등전위선의 반지름 : 5
   전기력선 방정식 : $x = \dfrac{4}{3}y$
④ 등전위선의 반지름 : 5
   전기력선 방정식 : $x = \dfrac{3}{4}y$

해설 | 전기력선 방정식

$E = -\text{grad } V = -\left(\dfrac{\partial V}{\partial x}i + \dfrac{\partial V}{\partial y}j + \dfrac{\partial V}{\partial z}z\right)$
$= -2xi - 2yj$

$\dfrac{dx}{E_x} = \dfrac{dy}{E_y} = \dfrac{dz}{E_z} \rightarrow \dfrac{dx}{-2x} = \dfrac{dy}{-2y}$

$\dfrac{1}{x}dx = \dfrac{1}{y}dy \rightarrow \int \dfrac{1}{x}dx = \int \dfrac{1}{y}dy$
$= \ln x = \ln y \rightarrow \ln x - \ln y = \ln c$

$\ln \dfrac{x}{y} = \ln c = \ln \dfrac{3}{4}, \quad x = \dfrac{3}{4}y$

정답 01 ② 02 ① 03 ② 04 ④

05 공기 중에 있는 무한히 긴 직선 도선에 10 [A]의 전류가 흐르고 있을 때 도선으로부터 2 [m] 떨어진 점에서의 자속밀도는 몇 [Wb/m²]인가?

① 10^{-5} ② 0.5×10^{-6}
③ 10^{-6} ④ 2×10^{-6}

해설 | 자속밀도

$$B = \frac{\mu I}{2\pi r} = \frac{4\pi \times 10^{-7} \times 10}{2\pi \times 2}$$
$$= 10^{-6} \, [Wb/m^2]$$

06 정전계 해석에 관한 설명으로 틀린 것은?

① 푸아송 방정식은 가우스 정리의 미분형으로 구할 수 있다.
② 도체 표면에서의 전계의 세기는 표면에 대해 법선 방향을 갖는다.
③ 라플라스 방정식은 전극이나 도체의 형태에 관계없이 체적 전하밀도가 0인 모든 점에서 $\nabla^2 V = 0$을 만족한다.
④ 라플라스 방정식은 비선형 방정식이다.

해설 | 정전계
라플라스 방정식은 선형 방정식이다.

07 10 [mm]의 지름을 가진 동선에 50 [A]의 전류가 흐르고 있을 때 단위시간 동안 동선의 단면을 통과하는 전자의 수는 약 몇 개인가?

① 7.85×10^{16} ② 20.45×10^{15}
③ 31.21×10^{19} ④ 50×10^{19}

해설 | 동선의 단면을 통과하는 전자의 수
$Q = ne = It$, 단위시간이므로
$$n = \frac{I}{e} = \frac{50}{1.6 \times 10^{-19}} = 31.21 \times 10^{19} \, [개]$$

08 유전율이 ε_1, ε_2 [F/m]인 유전체 경계면에 단위 면적당 작용하는 힘의 크기는 몇 [N/m²]인가? (단, 전계가 경계면에 수직인 경우이며, 두 유전체에서의 전속밀도는 $D_1 = D_2 = D$ [C/m²]이다)

① $2\left(\dfrac{1}{\varepsilon_1} - \dfrac{1}{\varepsilon_2}\right)D^2$ ② $2\left(\dfrac{1}{\varepsilon_1} + \dfrac{1}{\varepsilon_2}\right)D^2$
③ $\dfrac{1}{2}\left(\dfrac{1}{\varepsilon_1} + \dfrac{1}{\varepsilon_2}\right)D^2$ ④ $\dfrac{1}{2}\left(\dfrac{1}{\varepsilon_2} - \dfrac{1}{\varepsilon_1}\right)D^2$

해설 | 유전체의 경계면에 작용하는 힘
두 유전체에 전계가 수직으로 입사할 때 $\varepsilon_1 > \varepsilon_2$일 경우 $f_1 < f_2$ 이므로 경계 작용력은
$$f = f_2 - f_1 = \frac{1}{2}\left(\frac{1}{\varepsilon_2} - \frac{1}{\varepsilon_1}\right)D^2 \, [N/m^2]$$

정답 05 ③ 06 ④ 07 ③ 08 ④

09
반지름 r [m]인 무한장(원통형) 도체에 전류가 균일하게 흐를 때 도체 내부에서 자계의 세기 [AT/m]는?

① 원통 중심축으로부터 거리에 비례한다.
② 원통 중심축으로부터 거리에 반비례한다.
③ 원통 중심축으로부터 거리의 제곱에 비례한다.
④ 원통 중심축으로부터 거리의 제곱에 반비례한다.

해설 | 원통형도체의 자계

• 원통형도체 내부 자계
$$H = \frac{rI}{2\pi a^2} \, [AT/m]$$

• 원통형도체 외부 자계
$$H = \frac{I}{2\pi r} \, [AT/m]$$

10
전계 및 자계의 세기가 각각 E [V/m], H [AT/m]일 때 포인팅 벡터 P [W/m²]의 표현으로 옳은 것은?

① P = 1/2E × H ② P = E rot H
③ P = E × H   ④ P = H rot E

해설 | 포인팅 벡터

단위면적당 전력은 포인팅벡터를 의미하므로, $\vec{P} = \vec{E} \times \vec{H} = EH \, [W/m^2]$

11
그림과 같이 내부 도체구 A에 +Q [C], 외부 도체구 B에 -Q [C]를 부여한 동심 도체구 사이의 정전용량 C [F]는?

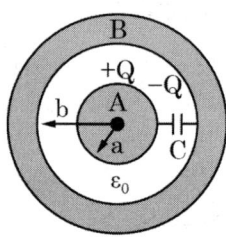

① $4\pi\epsilon_o ab$ ② $\dfrac{4\pi\epsilon_o ab}{b-a}$

③ $\dfrac{ab}{4\pi\epsilon_o(b-a)}$ ④ $4\pi\epsilon_o\left(\dfrac{1}{a} - \dfrac{1}{b}\right)$

해설 | 동심구도체의 정전용량

$$C = \frac{4\pi\epsilon_o}{\dfrac{1}{a} - \dfrac{1}{b}} = \frac{4\pi\epsilon_o ab}{b-a} \, [F]$$

12
비유전율 ϵ_r이 4인 유전체의 분극률은 진공의 유전율의 몇 배인가?

① 1 ② 3
③ 9 ④ 12

해설 | 분극률

$\chi = \epsilon_o(\epsilon_s - 1) = 3\epsilon_o$

정답 09 ① 10 ③ 11 ② 12 ②

13 면적이 매우 넓은 두 개의 도체판을 d [m] 간격으로 수평하게 평행 배치하고, 이 평행 도체판 사이에 놓인 전자가 정지하고 있기 위해서 그 도체판 사이에 가하여야 할 전위차 [V]는? (단, g는 중력 가속도이고, m은 전자의 질량이며, e는 전자의 전하량이다)

① mged
② ed/mg
③ mgd/e
④ mge/d

해설 | 도체판 사이에 가하여야 할 전위차

$F = qE = mg$(중력), $El = V$에서

$V = El = \dfrac{mg}{q}l = \dfrac{mgd}{e}$ [V]

14 진공 중 3 [m] 간격으로 두 개의 평행판 무한 평판 도체에 각각 +4 [C/m²], −4 [C/m²]의 전하를 주었을 때 두 도체 간의 전위차는 약 몇 [V]인가?

① 1.5×10^{11}
② 1.5×10^{12}
③ 1.36×10^{11}
④ 1.36×10^{12}

해설 | 두 도체 간의 전위차

$V = El$, $E = \dfrac{\rho}{\epsilon_0}$에서

$V = \dfrac{4}{8.85 \times 10^{-12}} \times 3 = 1.36 \times 10^{12}$ [V]

15 평등자계 내에 전자가 수직으로 입사하였을 때 전자의 운동에 대한 설명으로 옳은 것은?

① 원심력은 전자속도에 반비례한다.
② 구심력은 자계의 세기에 반비례한다.
③ 원운동을 하고, 반지름은 자계의 세기에 비례한다.
④ 원운동을 하고, 반지름은 전자의 회전 속도에 비례한다.

해설 | 전자의 운동

evB (구심력) $= \dfrac{mv^2}{r}$ (원심력)

① 원심력은 전자속도의 제곱에 비례한다.
② 구심력은 자계의 세기에 비례한다.
③ 반지름은 자계의 세기에 반비례한다.

$r = \dfrac{mv}{eB} = \dfrac{mv}{e\mu H}$

정답 13 ③ 14 ④ 15 ④

16 자속밀도 B [Wb/m²]의 평등 자계 내에서 길이 l [m]인 도체 ab가 속도 v [m/s]로 그림과 같이 도선을 따라서 자계와 수직으로 이동할 때 도체 ab에 의해 유기된 기전력의 크기 e [V]와 폐회로 abcd 내 저항 R에 흐르는 전류의 방향은? (단, 폐회로 abcd 내 도선 및 도체의 저항은 무시한다)

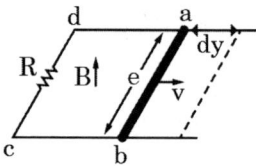

① e = Blv, 전류방향 : c → d
② e = Blv, 전류방향 : d → c
③ e = Blv², 전류방향 : c → d
④ e = Blv², 전류방향 : d → c

해설 | 유기기전력 e = (v × B)l
플레밍의 오른손법칙에 의해 전류의 방향은 시계방향으로 흐른다(a → b → c → d).

---

17 자기유도계수 L의 계산 방법이 아닌 것은? (단, N : 권수, ø : 자속 [Wb], I : 전류 [A], A : 벡터퍼텐셜 [Wb/m], i : 전류밀도 [A/m²], B [Wb/m²], H : 자계의 세기 [AT/m]이다.

① $L = \dfrac{N\phi}{I}$ ② $\dfrac{\int_v A \cdot i\, dv}{I^2}$

③ $\dfrac{\int_v B \cdot H\, dv}{I^2}$ ④ $\dfrac{\int_v A \cdot i\, dv}{I}$

해설 | 자기유도계수 L의 계산 방법

① $LI = N\phi$에서 $L = \dfrac{N\phi}{I}$

③ $\dfrac{1}{2}LI^2 = \int_v \dfrac{1}{2}BH\, dv$,

$L = \dfrac{\int_v B \cdot H\, dv}{I^2}$

② $\dfrac{\int_v B \cdot H\, dv}{I^2} = \dfrac{\int_v rot\, A \cdot H\, dv}{I^2}$

$= \dfrac{\int_v A \cdot i\, dv}{I^2}$

---

18 면적이 S [m²]이고, 극간의 거리가 d [m]인 평행판 콘덴서에 비유전율이 ε_r인 유전체를 채울 때 정전용량 [F]은? (단, ε_0는 진공의 유전율이다)

① $\dfrac{2\epsilon_0 \epsilon_r S}{d}$ ② $\dfrac{\epsilon_0 \epsilon_r S}{\pi d}$

③ $\dfrac{\epsilon_0 \epsilon_r S}{d}$ ④ $\dfrac{2\pi \epsilon_0 \epsilon_r S}{d}$

해설 | 정전용량
$C = \dfrac{\epsilon S}{d} = \dfrac{\epsilon_0 \epsilon_s S}{d}\, [F]$

19 그림에서 N = 1000 [회], l = 100 [cm], S = 10 [cm²]인 환상 철심의 자기회로에 전류 I = 10 [A]를 흘렸을 때 축적되는 자계 에너지는 몇 [J]인가? (단, 비투자율 μ_r = 100이다)

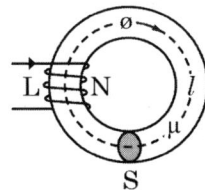

① $2\pi \times 10^{-3}$　② $2\pi \times 10^{-2}$
③ $2\pi \times 10^{-1}$　④ 2π

해설 | 축적된 자계 에너지

$W = \dfrac{1}{2}LI^2$, $L = \dfrac{\mu SN^2}{\ell}$ 이므로

$W = \dfrac{1}{2}\left(\dfrac{100 \times 4\pi \times 10^{-7} \times 10^{-3} \times 10^6}{1}\right) \times 10^2$
$= 2\pi\,[J]$

20 20 [℃]에서 저항의 온도계수가 0.002인 니크롬선의 저항이 100 [Ω]이다. 온도가 60 [℃]로 상승되면 저항은 몇 [Ω]이 되겠는가?

① 108　② 112
③ 115　④ 120

해설 | 저항의 온도계수
$R_T = R_o[1 + \alpha(t_T - t_o)], \alpha = 0.002$에서
$R_T = 100[1 + 0.002(60 - 20)] = 108\,[\Omega]$

정답 19 ④　20 ①

2020년 3회

01 분극의 세기 P, 전계 E, 전속밀도 D의 관계를 나타낸 것으로 옳은 것은? (단, ε_0는 진공의 유전율이고, ε_r은 유전체의 비유전율이고, ε은 유전체의 유전율이다)

① $P = \epsilon_o(\epsilon+1)E$ ② $E = \dfrac{D+P}{\epsilon_o}$

③ $P = D - \epsilon_o E$ ④ $\epsilon_o = D - E$

해설 | 분극의 세기, 전계, 전속밀도의 관계

$$P = \epsilon_o(\epsilon_s - 1)E = \left(1 - \dfrac{1}{\epsilon_r}\right)D$$
$$= D - \epsilon_o E\, [C/m^2]$$

02 그림과 같은 직사각형의 평면 코일이 $B = \dfrac{0.05}{\sqrt{2}}(a_x + a_y)\,[Wb/m^2]$인 자계에 위치하고 있다. 이 코일에 흐르는 전류가 5[A]일 때 z축에 있는 코일에서의 토크는 약 몇 $[N \cdot m]$인가?

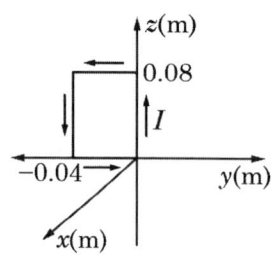

① $2.66 \times 10^{-4} a_x$ ② $5.66 \times 10^{-4} a_x$
③ $2.66 \times 10^{-4} a_z$ ④ $5.66 \times 10^{-4} a_z$

해설 | 코일에서의 토크

$B = 0.05 \dfrac{a_x + a_y}{\sqrt{2}}$, $I = 5 a_z$, $r = 0.04 a_y$,
$\ell = 0.08$

$F = I \times B\ell = 5 a_z \times (0.05 \dfrac{a_x + a_y}{\sqrt{2}}) \times 0.08$
$= -0.014 a_x + 0.014 a_y$
$T = r \times F = 0.04 a_y \times (-0.014 a_x + 0.014 a_y)$
$= 5.6576 \times 10^{-4} a_z\,[N \cdot m]$

03 내부 장치 또는 공간을 물질로 포위시켜 외부 자계의 영향을 차폐시키는 방식을 자기차폐라 한다. 다음 중 자기차폐에 가장 적합한 것은?

① 비투자율이 1보다 작은 역자성체
② 강자성체 중에서 비투자율이 큰 물질
③ 강자성체 중에서 비투자율이 작은 물질
④ 비투자율에 관계없이 물질의 두께에만 관계되므로 되도록이면 두꺼운 물질

해설 | 자기차폐

강자성체로 자기차폐를 하여 외부 자계의 영향을 막는다.

정답 01 ③ 02 ④ 03 ②

04 주파수가 100 [MHz]일 때 구리의 표피두께(Skin Depth)는 약 몇 [mm]인가? (단, 구리의 도전율은 5.9×10^7 [℧/m]이고, 비투자율은 0.99이다)

① 3.3×10^{-2}　　② 6.6×10^{-2}
③ 3.3×10^{-3}　　④ 6.6×10^{-3}

해설 | 침투깊이

$$\delta = \sqrt{\frac{1}{\pi f \mu k}}$$
$$= \sqrt{\frac{1}{\pi \times 10^8 \times 4\pi \times 10^{-7} \times 0.99 \times 5.9 \times 10^7}}$$
$$= 6.6 \times 10^{-3} [mm]$$

05 압전기 현상에서 전기 분극이 기계적 응력에 수직한 방향으로 발생하는 현상은?

① 종효과　　② 횡효과
③ 역효과　　④ 직접효과

해설 | 압전효과
- 횡효과 : 전기 분극이 기계적 응력에 수직한 방향으로 발생하는 현상
- 종효과 : 전기 분극이 기계적 응력에 수평한 방향으로 발생하는 현상

06 구리의 고유저항은 20 [℃]에서 1.69×10^{-8} [Ω·m]이고 온도계수는 0.00393이다. 단면적이 2 [mm²]이고, 100 [m]인 구리선의 저항값은 40 [℃]에서 약 몇 [Ω]인가?

① 0.91×10^{-3}　　② 1.89×10^{-3}
③ 0.91　　④ 1.89

해설 | 구리선의 저항값
$$R_T = R_o[1 + \alpha(t_T - t_o)], \alpha = 0.00393$$
$$R_{20} = \rho \frac{l}{S} = 1.69 \times 10^{-8} \frac{100}{2 \times 10^{-6}}$$
$$= 0.845$$
$$R_{40} = 0.845[1 + 0.00393(40 - 20)]$$
$$= 0.91 [\Omega]$$

07 전위경도 V와 전계 E의 관계식은?

① E = grad V　　② E = div V
③ E = -grad V　　④ E = -div V

해설 | 전위경도
$$E = -grad\ V = -\nabla V [V/m]$$

08 정전계에서 도체에 정(+)의 전하를 주었을 때의 설명으로 틀린 것은?

① 도체 표면의 곡률 반지름이 작은 곳에 전하가 많이 분포한다.
② 도체 외측의 표면에만 전하가 분포한다.
③ 도체 표면에서 수직으로 전기력선이 출입한다.
④ 도체 내에 있는 공동 면에도 전하가 골고루 분포한다.

해설 | 정전계
도체 내에는 전하가 분포하지 않는다.

정답　04 ④　05 ②　06 ③　07 ③　08 ④

09 평행 도선에 같은 크기의 왕복 전류가 흐를 때 두 도선 사이에 작용하는 힘에 대한 설명으로 옳은 것은?

① 흡인력이다.
② 전류의 제곱에 비례한다.
③ 주위 매질의 투자율에 반비례한다.
④ 두 도선 사이 간격의 제곱에 반비례한다.

해설 | 두 도선 사이에 작용하는 힘

$$F = \frac{2I_1 I_2}{r} \times 10^{-7} \, [N/m]$$

11 대지의 고유저항이 $\rho \, [\Omega \cdot m]$일 때 반지름이 a [m]인 그림과 같은 반구 접지극의 접지저항 $[\Omega]$은?

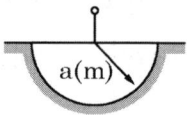

① $\rho/4\pi a$ ② $\rho/2\pi a$
③ $2\pi\rho/a$ ④ $2\pi\rho a$

해설 | 반구형 도체저항

$$R = \frac{\rho \epsilon}{C} = \frac{\rho}{2\pi r} \, [\Omega]$$

10 비유전율 3, 비투자율 3인 매질에서 전자기파의 진행속도 v [m/s]와 진공에서의 속도 v₀ [m/s]의 관계는?

① $V = \frac{1}{9} V_o$ ② $V = \frac{1}{3} V_o$
③ $V = 3 V_o$ ④ $V = 9 V_o$

해설 | 전자기파의 진행속도와 진공에서의 속도의 관계

$$v = \frac{1}{\sqrt{\mu\epsilon}} = \frac{3 \times 10^8}{\sqrt{\mu_r \epsilon_r}} \, [m/s] 에서$$

$$\frac{v_{매질}}{v_{진공}} = \frac{1}{\sqrt{3 \times 3}} = \frac{1}{3}$$

12 공기 중에서 2 [V/m]의 전계의 세기에 의한 변위전류밀도의 크기를 2 [A/m²]으로 흐르게 하려면 전계의 주파수는 약 몇 [MHz]가 되어야 하는가?

① 9000 ② 18000
③ 36000 ④ 72000

해설 | 변위전류의 크기

$$i_d = \omega \epsilon E = 2\pi f \frac{10^{-9}}{36\pi} \times 2 = 2 \text{에서}$$
$$f = 18000 \, [MHz]$$

13 2장의 무한 평판 도체를 4 [cm]의 간격으로 놓은 후 평판 도체 간에 일정한 전계를 인가하였더니 평판 도체 표면에 2 [μC/m²]의 전하밀도가 생겼다. 이때 평행 도체 표면에 작용하는 정전응력은 약 몇 [N/m²]인가?

① 0.057 ② 0.226
③ 0.57 ④ 2.26

해설 | 평행 도체 표면에 작용하는 정전응력

$$f = \frac{D^2}{2\epsilon_o} = \frac{(2 \times 10^{-6})^2}{2 \times 8.85 \times 10^{-12}}$$
$$= 0.226 \, [N/m^2]$$

14 자성체 내의 자계의 세기가 H [AT/m]이고 자속밀도가 B [Wb/m²]일 때 자계 에너지 밀도[J/m³]는?

① HB ② $\frac{1}{2\mu}H^2$
③ $\frac{\mu}{2}B^2$ ④ $\frac{1}{2\mu}B^2$

해설 | 자계 에너지

$$W = \frac{1}{2}\mu H^2 = \frac{B^2}{2\mu} = \frac{1}{2}BH \, [J/m^3]$$

15 임의의 방향으로 배열되었던 강자성체의 자구가 외부 자기장의 힘이 일정치 이상이 되는 순간에 급격히 회전하여 자기장의 방향으로 배열되고, 자속밀도가 증가하는 현상을 무엇이라 하는가?

① 자기여효(Magnetic aftereffect)
② 바크하우젠효과(Barkhausen effect)
③ 자기왜현상(Magneto-striction effect)
④ 핀치효과(Pinch effect)

해설 | 바크하우젠효과

히스테리시스 곡선에서 외부 자기장을 가할 때 순간적으로 급격히 회전하여 자속밀도가 증가하는 현상

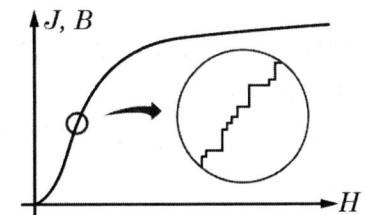

16 반지름이 5 [mm], 길이가 15 [mm], 비투자율이 50인 자성체 막대에 코일을 감고 전류를 흘려서 자성체 내의 자속밀도를 50 [Wb/m²]으로 하였을 때 자성체 내에서의 자계의 세기는 몇 [A/m]인가?

① $10^7/\pi$ ② $10^7/2\pi$
③ $10^7/4\pi$ ④ $10^7/8\pi$

해설 | 자계의 세기

$$H = \frac{B}{\mu} = \frac{50}{50 \times 4\pi \times 10^{-7}} = \frac{10^7}{4\pi} \, [A/m]$$

17 반지름이 30 [cm]인 원판 전극의 평행판 콘덴서가 있다. 전극의 간격이 0.1 [cm]이며 전극 사이 유전체의 비유전율이 4.0이라 한다. 이 콘덴서의 정전용량은 약 몇 [μF]인가?

① 0.01　　② 0.02
③ 0.03　　④ 0.04

해설 | 정전용량

$$C = \frac{\epsilon S}{d} = \frac{4 \times 8.85 \times 10^{-12} \times \pi \times 0.3^2}{10^{-3}}$$
$$= 0.01\,[\mu F]$$

18 한 변의 길이가 l [m]인 정사각형 도체 회로에 전류 I [A]를 흘릴 때 회로의 중심점에서의 자계의 세기는 몇 [AT/m]인가?

① $\dfrac{2I}{\pi l}$　　② $\dfrac{I}{\sqrt{2}\,\pi l}$

③ $\dfrac{\sqrt{2}\,I}{\pi l}$　　④ $\dfrac{2\sqrt{2}\,I}{\pi l}$

해설 | 정사각형 회로의 자계

$$H = \frac{2\sqrt{2}\,I}{\pi l}\,[AT/m]$$

19 정전용량이 각각 C_1 = 1 [μF], C_2 = 2 [μF]인 도체에 전하 Q_1 = -5 [μC], Q_2 = 2 [μC]을 각각 주고 각 도체를 가는 철사로 연결하였을 때 C_1에서 C_2로 이동하는 전하 Q [μC]는?

① -4　　② -3.5
③ -3　　④ -1.5

해설 | 전하 Q 계산

C_1에서 C_2로 이동하였으므로
$Q_{C_1} = Q_1 - Q$, $Q_{C_2} = Q_2 + Q$가 된다.
병렬연결이므로 공통 전위를 갖는다.
따라서

$$V = \frac{Q_{C_1}}{C_1} = \frac{Q_{C_2}}{C_2},$$

$$V = \frac{Q_1 - Q}{C_1} = \frac{Q_2 + Q}{C_2}$$

Q에 대해서 정리를 하면

$$Q = \frac{C_2 Q_1 - C_1 Q_2}{C_1 + C_2}$$

$$Q = -4\,[\mu C]$$

20 정전용량이 0.03 [μF]인 평행판 공기 콘덴서의 두 극판 사이에 절반 두께의 비유전율 10인 유리판을 극판과 평행하게 넣었다면 이 콘덴서의 정전용량은 약 몇 [μF]이 되는가?

① 1.83　　② 18.3
③ 0.055　　④ 0.55

해설 | 공기의 콘덴서

$$C_o = \frac{\epsilon_o S}{d} = 0.03\,[\mu F]$$

$$C_T = \frac{2C_o \times 20C_o}{2C_o + 20C_o} = \frac{40}{22} \times 0.03\,[\mu F]$$

정답　17 ①　18 ④　19 ①　20 ③

2020년 4회

전기기사 - 전기자기학

01 환상 솔레노이드 철심 내부에서 자계의 세기 [AT/m]는?

① NI
② $\dfrac{NI}{2\pi r}$
③ $\dfrac{NI}{2r}$
④ $\dfrac{NI}{4\pi r}$

해설 | 솔레노이드 내부 자계
- 무한 솔레노이드 내부 자계
  $H = \dfrac{NI}{l} = N_o I \,[AT/m]$
- 환상 솔레노이드 내부 자계
  $H = \dfrac{NI}{2\pi r}\,[AT/m]$

02 전류 I가 흐르는 무한 직선 도체가 있다. 이 도체로부터 수직으로 0.1 [m] 떨어진 점에서 자계의 세기가 180 [AT/m]이다. 도체로부터 수직으로 0.3 [m] 떨어진 점에서 자계의 세기 [AT/m]는?

① 20
② 60
③ 180
④ 540

해설 | 자계의 세기
$H = \dfrac{I}{2\pi r}$에서 $H \propto \dfrac{1}{r}$이므로
$H = \dfrac{180}{3} = 60\,[AT/m]$

03 길이가 l [m], 단면적의 반지름이 a [m]인 원통이 길이 방향으로 균일하게 자화되어 자화의 세기가 J [Wb/m²]인 경우 원통 양단에서의 자극의 세기 m [Wb]은?

① alJ
② $2\pi al J$
③ $\pi a^2 J$
④ $\dfrac{J}{\pi a^2}$

해설 | 자극의 세기
$J = \dfrac{m}{A}$, $m = JA = J\pi a^2\,[Wb]$

04 임의의 형상의 도선에 전류 I [A]가 흐를 때, 거리 r [m]만큼 떨어진 점에서의 자계의 세기 H [AT/m]를 구하는 비오-사바르의 법칙에서 자계의 세기 H [AT/m]와 거리 r [m]의 관계로 옳은 것은?

① r에 반비례
② r에 비례
③ r^2에 반비례
④ r^2에 비례

해설 | 비오사바르의 법칙
$dH = \dfrac{Idl}{4\pi r^2}\sin\theta\,[AT/m]$
거리의 제곱에 반비례한다.

정답 01 ② 02 ② 03 ③ 04 ③

05 진공 중에서 전자파의 전파속도 [m/s]는?

① $c_0 = \dfrac{1}{\sqrt{\epsilon_0 \mu_0}}$ ② $c_0 = \sqrt{\epsilon_0 \mu_0}$

③ $c_0 = \dfrac{1}{\sqrt{\epsilon_0}}$ ④ $c_0 = \dfrac{1}{\sqrt{\mu_0}}$

해설 | 전파속도

$v = \dfrac{1}{\sqrt{\epsilon \mu}}[m/s],\ v_{공기중} = \dfrac{1}{\sqrt{\epsilon_o \mu_o}}[m/s]$

06 영구자석 재료로 사용하기에 적합한 특성은?

① 잔류자기와 보자력이 모두 큰 것이 적합하다.
② 잔류자기는 크고, 보자력은 작은 것이 적합하다.
③ 잔류자기는 작고, 보자력은 큰 것이 적합하다.
④ 잔류자기와 보자력이 모두 작은 것이 적합하다.

해설 | 자석의 구비 조건

- 전자석 : 잔류자기가 크고, 보자력은 작아야 한다.
- 영구자석 : 잔류자기, 보자력 모두 커야 한다.

07 변위전류와 관계가 가장 깊은 것은?

① 도체   ② 반도체
③ 자성체   ④ 유전체

해설 | 변위전류

유전체 내에서 전속밀도의 시간적 변화에 의해서 발생하는 전류이다.

08 자속밀도가 10 [Wb/m²]인 자계 내에 길이 4 [cm]의 도체를 자계와 직각으로 놓고 이 도체를 0.4초 동안 1 [m]씩 균일하게 이동하였을 때 발생하는 기전력은 몇 [V]인가?

① 1   ② 2
③ 3   ④ 4

해설 | 유기기전력

$e = Blv = Bl\dfrac{\ell}{t} = 10 \times 0.04 \times \dfrac{1}{0.4}$
$= 1\,[V]$

정답 05 ① 06 ① 07 ④ 08 ①

09 내부 원통의 반지름이 a, 외부 원통의 반지름이 b인 동축 원통 콘덴서의 내외 원통사이에 공기를 넣었을 때 정전용량이 C_1이었다. 내외 반지름을 모두 3배로 증가시키고, 공기 대신 비유전율이 3인 유전체를 넣었을 경우의 정전용량 C_2는?

① $C_2 = \dfrac{C_1}{9}$ ② $C_2 = \dfrac{C_1}{3}$

③ $C_2 = 3C_1$ ④ $C_2 = 9C_1$

해설 | 동축원통의 정전용량

$C_1 = \dfrac{2\pi\epsilon_0}{\ln\dfrac{b}{a}}[F]$ 에서

$C_1 = \dfrac{2\pi\epsilon_0}{\ln\dfrac{b}{a}}$, $C_2 = \dfrac{2\pi(3\epsilon_0)}{\ln\dfrac{3b}{3a}}[F]$

$C_2 = 3C_1$

10 다음 정전계에 관한 식 중에서 틀린 것은? (단, D는 전속밀도, V는 전위, ρ는 공간(체적)전하밀도, ϵ은 유전율이다)

① 가우스의 정리 : $div D = \rho$

② 푸아송의 방정식 : $\nabla^2 V = \dfrac{\rho}{\epsilon}$

③ 라플라스의 방정식 : $\nabla^2 V = 0$

④ 발산의 정리 :

$\oint_s D \cdot ds = \int_v div D dv$

해설 | 푸아송의 방정식

$\nabla^2 V = -\dfrac{\rho}{\epsilon_0}$

11 질량 m이 10^{-10} [kg]이고, 전하량 Q가 10^{-8} [C]인 전하가 전기장에 의해 가속되어 운동하고 있다. 가속도가 $a = 10^2 i + 10^2 j$ [m/s^2]일 때 전기장의 세기 E [V/m]는?

① $E = 10^4 i + 10^5 j$

② $E = i + 10j$

③ $E = i + j$

④ $E = 10^{-6} i + 10^{-4} j$

해설 | 전기장의 세기

$F = ma = QE$에서

$E = \dfrac{ma}{Q} = \dfrac{10^{-10}(10^2 i + 10^2 j)}{10^{-8}}$

$= i + j [V/m]$

12 유전율이 ϵ_1, ϵ_2인 유전체 경계면에 수직으로 전계가 작용할 때 단위 면적당 수직으로 작용하는 힘 [N/m^2]은? (단, E는 전계 [V/m]이고, D는 전속밀도 [C/m^2]이다)

① $2\left(\dfrac{1}{\epsilon_2} - \dfrac{1}{\epsilon_1}\right)E^2$

② $2\left(\dfrac{1}{\epsilon_2} - \dfrac{1}{\epsilon_1}\right)D^2$

③ $\dfrac{1}{2}\left(\dfrac{1}{\epsilon_2} - \dfrac{1}{\epsilon_1}\right)E^2$

④ $\dfrac{1}{2}\left(\dfrac{1}{\epsilon_2} - \dfrac{1}{\epsilon_1}\right)D^2$

해설 | 경계조건

수직으로 진행하면 전속밀도가 같으므로

$F = \dfrac{1}{2}\left(\dfrac{1}{\epsilon_2} - \dfrac{1}{\epsilon_1}\right)D^2 [N/m^2]$

정답 09 ③ 10 ② 11 ③ 12 ④

13 진공 중에서 2 [m] 떨어진 두 개의 무한 평행 도선에 단위 길이 당 10^{-7} [N]의 반발력이 작용할 때 각 도선에 흐르는 전류의 크기와 방향은? (단, 각 도선에 흐르는 전류의 크기는 같다)

① 각 도선에 2 [A]가 반대 방향으로 흐른다.
② 각 도선에 2 [A]가 같은 방향으로 흐른다.
③ 각 도선에 1 [A]가 반대 방향으로 흐른다.
④ 각 도선에 1 [A]가 같은 방향으로 흐른다.

해설 | 두 도선 사이의 작용하는 힘
$$F = \frac{2I_1 I_2}{r} \times 10^7 [N/m] \text{으로}$$
다른 방향으로 같은 전류가 흘러야 한다.

14 자기 인덕턴스(Self inductance) L [H]을 나타낸 식은? (단, N은 권선 수, I는 전류 [A], ϕ는 자속 [Wb], B는 자속밀도 [Wb/m²], H는 자계의 세기 [AT/m], A는 벡터 퍼텐셜 [Wb/m], J는 전류밀도 [A/m²]이다)

① $L = \frac{N\phi}{I^2}$

② $L = \frac{1}{2I^2} \int B \cdot H dv$

③ $L = \frac{1}{I^2} \int A \cdot J dv$

④ $L = \frac{1}{I} \int B \cdot H dv$

해설 | 자기 인덕턴스
$$\frac{1}{2}LI^2 = \int_v \frac{1}{2} BH dv, \quad L = \frac{\int_v B \cdot H dv}{I^2}$$

$$\frac{\int_v B \cdot H dv}{I^2} = \frac{\int_v rot A \cdot H dv}{I^2}$$
$$= \frac{\int_v A \cdot J dv}{I^2}$$

15 반지름이 a [m], b [m]인 두 개의 구 형상 도체 전극이 도전율 k인 매질 속에 거리 r [m]만큼 떨어져 있다. 양 전극 간의 저항 [Ω]은? (단, r ≫ a, r ≪ b이다)

① $4\pi k \left(\frac{1}{a} + \frac{1}{b} \right)$ ② $4\pi k \left(\frac{1}{a} - \frac{1}{b} \right)$

③ $\frac{1}{4\pi k} \left(\frac{1}{a} + \frac{1}{b} \right)$ ④ $\frac{1}{4\pi k} \left(\frac{1}{a} - \frac{1}{b} \right)$

해설 | 양 전극 간의 저항
$$R = \frac{\rho\epsilon}{C} = \frac{\rho\epsilon}{4\pi\epsilon} \left(\frac{1}{a} + \frac{1}{b} \right)$$
$$= \frac{1}{4\pi k} \left(\frac{1}{a} + \frac{1}{b} \right) [\Omega]$$

16 정전계 내 도체 표면에서 전계의 세기가 $E = \frac{a_x - 2a_y + 2a_z}{\epsilon_0}$ [V/m]일 때 도체 표면상의 전하 밀도 ρ_s [C/m²]를 구하면? (단, 자유공간이다)

① 1 ② 2
③ 3 ④ 5

해설 | 표면 전하밀도
$E = \frac{\rho_s}{\epsilon_0}$,
$\rho_s = \epsilon_0 E = \sqrt{1^2 + (-2)^2 + 2^2} = 3 \, [C/m^2]$

정답 13 ③ 14 ③ 15 ③ 16 ③

17 저항의 크기가 1 [Ω]인 전선이 있다. 전선의 체적을 동일하게 유지하면서 길이를 2배로 늘였을 때 전선의 저항 [Ω]은?

① 0.5 ② 1
③ 2   ④ 4

해설 | 저항의 크기

$V(체적) = S(단면적) \times l(길이)$,

$R = \rho \dfrac{l}{S} = 1\,[\Omega]$

길이를 2배하면 단면적은 $\dfrac{1}{2}$배가 되므로

$R' = \rho \dfrac{l}{S} = \rho \dfrac{2l}{\frac{1}{2}S} = 4R = 4\,[\Omega]$

18 반지름이 3 [cm]인 원형 단면을 가지고 있는 환상 연철심에 코일을 감고 여기에 전류를 흘려서 철심 중의 자계 세기가 400 [AT/m]가 되도록 여자할 때 철심 중의 자속 밀도는 약 몇 [Wb/m²]인가? (단, 철심의 비투자율은 400이라고 한다)

① 0.2 ② 0.8
③ 1.6 ④ 2.0

해설 | 자계의 세기

$B = \mu H = 400 \times 4\pi \times 10^{-7} \times 400$
$= 0.2\,[Wb/m^2]$

19 자기회로와 전기회로에 대한 설명으로 틀린 것은?

① 자기저항의 역수를 컨덕턴스라 한다.
② 자기회로의 투자율은 전기회로의 도전율에 대응된다.
③ 전기회로의 전류는 자기회로의 자속에 대응된다.
④ 자기저항의 단위는 [AT/Wb]이다.

해설 | 자기회로와 전기회로
자기저항의 역수를 퍼미언스라고 한다.

20 서로 같은 2개의 구 도체에 동일양의 전하로 대전시킨 후 20 [cm] 떨어뜨린 결과 구 도체에 서로 8.6×10^{-4} [N]의 반발력이 작용하였다. 구 도체에 주어진 전하는 약 몇 [C]인가?

① 5.2×10^{-8} ② 6.2×10^{-8}
③ 7.2×10^{-4} ④ 8.2×10^{-4}

해설 | 쿨롱의 법칙

$F = 9 \times 10^9 \times \dfrac{Q^2}{r}\,[N]$

$Q = \sqrt{\dfrac{Fr^2}{9 \times 10^9}} = \sqrt{\dfrac{8.6 \times 10^{-4} \times 0.2^2}{9 \times 10^9}}$
$= 6.18 \times 10^{-8}\,[C]$

정답 17 ④ 18 ① 19 ① 20 ②

2019년 1회

전기기사 — 전기자기학

01 평행판 콘덴서에 어떤 유전체를 넣었을 때 전속밀도가 2.4×10^{-7} [C/m²]이고, 단위 체적 중의 에너지가 5.3×10^{-3} [J/m³]이었다. 이 유전체의 유전율은 약 몇 [F/m]인가?

① 2.17×10^{-11} ② 5.43×10^{-11}
③ 5.17×10^{-12} ④ 5.43×10^{-12}

해설 | 유전체의 유전율

$$W = \frac{D^2}{2\epsilon}, \quad \epsilon = \frac{D^2}{2W}$$

$$\epsilon = \frac{(2.4 \times 10^{-7})^2}{2 \times 5.3 \times 10^{-3}} = 5.43 \times 10^{-12} \,[F/m]$$

02 서로 다른 두 유전체 사이의 경계면에 전하분포에 없다면 경계면 양쪽에서의 전계 및 전속밀도는?

① 전계 및 전속밀도의 접선성분은 서로 같다.
② 전계 및 전속밀도의 법선성분은 서로 같다.
③ 전계의 법선성분이 서로 같고, 전속밀도의 접선성분이 서로 같다.
④ 전계의 접선성분이 서로 같고, 전속밀도의 법선성분이 서로 같다.

해설 | 유전체의 경계조건

유전체 경계면에서 전계의 접선성분이 같고, 전속밀도의 법선성분이 같다.

03 와류손에 대한 설명으로 틀린 것은? (단, f : 주파수, B_m : 최대자속밀도, t : 두께, ρ : 저항률이다)

① t^2에 비례한다. ② f^2에 비례한다.
③ ρ^2에 비례한다. ④ B_m^2에 비례한다.

해설 | 와류손

$$\rho_e = k(tfB_m)^2 \,[W/m^3]$$

04 x > 0인 영역에 비유전율 ε_{r1} = 3인 유전체, x < 0인 영역에 비유전율 ε_{r2} = 5인 유전체가 있다. x < 0인 영역에서 전계 E_2 = $20a_x + 30a_y - 40a_z$ [V/m]일 때 x > 0인 영역에서의 전속밀도는 몇 [C/m²]인가?

① $10(10a_x + 9a_y - 12a_z)\varepsilon_0$
② $20(5a_x - 10a_y + 6a_z)\varepsilon_0$
③ $50(2a_x + a_y - 4a_z)\varepsilon_0$
④ $50(2a_x - 3a_y + 4a_z)\varepsilon_0$

해설 | x > 0인 영역에서의 전속밀도

x축은 경계면에 수직 y, z축은 수평이고,

x성분에서 $D_1 = D_2$, $E_1 = \frac{\epsilon_2}{\epsilon_1}E_2$이므로

$$E_{x1} = \frac{5}{3} \times 20a_x = \frac{100}{3}a_x$$

$$E_1 = \frac{100}{3}a_x + 30a_y - 40a_z \,[V/m]$$

$$D_1 = \epsilon_1 E_1 = 10\epsilon_o(10a_x + 9a_y - 12a_z) \,[C/m^2]$$

정답 01 ④ 02 ④ 03 ③ 04 ①

05 q [C]의 전하가 진공 중에서 v [m/s]의 속도로 운동하고 있을 때 이 운동 방향과 θ의 각으로 r [m] 떨어진 점의 자계의 세기 [AT/m]는?

① $\dfrac{q\sin\theta}{4\pi r^2 v}$ ② $\dfrac{v\sin\theta}{4\pi r^2 q}$

③ $\dfrac{qv\sin\theta}{4\pi r^2}$ ④ $\dfrac{v\sin\theta}{4\pi r^2 q^2}$

해설 | 비오사바르의 법칙

$l = vt$, $q = It$ 이므로

$$H = \frac{Il\sin\theta}{4\pi r^2} = \frac{\frac{q}{t}l\sin\theta}{4\pi r^2}$$

$$= \frac{qv\sin\theta}{4\pi r^2} [AT/m]$$

06 원형 선전류 I [A]의 중심축상 점P의 자위 [A]를 나타내는 식은? (단, θ는 점P에서 원형전류를 바라보는 평면각이다)

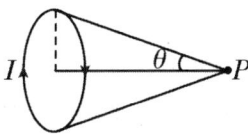

① $\dfrac{I}{2}(1-\cos\theta)$ ② $\dfrac{I}{4}(1-\cos\theta)$

③ $\dfrac{I}{2}(1-\sin\theta)$ ④ $\dfrac{I}{4}(1-\sin\theta)$

해설 | 판자석의 자위

$$U = \frac{M\omega}{4\pi\mu_o} = \frac{I\omega}{4\pi} = \frac{I(1-\cos\theta)}{2} [A]$$

07 진공 중에서 무한장 직선도체에 선전하밀도 $\rho_L = 2\pi \times 10^{-3}$ [C/m]가 균일하게 분포된 경우 직선도체에서 2 [m]와 4 [m] 떨어진 두 점 사이의 전위차는 몇 [V]인가?

① $\dfrac{10^{-3}}{\pi\epsilon_o}\ln 2$ ② $\dfrac{10^{-3}}{\epsilon_o}\ln 2$

③ $\dfrac{1}{\pi\epsilon_o}\ln 2$ ④ $\dfrac{1}{\epsilon_o}\ln 2$

해설 | 직선도체에서 두 점 사이의 전위차

$$V = \frac{\lambda}{2\pi\epsilon_o}\ln\frac{b}{a}$$

$$V = \frac{2\pi \times 10^{-3}}{2\pi\epsilon_o}\ln\frac{4}{2} = \frac{10^{-3}}{\epsilon_o}\ln 2 [V]$$

08 균일한 자장 내에 놓여 있는 직선도선에 전류 및 길이를 각각 2배로 하면 이 도선에 작용하는 힘은 몇 배가 되는가?

① 1 ② 2
③ 4 ④ 8

해설 | 도선에 작용하는 힘

$F = IBl\sin\theta [N]$에서
$F' = (2I)B(2l)\sin\theta [N]$이므로 4배가 된다.

09 환상철심에 권수 3000회 A코일과 권수 200회 B코일이 감겨져 있다. A코일의 자기인덕턴스가 360 [mH]일 때 A, B 두 코일의 상호 인덕턴스는 몇 [mH]인가? (단, 결합계수는 1이다)

① 16
② 24
③ 36
④ 72

해설 | 상호 인덕턴스

$$M = \frac{N_b}{N_a} L_a = \frac{200}{3000} \times 0.36 = 0.024 \, [H]$$

10 맥스웰 방정식 중 틀린 것은?

① $\oint_s B \cdot ds = \rho_s$
② $\oint_s D \cdot ds = \int_v \rho dv$
③ $\oint_c E \cdot dl = -\int_s \frac{\partial B}{\partial t} \cdot ds$
④ $\oint_c H \cdot dl = I + \int_s \frac{\partial D}{\partial t} \cdot ds$

해설 | 맥스웰 방정식의 적분형

- $\oint_s D ds = \rho$ (가우스법칙)
- $\oint_s B ds = 0$ (가우스법칙)
- $\oint_c E \cdot dl = -\int_s \frac{\partial B}{\partial t} \cdot ds$ (패러데이법칙)
- $\oint_c H \cdot dl = \int_s \left(i_c + \frac{\partial D}{\partial t} \right) ds$
  (암페어 주회적분법칙)

11 자기회로의 자기저항에 대한 설명으로 옳은 것은?

① 투자율에 반비례한다.
② 자기회로의 단면적에 비례한다.
③ 자기회로의 길이에 반비례한다.
④ 단면적에 반비례하고, 길이의 제곱에 비례한다.

해설 | 자기저항

$R_m = \frac{\ell}{\mu S} \, [AT/Wb]$ 이므로 투자율에 반비례한다.

12 접지된 구도체와 점전하 간에 작용하는 힘은?

① 항상 흡인력이다.
② 항상 반발력이다.
③ 조건적 흡인력이다.
④ 조건적 반발력이다.

해설 | 영상전하

영상전하의 관계이므로 부호가 반대이며, 흡인력이다.

정답 09 ② 10 ① 11 ① 12 ①

13 그림과 같이 전류가 흐르는 반원형 도선이 평면 Z = 0상에 놓여 있다. 이 도선이 자속밀도 B = 0.6a$_x$ - 0.5a$_y$ + a$_z$ [Wb/m^2]인 균일자계 내에 놓여 있을 때 도선의 직선 부분에 작용하는 힘[N]은?

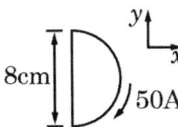

① 4a$_x$ + 2.4a$_z$ ② 4a$_x$ - 2.4a$_z$
③ 5a$_x$ - 3.5a$_z$ ④ -5a$_x$ + 3.5a$_z$

해설 | 도선의 직선 부분에 작용하는 힘

$F = BIl\sin\theta$, $I = 50a_y$

$F = (I \times B)l$
$= 0.08[50a_y \times (0.6a_x - 0.5a_y + a_z)]$
$= 4a_x - 2.4a_z [N]$

14 평행한 두 도선 간의 전자력은? (단, 두 도선 간의 거리는 r [m]라 한다)

① r에 비례   ② r^{2}에 비례
③ r에 반비례   ④ r^{2}에 반비례

해설 | 두 도선 사이에 작용하는 힘

$F = \dfrac{2 \times I_1 \times I_2}{r} \times 10^{-7} [N/m]$ 이므로 거리에 반비례한다.

15 다음의 관계식 중 성립할 수 없는 것은? (단, μ는 투자율, χ는 자화율, μ_0는 진공의 투자율, J는 자화의 세기이다)

① $J = \chi B$ ② $B = \mu H$
③ $\mu = \mu_o + \chi$ ④ $\mu_s = 1 + \dfrac{\chi}{\mu_o}$

해설 | 자속밀도와 자계의 관계

$J = \mu_0(\mu_s - 1)H = \chi H [Wb/m^2]$
$(\because \chi = \mu_0(\mu_s - 1))$

16 평행판 콘덴서의 극판 사이에 유전율 ε, 저항률 ρ인 유전체를 삽입하였을 때 두 전극간의 저항 R과 정전용량 C의 관계는?

① $R = \rho\varepsilon C$ ② $RC = \varepsilon/\rho$
③ $RC = \rho\varepsilon$ ④ $RC\rho\varepsilon = 1$

해설 | 저항 R과 정전용량 C와의 관계

$R = \rho\dfrac{l}{S}$, $C = \dfrac{\varepsilon S}{l}$, $RC = \rho\varepsilon$

17 비투자율 μ_s = 1, 비유전율 ε_s = 90인 매질 내의 고유임피던스는 약 몇 [Ω]인가?

① 32.5   ② 39.7
③ 42.3   ④ 45.6

해설 | 고유임피던스

$Z = 377\sqrt{\dfrac{\mu_s}{\varepsilon_s}} = \dfrac{377}{\sqrt{90}} = 39.7 [\Omega]$

정답 13 ② 14 ③ 15 ① 16 ③ 17 ②

18 사이클로트론에서 양자가 매초 3×10^{15}개의 비율로 가속되어 나오고 있다. 양자가 15 [MeV]의 에너지를 가지고 있다고 할 때 이 사이클로트론은 가속용 고주파 전계를 만들기 위해서 150 [kW]의 전력을 필요로 한다면 에너지 효율 [%]은?

① 2.8　　② 3.8
③ 4.8　　④ 5.8

해설 | 사이클로트론의 에너지 효율
$1[eV] = 1.602 \times 10^{-19} [J, \ W \cdot s]$

$$효율 = \frac{출력}{입력} = \frac{neV}{입력}$$

$$= \frac{3 \times 10^{15} \times 15 \times 10^6 \times 1.6 \times 10^{-19}}{150 \times 10^3}$$
$$\times 100 [\%]$$
$$= 4.8 [\%]$$

19 단면적 4 [cm²]의 철심에 6×10^{-4} [Wb]의 자속을 통하게 하려면 2800 [AT/m]의 자계가 필요하다. 이 철심의 비투자율은 약 얼마인가?

① 346　　② 375
③ 407　　④ 426

해설 | 철심의 비투자율
$\phi = BS, \ B = \mu H$ 이므로
$$\mu_s = \frac{\phi}{\mu_o HS}$$
$$= \frac{6 \times 10^{-4}}{4\pi \times 10^{-7} \times 2800 \times 4 \times 10^{-4}}$$
$$= 426$$

20 대전된 도체의 특징으로 틀린 것은?

① 가우스 정리에 의해 내부에는 전하가 존재한다.
② 전계는 도체 표면에 수직인 방향으로 진행된다.
③ 도체에 인가된 전하는 도체 표면에만 분포한다.
④ 도체 표면에서의 전하밀도는 곡률이 클수록 높다.

해설 | 가우스정리
도체의 내부에는 전하가 존재하지 않는다.

정답　18 ③　19 ④　20 ①

2019년 2회 전기기사 전기자기학

01 어떤 환상 솔레노이드의 단면적이 S이고, 자로의 길이가 l, 투자율이 μ라고 한다. 이 철심에 균등하게 코일을 N회 감고 전류를 흘렸을 때 자기 인덕턴스에 대한 설명으로 옳은 것은?

① 투자율 μ에 반비례한다.
② 권선 수 N^2에 비례한다.
③ 자로의 길이 l에 비례한다.
④ 단면적 S에 반비례한다.

해설 | 환상 솔레노이드의 자기 인덕턴스

$L = \dfrac{\mu S N^2}{\ell} [H]$ 이므로 권선수의 제곱에 비례한다.

02 상이한 매질의 경계면에서 전자파가 만족해야 할 조건이 아닌 것은? (단, 경계면은 두 개의 무손실 매질 사이이다)

① 경계면의 양측에서 전계의 접선성분은 서로 같다.
② 경계면의 양측에서 자계의 접선성분은 서로 같다.
③ 경계면의 양측에서 자속밀도의 접선성분은 서로 같다.
④ 경계면의 양측에서 전속밀도의 법선성분은 서로 같다.

해설 | 상이한 매질의 경계면에서의 전자파
- 경계면의 법선부분의 전속밀도가 같다.
- 경계면의 접선부분의 전계가 같다.

03 유전율이 ε, 도전율이 σ, 반경이 r_1, r_2($r_1 < r_2$) 길이가 l인 동축케이블에서 저항 R은 얼마인가?

① $\dfrac{2\pi rl}{\ln\dfrac{r_2}{r_1}}$ ② $\dfrac{2\pi rl}{\dfrac{1}{r_1} - \dfrac{1}{r_2}}$

③ $\dfrac{1}{2\pi\sigma l}\ln\dfrac{r_2}{r_1}$ ④ $\dfrac{1}{2\pi rl}\ln\dfrac{r_2}{r_1}$

해설 | 동축케이블의 저항

$C = \dfrac{2\pi\epsilon l}{\ln\dfrac{r_2}{r_1}}$, $RC = \rho\epsilon$ 이므로

$R = \dfrac{\rho\epsilon}{C} = \dfrac{\rho}{2\pi l}\ln\dfrac{r_2}{r_1} = \dfrac{1}{2\pi\sigma l}\ln\dfrac{r_2}{r_1} [\Omega]$

04 단면적 S, 길이 l, 투자율 μ인 자성체의 자기회로에 권선을 N회 감아서 I의 전류를 흐르게 할 때 자속은?

① $\dfrac{\mu SI}{N\ell}$ ② $\dfrac{\mu NI}{S\ell}$

③ $\dfrac{NI\ell}{\mu S}$ ④ $\dfrac{\mu SNI}{\ell}$

해설 | 자기회로에서의 자속

$\phi = \dfrac{\mu SNI}{\ell} [Wb]$

정답 01 ② 02 ③ 03 ③ 04 ④

05 30 [V/m]의 전계 내의 80 [V] 되는 점에서 1 [C]의 전하를 전계 방향으로 80 [cm] 이동한 경우 그 점의 전위 [V]는?

① 9
② 24
③ 30
④ 56

해설 | 전위 계산
$$V = V_o - El = 80 - 0.8 \times 30 = 56\,[V]$$

---

06 도전율 σ인 도체에서 전장 E에 의해 전류밀도 J가 흘렀을 때 이 도체에서 소비되는 전력을 표시한 식은?

① $\int_v E \cdot J\,dv$
② $\int_v E \times J\,dv$
③ $\frac{1}{\sigma}\int_v E \cdot J\,dv$
④ $\frac{1}{\sigma}\int_v E \times J\,dv$

해설 | 도체에서 소비되는 전력
$$P = VI = \int E\,dl \int J\,dA = \int_v E \cdot J\,dv\,[W]$$

---

07 자극의 세기가 8×10^{-6} [Wb], 길이가 3 [cm]인 막대자석을 120 [AT/m]의 평등자계 내에 자력선과 30°의 각도로 놓으면 이 막대자석이 받는 회전력은 몇 [N·m]인가?

① 1.44×10^{-4}
② 1.44×10^{-5}
③ 3.02×10^{-4}
④ 3.02×10^{-5}

해설 | 막대자석이 받는 회전력
$$\begin{aligned}T &= M \times H = mlH\sin\theta\\&= 8 \times 10^{-6} \times 0.03 \times 120 \times 0.5\\&= 1.44 \times 10^{-5}\,[N \cdot m]\end{aligned}$$

---

08 정상전류계에서 옴의 법칙에 대한 미분형은? (단, i는 전류밀도, k는 도전율, ρ는 고유저항, E는 전계의 세기이다)

① i = kE
② i = E/k
③ i = ρE
④ i = -kE

해설 | 옴의 법칙 미분형
$$i = kE = \frac{1}{\sigma}E$$

정답 05 ④ 06 ① 07 ② 08 ①

09 자기인덕턴스의 성질을 옳게 표현한 것은?

① 항상 0이다.
② 항상 정(正)이다.
③ 항상 부(負)이다.
④ 유도되는 기전력에 따라 정(正)도 되고, 부(負)도 된다.

해설 | 자기인덕턴스
자기인덕턴스는 항상 정의 값을 갖는다.

11 진공 중에서 빛의 속도와 일치하는 전자파의 전파속도를 얻기 위한 조건으로 옳은 것은?

① $\varepsilon_r = 0$, $\mu_r = 0$
② $\varepsilon_r = 1$, $\mu_r = 1$
③ $\varepsilon_r = 0$, $\mu_r = 1$
④ $\varepsilon_r = 1$, $\mu_r = 0$

해설 | 빛의 전파속도를 얻기 위한 조건
$$c = \frac{1}{\sqrt{\mu\epsilon}} = \frac{3\times 10^8}{\sqrt{\mu_r\epsilon_r}}\,[m/s]$$
$\varepsilon_r = 1$, $\mu_r = 1$이어야 빛의 속도를 가진다.

10 4 [A]전류가 흐르는 코일과 쇄교하는 자속수가 4 [Wb]이다. 이 전류 회로에 축적되어 있는 자기 에너지 [J]는?

① 4
② 2
③ 8
④ 16

해설 | 자기 에너지
$$W = \frac{1}{2}LI^2 = \frac{1}{2}N\phi I = \frac{1}{2}\times 4 \times 4 = 8\,[J]$$
조건이 없을 시 $N = 1$로 한다.

12 그림과 같이 평행한 무한장 직선도선에 I [A], 4I [A]인 전류가 흐른다. 두 선 사이의 점 P에서 자계의 세기가 0이라고 하면 a/b는?

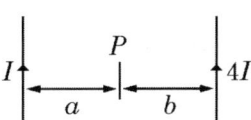

① 2
② 4
③ 1/2
④ 1/4

해설 | 자계의 세기
$\dfrac{I}{2\pi a} - \dfrac{4I}{2\pi b} = 0$ 이므로 $\dfrac{a}{b} = \dfrac{1}{4}$

13 자기회로와 전기회로의 대응으로 틀린 것은?

① 자속 ↔ 전류
② 기자력 ↔ 기전력
③ 투자율 ↔ 유전율
④ 자계의 세기 ↔ 전계의 세기

해설 | 자기회로와 전기회로 비교
투자율 ↔ 도전율

14 자속밀도가 0.3 [Wb/m²]인 평등자계 내에 5 [A]의 전류가 흐르는 길이 2 [m]인 직선도체가 있다 이 도체를 자계 방향에 대하여 60°의 각도로 놓았을 때 이 도체가 받는 힘은 약 몇 [N]인가?

① 1.3 ② 2.6
③ 4.7 ④ 5.7

해설 | 직선도체가 받는 힘
$$F = BI\ell \sin\theta = 0.3 \times 5 \times 2 \times \frac{\sqrt{3}}{2}$$
$$= 2.6\,[N]$$

15 진공 중에서 한 변이 a [m]인 정사각형 단일 코일이 있다. 코일에 I [A]의 전류를 흘릴 때 정사각형 중심에서 자계의 세기는 몇 [AT/m]인가?

① $\frac{2\sqrt{2}I}{\pi a}$ ② $\frac{I}{\sqrt{2}a}$
③ $\frac{I}{2a}$ ④ $\frac{4I}{a}$

해설 | 정사각형의 중심자계
$$H = \frac{2\sqrt{2}I}{\pi a}\,[AT/m]$$

16 진공 내의 점(3, 0, 0) [m]에 4 × 10⁻⁹ [C]의 전하가 있다. 이때 점(6, 4, 0) [m]의 전계의 크기는 약 몇 [V/m]이며, 전계의 방향을 표시하는 단위벡터는 어떻게 표시되는가?

① 전계의 크기 : $\frac{36}{25}$
   단위벡터 : $\frac{1}{5}(3a_x + 4a_y)$

② 전계의 크기 : $\frac{36}{125}$
   단위벡터 : $3a_x + 4a_y$

③ 전계의 크기 : $\frac{36}{25}$
   단위벡터 : $a_x + a_y$

④ 전계의 크기 : $\frac{36}{125}$
   단위벡터 : $\frac{1}{5}(a_x + a_y)$

해설 | 전계의 크기와 단위벡터 계산
$r = (6-3, 4, 0)$이므로
$$E = \frac{Q}{4\pi\epsilon r^2} = 9 \times 10^9 \times \frac{4 \times 10^{-9}}{4^2 + 3^2}$$
$$= \frac{36}{25}\,[V/m]$$
$$\vec{E} = \frac{1}{\sqrt{4^2 + 3^2}}(3a_x + 4a_y)$$
$$= \frac{1}{5}(3a_x + 4a_y)$$

정답 13 ③ 14 ② 15 ① 16 ①

17 전속밀도 $D = X^2i + Y^2j + Z^2k \ [C/m^2]$를 발생시키는 점(1, 2, 3)에서의 체적 전하밀도는 몇 $[C/m^3]$인가?

① 12 ② 13
③ 14 ④ 15

해설 | 가우스의 정리

$\nabla \cdot D = \rho_v$

$= \left(\dfrac{\partial}{\partial x}i + \dfrac{\partial}{\partial y}j + \dfrac{\partial}{\partial z}k\right) \cdot (X^2i + Y^2j + Z^2k)$

$2X + 2Y + 2Z = 12 \ [C/m^3]$

18 다음 식 중에서 틀린 것은?

① $E = -\,grad\,V$
② $\int_s E \cdot n\,ds = \dfrac{Q}{\epsilon_o}$
③ $grad\,V = i\dfrac{\partial^2 V}{\partial x^2} + j\dfrac{\partial^2 V}{\partial y^2} + k\dfrac{\partial^2 V}{\partial z^2}$
④ $V = \int_p^\infty E \cdot dl$

해설 | 전위경도

$grad\,V = i\dfrac{\partial V}{\partial x} + j\dfrac{\partial V}{\partial y} + k\dfrac{\partial V}{\partial z}$

19 어떤 대전체가 진공 중에서 전속이 Q [C]이었다. 이 대전체를 비유전율 10인 유전체 속으로 가져갈 경우에 전속 [C]은?

① Q ② 10Q
③ Q/10 ④ $10\varepsilon_0 Q$

해설 | 전속

전속은 매질에 상관없이 Q [C]이다.

20 다음 중 스토크스(Stokes)의 정리는?

① $\oint H \cdot ds = \iint_s (\nabla \cdot H)ds$
② $\int B \cdot ds = \int_s (\nabla \cdot H) \cdot ds$
③ $\oint_c H \cdot ds = \int (\nabla \cdot H) \cdot dl$
④ $\oint_c H \cdot dl = \int_s (\nabla \times H) \cdot ds$

해설 | 스토크스 정리

선적분 값을 면적분 값으로 변환하는 방법

$\oint_c H \cdot l = \int_s (\nabla \times H) \cdot ds$

정답 17 ① 18 ③ 19 ① 20 ④

2019년 3회

01 도전도 $k = 6 \times 10^{17}$ [℧/m], 투자율 $\mu = \dfrac{6}{\pi} \times 10^{-7}$ [H/m]인 평면도체 표면에 10 [kHz]의 전류가 흐를 때, 침투깊이 δ [m]은?

① $\dfrac{1}{6} \times 10^{-7}$ ② $\dfrac{1}{8.5} \times 10^{-7}$

③ $\dfrac{36}{\pi} \times 10^{-6}$ ④ $\dfrac{36}{\pi} \times 10^{-10}$

해설 | 침투깊이

$$\delta = \sqrt{\dfrac{2}{\omega \sigma \mu}} = \sqrt{\dfrac{1}{\pi f \sigma \mu}}$$

$$= \sqrt{\dfrac{1}{\pi \times 10 \times 10^3 \times 6 \times 10^{17} \times \dfrac{6}{\pi} \times 10^{-7}}}$$

$$= 1.67 \times 10^{-8} = \dfrac{1}{6} \times 10^{-7} \, [m]$$

02 강자성체의 세 가지 특성에 포함되지 않는 것은?

① 자기포화 특성
② 와전류 특성
③ 고투자율 특성
④ 히스테리시스 특성

해설 | 강자성체의 특징
- 자기포화 특성
- 투자율 특성
- 히스테리시스 특성

03 송전선의 전류가 0.01초 사이에 10 [kA] 변화될 때 이 송전선에 나란한 통신선에 유도되는 유도 전압은 몇 [V]인가? (단, 송전선과 통신선 간의 상호유도계수는 0.3 [mH]이다)

① 30   ② 300
③ 3,000   ④ 30,000

해설 | 유도 전압

$$e = M\dfrac{di}{dt} = 0.3 \times 10^{-3} \times \dfrac{10000}{0.01}$$
$$= 300 \, [V]$$

04 단면적 15 [cm²]의 자석 근처에 같은 단면적을 가진 철편을 놓을 때 그 곳을 통하는 자속이 3×10^{-4} [Wb]이면 철편에 작용하는 흡인력은 약 몇 [N]인가?

① 12.2   ② 23.9
③ 36.6   ④ 48.8

해설 | 철편에 작용하는 흡인력

$f \cdot s = \dfrac{B^2}{2\mu} S$ 이므로, $\phi = BS$

$$F = f \cdot S = \dfrac{\phi^2}{2\mu S}$$

$$= \dfrac{(3 \times 10^{-4})^2}{2 \times 4\pi \times 10^{-7} \times 15 \times 10^{-4}}$$

$$= 23.87 \, [N]$$

정답 01 ① 02 ② 03 ② 04 ②

05 단면적이 s [m²], 단위길이에 대한 권수가 n [회/m]인 무한히 긴 솔레노이드의 단위 길이당 자기인덕턴스 [H/m]는?

① $\mu \cdot s \cdot n$ ② $\mu \cdot s \cdot n^2$
③ $\mu \cdot s^2 \cdot n$ ④ $\mu \cdot s^2 \cdot n^2$

해설 | 솔레노이드의 단위길이당 자기인덕턴스

$$L = \frac{\mu S N^2}{\ell}, \quad L_o = \frac{\mu S N^2}{\ell^2} = \mu S n^2 \, [H/m]$$

06 다음 금속 중 저항률이 가장 작은 것은?

① 은 ② 철
③ 백금 ④ 알루미늄

해설 | 저항률이 큰 순서
백금 > 알루미늄 > 구리 > 은

07 무한장 직선형 도선에 I [A]의 전류가 흐를 경우 도선으로부터 R [m] 떨어진 점의 자속밀도 B [Wb/m²]는?

① $B = \frac{\mu I}{2\pi R}$ ② $B = \frac{I}{2\pi \mu R}$
③ $B = \frac{\mu I}{4\pi R}$ ④ $B = \frac{I}{4\pi \mu R}$

해설 | 무한장 직선 도체의 자속밀도

$$H = \frac{I}{2\pi r} [AT/m], \quad B = \frac{\mu I}{2\pi r} [Wb/m^2]$$

08 전하 q [C]가 진공 중의 자계 H [AT/m]에 수직 방향으로 v [m/s]의 속도로 움직일 때 받는 힘은 몇 [N]인가? (단, 진공 중의 투자율은 μ_o이다)

① qvH ② μ_oqH
③ πqvH ④ $\mu_o$qvH

해설 | 전하가 받는 힘

$$F = e(v \times B) = evB \, (\theta = 90° \text{이므로})$$
$$= \mu_o qvH \, [N]$$

09 원통 좌표계에서 일반적으로 벡터가 $A = 5r\sin\phi a_z$로 표현될 때 점 $(2, \frac{\pi}{2}, 0)$에서 $curl A$를 구하면?

① $5a_r$ ② $5\pi a_\phi$
③ $-5a_\phi$ ④ $-5\pi a_\phi$

해설 | 원통좌표계의 외적

$$curl A = \frac{1}{r} \begin{pmatrix} a_r & ra_\phi & a_z \\ \frac{\partial}{\partial r} & \frac{\partial}{\partial \phi} & \frac{\partial}{\partial z} \\ A_r & rA_\phi & A_z \end{pmatrix}$$

$$= \frac{1}{r} \begin{pmatrix} a_r & ra_\phi & a_z \\ \frac{\partial}{\partial r} & \frac{\partial}{\partial \phi} & \frac{\partial}{\partial z} \\ 0 & 0 & 5r\sin\phi a_z \end{pmatrix}$$

$$= \frac{1}{r} \left(\frac{\partial}{\partial \phi}(5r\sin\phi)a_r - r\frac{\partial}{\partial r}(5r\sin\phi)a_\phi \right)$$

$$= 5\cos\phi a_r - 5\sin\phi a_\phi = -5a_\phi$$

정답 05 ② 06 ① 07 ① 08 ④ 09 ③

10 전기 저항에 대한 설명으로 틀린 것은?

① 저항의 단위는 옴(Ω)을 사용한다.
② 저항률(ρ)의 역수를 도전율이라고 한다.
③ 금속선의 저항 R은 길이 ℓ에 반비례한다.
④ 전류가 흐르고 있는 금속선에 있어서 임의 두 점 간의 전위차는 전류에 비례한다.

해설 | 전기저항

$R = \rho \dfrac{\ell}{S} [\Omega]$, 길이에 반비례한다.

11 자계의 벡터 포텐셜을 A라 할 때 자계의 시간적 변화에 의하여 생기는 전계의 세기 E는?

① $E = rot A$
② $rot E = A$
③ $E = -\dfrac{\partial A}{\partial t}$
④ $rot E = -\dfrac{\partial A}{\partial t}$

해설 | 벡터 포텐셜과 전계의 세기

$B = \nabla \times A$, $\nabla \times E = -\dfrac{\partial B}{\partial t}$ 에서

$\nabla \times E = -\dfrac{\partial B}{\partial t} = -\dfrac{\partial}{\partial t}(\nabla \times A)$

$E = -\dfrac{\partial A}{\partial t}$

12 환상철심의 평균 자계의 세기가 3000 [AT/m]이고, 비투자율이 600인 철심 중의 자화의 세기는 약 몇 [Wb/m²]인가?

① 0.75
② 2.26
③ 4.52
④ 9.04

해설 | 자화의 세기

$J = \mu_o(\mu_s - 1)H$
$= 4\pi \times 10^{-7} \cdot (600-1) \times 3000$
$= 2.26 [Wb/m^2]$

13 평행판 콘덴서의 극간 전압이 일정한 상태에서 극간에 공기가 있을 때의 흡인력을 F_1, 극판 사이에 극판 간격의 2/3 두께의 유리판($\epsilon_r = 10$)을 삽입할 때의 흡인력을 F_2라 하면 $\dfrac{F_2}{F_1}$는?

① 0.6
② 0.8
③ 1.5
④ 2.5

해설 | 평행판 콘덴서의 흡인력

• 공기 콘덴서 용량 $C_o = \dfrac{\epsilon_o S}{d}$

• $C_s = \dfrac{\epsilon_1 \epsilon_2 S}{\epsilon_1 d_2 + \epsilon_2 d_1}$

$= \dfrac{10\epsilon_o^2}{\dfrac{2}{3}d\epsilon_o + \dfrac{1}{3}d(10\epsilon_o)} = \dfrac{15\epsilon_o \epsilon_s}{6d}$

• $\dfrac{F_2}{F_1} = \dfrac{W}{W_o} = \dfrac{\dfrac{CV^2}{2}}{\dfrac{C_o V^2}{2}} = \dfrac{\dfrac{15\epsilon_o S}{6d}}{\dfrac{\epsilon_o S}{d}} = 2.5$

정답 10 ③ 11 ③ 12 ② 13 ④

14 전자파의 특성에 대한 설명으로 틀린 것은?

① 전자파의 속도는 주파수와 무관하다.
② 전파 E_x를 고유임피던스로 나누면 자파 H_y가 된다.
③ 전파 E_x와 자파 H_y의 진동 방향은 진행 방향에 수평인 종파이다.
④ 매질이 도전성을 갖지 않으면 전파 E_x와 자파 H_y는 동위상이 된다.

해설 | 전자파
전파와 자파의 진동 방향은 진행 방향에 수직인 횡파이다.

15 진공 중에서 점 P(1, 2, 3) 및 점 Q(2, 0, 5)에 각각 300 [μC], -100 [μC]인 점전하가 놓여 있을 때 점전하 -100 [μC]에 작용하는 힘은 몇 [N]인가?

① 10i - 20j + 20k
② 10i + 20j - 20k
③ -10i + 20j + 20k
④ -10i + 20j - 20k

해설 | 점전하에 작용하는 힘

- 단위벡터 $\vec{n} = \dfrac{i - 2j + 2k}{\sqrt{1^2 + 2^2 + 2^2}}$

$F = 9 \times 10^9 \times \dfrac{Q_1 Q_2}{r^2}$

$= 9 \times 10^9 \times \dfrac{300 \times 10^{-6} \times 100 \times 10^{-6}}{3^2}$

$= 30 [N]$

$\vec{F} = \vec{n} F = \dfrac{i - 2j + 2k}{3} \cdot 30$

$= -10i + 20j - 20k$

16 반지름 a [m]의 구 도체에 전하 Q [C]가 주어질 때 구 도체 표면에 작용하는 정전응력은 몇 [N/m²]인가?

① $\dfrac{9Q^2}{16\pi^2 \epsilon_o a^6}$ ② $\dfrac{9Q^2}{32\pi^2 \epsilon_o a^6}$

③ $\dfrac{Q^2}{16\pi^2 \epsilon_o a^4}$ ④ $\dfrac{Q^2}{32\pi^2 \epsilon_o a^4}$

해설 | 정전응력

$f = \dfrac{\epsilon_o E^2}{2} = \dfrac{\epsilon_o}{2} \left(\dfrac{Q}{4\pi\epsilon_o a^2} \right)^2$

$= \dfrac{Q^2}{32\pi^2 \epsilon_o a^4} [N/m^2]$

17 정전용량이 각각 C_1, C_2, 그 사이의 상호 유도계수가 M인 절연된 두 도체가 있다. 두 도체를 가는 선으로 연결할 경우 정전용량은 어떻게 표현되는가?

① $C_1 + C_2 - M$ ② $C_1 + C_2 + M$
③ $C_1 + C_2 + 2M$ ④ $2C_1 + 2C_2 + M$

해설 | 정전용량

- 병렬연결이므로

$Q_1 = q_{11} V_1 + q_{12} V_2 = C_1 V_1 + M V_2$
$Q_2 = q_{21} V_1 + q_{22} V_2 = M V_1 + C_2 V_2$

- $C = \dfrac{Q}{V} = \dfrac{(C_1 + C_2 + 2M) V}{V}$

$= C_1 + C_2 + 2M$

정답 14 ③ 15 ④ 16 ④ 17 ③

18 길이 ℓ [m]인 동축 원통 도체의 내외원통에 각각 $+\lambda$, $-\lambda$ [C/m]의 전하가 분포되어 있다. 내외원통 사이에 유전율 ε인 유전체가 채워져 있을 때 전계의 세기[V/m]은? (단, V는 내외원통 간의 전위차, D는 전속밀도이고, a, b는 내외원통의 반지름이며, 원통 중심에서의 거리 r은 a < r < b인 경우이다)

① $\dfrac{V}{r \cdot \ln\dfrac{b}{a}}$ ② $\dfrac{V}{\epsilon \cdot \ln\dfrac{b}{a}}$

③ $\dfrac{D}{r \cdot \ln\dfrac{b}{a}}$ ④ $\dfrac{D}{\epsilon \cdot \ln\dfrac{b}{a}}$

해설 | 원통도체의 전계의 세기

$V = \dfrac{\lambda}{2\pi\epsilon} \ln\dfrac{b}{a}$ [V],

$E = \dfrac{\lambda}{2\pi\epsilon r}$ [V/m]에서

$\lambda = \dfrac{2\pi\epsilon V}{\ln\dfrac{b}{a}}$ 이므로

$E = \dfrac{1}{2\pi\epsilon r} \cdot \dfrac{2\pi\epsilon V}{\ln\dfrac{b}{a}} = \dfrac{V}{r \cdot \ln\dfrac{b}{a}}$ [V/m]

19 정전용량이 1 [μF]이고 판의 간격이 d인 공기 콘덴서가 있다. 두께 $\dfrac{1}{2}d$, 비유전율 $\epsilon_r = 2$ 유전체를 그 콘덴서의 한 전극면에 접촉하여 넣었을 때 전체의 정전용량 [μF]은?

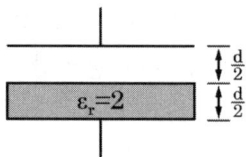

① 2 ② 1/2
③ 4/3 ④ 5/3

해설 | 전체의 정전용량

$C = \dfrac{\dfrac{2\epsilon_o S}{d} \cdot \dfrac{2\epsilon_o \epsilon_s S}{d}}{\dfrac{2\epsilon_o S}{d} + \dfrac{2\epsilon_o \epsilon_s S}{d}}$,

$C_o = \dfrac{\epsilon_s S}{d} = 1$ [μF]에서

$C = \dfrac{2\epsilon_s}{1 + \epsilon_s} C_o = \dfrac{4}{3}$ [μF]

20 변위전류와 가장 관계가 깊은 것은?

① 도체 ② 반도체
③ 유전체 ④ 자성체

해설 | 변위전류

유전체 내에 전속밀도의 시간적 변화에 의하여 발생하는 전류이다.

2018년 1회

01 평면도체 표면에서 r [m]의 거리에 점전하 Q [C]이 있을 때 이 전하를 무한원까지 운반하는 데 필요한 일은 몇 [J]인가?

① $\dfrac{Q^2}{4\pi\epsilon_o r}$ ② $\dfrac{Q^2}{8\pi\epsilon_o r}$

③ $\dfrac{Q^2}{16\pi\epsilon_o r}$ ④ $\dfrac{Q^2}{32\pi\epsilon_o r}$

해설 | 전기 영상법

$$W = Fr = \dfrac{Q^2}{4\pi\epsilon_o (2r)^2} \times r = \dfrac{Q^2}{16\pi\epsilon_o r}[J]$$

02 역자성체에서 비투자율 (μ_s)은 어느 값을 갖는가?

① $\mu_s = 1$ ② $\mu_s < 1$
③ $\mu_s > 1$ ④ $\mu_s = 0$

해설 | 자성체의 종류
- $\mu_s < 1$: 역자성체
- $\mu_s > 1$: 상자성체
- $\mu_s \gg 1$: 강자성체

03 비유전율 ε_{r1}, ε_{r2}인 두 유전체가 나란히 무한평면으로 접하고 있고, 이 경계면에 평행으로 유전체의 비유전율 ε_{r1} 내에 경계면으로부터 d [m]인 위치에 선전하 밀도 ρ [C/m]인 선상전하가 있을 때 이 선전하와 유전체 ε_{r2} 간의 단위길이당의 작용력은 몇 [N/m]인가?

① $9 \times 10^9 \times \dfrac{\rho^2}{\epsilon_{r2} d} \times \dfrac{\epsilon_{r1} + \epsilon_{r2}}{\epsilon_{r1} - \epsilon_{r2}}$

② $2.25 \times 10^9 \times \dfrac{\rho^2}{\epsilon_{r2} d} \times \dfrac{\epsilon_{r1} - \epsilon_{r2}}{\epsilon_{r1} + \epsilon_{r2}}$

③ $9 \times 10^9 \times \dfrac{\rho^2}{\epsilon_{r1} d} \times \dfrac{\epsilon_{r1} - \epsilon_{r2}}{\epsilon_{r1} + \epsilon_{r2}}$

④ $2.25 \times 10^9 \times \dfrac{\rho^2}{\epsilon_{r1} d} \times \dfrac{\epsilon_{r1} - \epsilon_{r2}}{\epsilon_{r1} + \epsilon_{r2}}$

해설 | 선전하와 유전체 ε_{r2} 간의 단위길이당 작용력
- 유전체 1의 선전하 λ_1
- 유전체 2의 선전하 $\lambda_2 = \dfrac{\epsilon_1 - \epsilon_2}{\epsilon_1 + \epsilon_2}\lambda$

$$E = \dfrac{\lambda'}{2\pi\epsilon_1 d} = \dfrac{\lambda}{2\pi\epsilon_1 (2d)} \dfrac{\epsilon_1 - \epsilon_2}{\epsilon_1 + \epsilon_2}$$

$$F = \lambda E = \dfrac{\lambda^2}{4\pi\epsilon_1 r} \cdot \dfrac{\epsilon_1 - \epsilon_2}{\epsilon_1 + \epsilon_2} \ [N/m]$$

정답 01 ③ 02 ② 03 ③

04 점전하에 의한 전계는 쿨롱의 법칙을 사용하면 되지만 분포되어 있는 전하에 의한 전계를 구할 때는 무엇을 이용하는가?

① 렌츠의 법칙　② 가우스의 정리
③ 라플라스 방정식　④ 스토크스의 정리

해설 | 가우스 정리

$\int D ds = Q$ (전속 수)

$\int E ds = \dfrac{Q}{\epsilon}$ (전기력선 수)

05 패러데이관(Faraday Tube)의 성질에 대한 설명으로 틀린 것은?

① 패러데이관 중에 있는 전속 수는 그 관 속에 진전하가 없으면 일정하며 연속적이다.
② 패러데이관의 양단에는 양 또는 음의 단위 진전하가 존재하고 있다.
③ 패러데이관 한 개의 단위 전위차당 보유에너지는 1/2 [J]이다.
④ 패러데이관의 밀도는 전속밀도와 같지 않다.

해설 | 패러데이관
- 패러데이관의 전속선 수는 일정하다.
- 진전하가 없는 점에서 패러데이관은 연속된다.
- 패러데이관의 밀도는 전속밀도와 같다.
- 패러데이관 양단에 정, 부의 단위 전하가 존재한다.

06 공기 중에 있는 지름 6 [cm]인 단일 도체구의 정전용량은 몇 [pF]인가?

① 0.34　② 0.67
③ 3.34　④ 6.71

해설 | 단일 도체구의 정전용량

$C = 4\pi\epsilon_o r = 4\pi \times \dfrac{10^{-9}}{36\pi} \times 0.03$
$= 3.34\ [pF]$

07 유전율이 ϵ_1, ϵ_2 [F/m]인 유전체 경계면에 단위면적당 작용하는 힘은 몇 [N/m²]인가? (단, 전계가 경계면에 수직인 경우이며, 두 유전체의 전속밀도 $D_1 = D_2 = D$이다)

① $2\left(\dfrac{1}{\epsilon_1} - \dfrac{1}{\epsilon_2}\right)D^2$　② $2\left(\dfrac{1}{\epsilon_1} + \dfrac{1}{\epsilon_2}\right)D^2$
③ $\dfrac{1}{2}\left(\dfrac{1}{\epsilon_1} + \dfrac{1}{\epsilon_2}\right)D^2$　④ $\dfrac{1}{2}\left(\dfrac{1}{\epsilon_2} - \dfrac{1}{\epsilon_1}\right)D^2$

해설 | 유전체 경계면에 단위면적당 작용하는 힘
- 전계가 경계면에 수직인 경우 단위면적당 작용하는 힘 $F = \dfrac{1}{2}\left(\dfrac{1}{\epsilon_2} - \dfrac{1}{\epsilon_1}\right)D^2 [N/m^2]$
- 전계가 경계면에 수평인 경우 단위면적당 작용하는 힘 $F = \dfrac{1}{2}(\epsilon_1 - \epsilon_2)E^2 [N/m^2]$

정답 04 ② 05 ④ 06 ③ 07 ④

08 진공 중에 균일하게 대전된 반지름 a [m]인 선전하 밀도 λ_l [C/m]의 원환이 있을 때 그 중심으로부터 중심축상 x [m]의 거리에 있는 점의 전계의 세기는 몇 [V/m]인가?

① $\dfrac{a\lambda_l x}{2\epsilon_o (a^2+x^2)^{\frac{3}{2}}}$ ② $\dfrac{a\lambda_l x}{\epsilon_o (a^2+x^2)^{\frac{3}{2}}}$

③ $\dfrac{\lambda_l x}{2\epsilon_o (a^2+x^2)}$ ④ $\dfrac{\lambda_l x}{\epsilon_o (a^2+x^2)}$

해설 | 중심으로부터 r [m] 떨어진 점의 전계의 세기

$E_x = \dfrac{Qx}{4\pi\epsilon_o (a^2+x^2)^{\frac{3}{2}}}$, $Q = \lambda\ell = 2\pi a\lambda$

$E_x = \dfrac{2\pi a x \lambda}{4\pi\epsilon_o (a^2+x^2)^{\frac{3}{2}}}$

$= \dfrac{a x \lambda}{2\epsilon_o (a^2+x^2)^{\frac{3}{2}}}$ [V/m]

09 내압 1000 [V] 정전용량 1 [μF], 내압 750 [V] 정전용량 2 [μF], 내압 500 [V] 정전용량 5 [μF]인 콘덴서 3개를 직렬로 접속하고 인가전압을 서서히 높이면 최초로 파괴되는 콘덴서는?

① 1 [μF] ② 2 [μF]
③ 5 [μF] ④ 동시에 파괴된다.

해설 | 콘덴서의 파괴
전하량이 가장 작은 콘덴서가 파괴된다.
$Q_1 = 10^{-3}$ [C]
$Q_2 = 1.5 \times 10^{-3}$ [C]
$Q_3 = 2.5 \times 10^{-3}$ [C]

10 내부장치 또는 공간을 물질로 포위시켜 외부자계의 영향을 차폐시키는 방식을 자기차폐라 한다. 다음 중 자기차폐에 가장 좋은 것은?

① 비투자율이 1보다 작은 역자성체
② 강자성체 중에서 비투자율이 큰 물질
③ 강자성체 중에서 비투자율이 작은 물질
④ 비투자율에 관계없이 물질의 두께에만 관계되므로 되도록 두꺼운 물질

해설 | 자기차폐
강자성체로 자기차폐를 하여 외부 자계의 영향을 막는다.

11 40 [V/m]인 전계 내의 50 [V]되는 점에서 1 [C]의 전하가 전계 방향으로 80 [cm] 이동하였을 때 그 점의 전위는 몇 [V]인가?

① 18 ② 22
③ 35 ④ 65

해설 | 전위 계산
전계방향으로 이동 시 전위는 감소하므로
$V = V - El = 50 - 0.8 \times 40 = 18$ [V]

12 그림과 같이 반지름 a [m]의 한번 감긴 원형코일이 균일한 자속밀도 B [Wb/m²]인 자계에 놓여 있다. 지금 코일면에 자계와 나란하게 전류 I [A]를 흘리면 원형코일이 자계로부터 받는 회전 모멘트는 몇 [N·m/rad]인가?

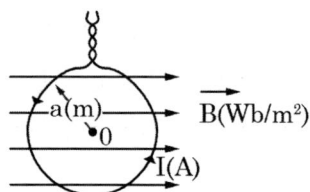

① πaBI　　② $2\pi aBI$
③ $\pi a^2 BI$　　④ $2\pi a^2 BI$

해설 | 코일의 회전모멘트
$$T = NIBS\cos\theta = \pi a^2 BI \ [N\cdot m/rad]$$

13 다음 조건들 중 초전도체에 부합되는 것은? (단, μ_r은 비투자율, X_m은 비자화율, B는 자속밀도이며, 작동온도는 임계온도 이하라 한다)

① $X_m = -1$, $\mu_r = 0$, $B = 0$
② $X_m = 0$, $\mu_r = 0$, $B = 0$
③ $X_m = 1$, $\mu_r = 0$, $B = 0$
④ $X_m = -1$, $\mu_r = 1$, $B = 0$

해설 | 초전도체($\mu_r = 0$)
$$\chi_m = \mu_s - 1 = -1, \quad B = \mu H = 0$$

14 x = 0인 무한평면을 경계면으로 하여 x < 0인 영역에는 비유전율 $\varepsilon_{r1} = 2$, x > 0인 영역에는 $\varepsilon_{r2} = 4$인 유전체가 있다. ε_{r1}인 유전체 내에서 전계 $E_1 = 20a_x - 10a_y + 5a_z$ [V/m]일 때 x > 0인 영역에 있는 ε_{r2}인 유전체 내에서 전속밀도 D_2 [C/m²]는? (단, 경계면상에는 자유전하가 없다고 한다)

① $D_2 = \varepsilon_o(20a_x - 40a_y + 5a_z)$
② $D_2 = \varepsilon_o(40a_x - 40a_y + 20a_z)$
③ $D_2 = \varepsilon_o(80a_x - 20a_y + 10a_z)$
④ $D_2 = \varepsilon_o(40a_x - 20a_y + 20a_z)$

해설 | 전속밀도 계산
- $E_1 = 20a_x - 10a_y + 5a_z$
  $D_1 = D_2$이므로 $\epsilon_1 E_1 = \epsilon_2 E_2$
- x축에 수직이므로 y, z축은 전계가 일정하다.
- $E_2 = \dfrac{2\epsilon_o}{4\epsilon_o}(20a_x - 10a_y + 5a_z)$
  $= 10a_x - 10a_y + 5a_z \ [V/m]$
- $D_2 = \epsilon_2 E_2$
  $= \epsilon_o(40a_x - 40a_y + 20a_z) \ [C/m^2]$

15 평면파 전파가 E = 30cos(10⁹t + 20z)j [V/m]로 주어졌다면 이 전자파의 위상속도는 몇 [m/s]인가?

① 5 × 10⁷　　② 1/3 × 10³
③ 10⁹　　　　④ 3/2

해설 | 전파의 형태

$E = E_0 \cos(wt - \beta z)$

$\omega = 10^9, \quad \beta = 20$

$v = \dfrac{\omega}{\beta} = \dfrac{10^9}{20} = 5 \times 10^7 \, [m/s]$

---

16 자속밀도 10 [Wb/m²] 자계 중에 10 [cm] 도체를 자계와 30°의 각도로 30 [m/s]로 움직일 때 도체에 유기되는 기전력은 몇 [V]인가?

① 15　　　　② 15√3
③ 1500　　　④ 1500√3

해설 | 유기기전력

$e = vB\ell \sin\theta = 30 \times 10 \times 0.1 \times 0.5$
$= 15 \, [V]$

---

17 그림과 같이 단면적 S = 10 [cm²], 자로의 길이 l = 20π [cm], 비투자율 μ_s = 1,000인 철심에 $N_1 = N_2$ = 100인 두 코일을 감았다. 두 코일 사이의 상호인덕턴스는 몇 [mH]인가?

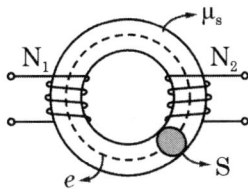

① 0.1　　② 1
③ 2　　　④ 20

해설 | 두 코일 사이의 상호인덕턴스

$L = \dfrac{\mu S N^2}{\ell}$

$= \dfrac{4\pi \times 10^{-7} \times 1000 \times 10^{-3} \times 100^2}{0.2\pi}$

$= 20 \, [mH]$

---

18 1 [μA]의 전류가 흐르고 있을 때, 1초 동안 통과하는 전자 수는 약 몇 개인가? (단, 전자 1개의 전하는 1.602 × 10⁻¹⁹ [C]이다)

① 6.24 × 10¹⁰　　② 6.24 × 10¹¹
③ 6.24 × 10¹²　　④ 6.24 × 10¹³

해설 | 전자 수

$Q = It = ne \, [C]$

$n = \dfrac{It}{e}$

$= \dfrac{10^{-6} \times 1}{1.602 \times 10^{-19}} = 6.24 \times 10^{12} \, [개]$

정답 15 ①　16 ①　17 ④　18 ③

19 균일하게 원형단면을 흐르는 전류 I [A]에 의한, 반지름 a [m], 길이 l [m], 비투자율 μ_s인 원통도체의 내부 인덕턴스는 몇 [H]인가?

① $10^{-7}\mu_s l$
② $3 \times 10^{-7}\mu_s l$
③ $1/4a \times 10^{-7}\mu_s l$
④ $1/2 \times 10^{-7}\mu_s l$

해설 | 원통도체의 내부 인덕턴스
$$L = \frac{\mu \ell}{8\pi} = \frac{1}{2} \times 10^{-7} \mu_s l \ [H]$$

20 한 변의 길이가 10 [cm]인 정사각형 회로에 직류전류 10 [A]가 흐를 때 정사각형의 중심에서의 자계 세기는 몇 [A/m]인가?

① $\dfrac{100\sqrt{2}}{\pi}$
② $\dfrac{200\sqrt{2}}{\pi}$
③ $\dfrac{300\sqrt{2}}{\pi}$
④ $\dfrac{400\sqrt{2}}{\pi}$

해설 | 정사각형 중심의 자계의 세기
$$H = \frac{2\sqrt{2}\,I}{\pi \ell} = \frac{2\sqrt{2} \times 10}{\pi \times 0.1}$$
$$= \frac{200\sqrt{2}}{\pi} \ [A/m]$$

정답 19 ④ 20 ②

2018년 2회

01 매질 1의 $\mu_{s1} = 500$, 매질 2의 $\mu_{s2} = 1000$이다. 매질 2에서 경계면에 대하여 45° 각도로 자계가 입사한 경우 매질 1에서 경계면과 자계의 각도에 가장 가까운 것은?

① 20° ② 30°
③ 60° ④ 80°

해설 | 경계면과 자계의 각도

- $\dfrac{\tan\theta_1}{\tan\theta_2} = \dfrac{\mu_1}{\mu_2}$, $\tan\theta_1 = \dfrac{500}{1000} \cdot 1 = \dfrac{1}{2}$

  $\theta_1 = 26.56°$

- 경계면과 자계의 각도
  $90 - 26.56 ≒ 63.44$
  ∴ 60°

02 대지의 고유저항이 $\rho\,[\Omega \cdot m]$일 때 반지름 a [m]인 그림과 같은 반구 접지극의 접지저항 $[\Omega]$은?

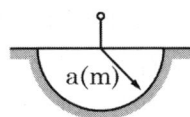

① $\dfrac{\rho}{4\pi a}$　　② $\dfrac{\rho}{2\pi a}$

③ $\dfrac{2\pi\rho}{a}$　　④ $2\pi\rho a$

해설 | 반구 접지극의 접지저항

$RC = \rho\epsilon$, $R = \dfrac{\rho\epsilon}{C} = \dfrac{\rho\epsilon}{2\pi\epsilon a} = \dfrac{\rho}{2\pi a}\,[\Omega]$

03 히스테리시스 곡선에서 히스테리시스 손실에 해당하는 것은?

① 보자력의 크기
② 잔류자기의 크기
③ 보자력과 잔류자기의 곱
④ 히스테리시스 곡선의 면적

해설 | 히스테리시스손
히스테리시스의 면적은 히스테리시스 손실로 적을수록 좋다.

04 다음 (가), (나)에 들어갈 법칙으로 알맞은 것은?

> 전자유도에 의하여 회로에 발생되는 기전력은 쇄교 자속 수의 시간에 대한 감소비율에 비례한다는 (가)에 따르고, 특히 유도된 기전력의 방향은 (나)에 따른다.

① (가) 패러데이의 법칙
　(나) 렌츠의 법칙
② (가) 렌츠의 법칙
　(나) 패러데이의 법칙
③ (가) 플레밍의 왼손법칙
　(나) 패러데이의 법칙
④ (가) 패러데이의 법칙
　(나) 플레밍의 왼손법칙

정답 01 ③ 02 ② 03 ④ 04 ①

해설 | 패러데이 법칙

$e = -N\dfrac{d\phi}{dt}\ [V]$

- 패러데이 법칙 : 유기기전력의 크기를 결정
- 렌츠의 법칙 : 유기기전력의 방향을 결정

05 N회 감긴 환상코일의 단면적이 S [m²]이고 평균 길이가 l [m]이다. 이 코일의 권수를 2배로 늘이고 인덕턴스를 일정하게 하려고 할 때 다음 중 옳은 것은?

① 길이를 2배로 한다.
② 단면적을 1/4로 한다.
③ 비투자율을 1/2로 한다.
④ 전류의 세기를 4배로 한다.

해설 | 단면적과 권수의 관계

$L = \dfrac{\mu S N^2}{\ell}$ 이므로

$S \propto N^2$, S를 $\dfrac{1}{4}$로 해야 한다.

06 무한장 솔레노이드에 전류가 흐를 때 발생되는 자장에 관한 설명으로 옳은 것은?

① 내부 자장은 평등자장이다.
② 외부 자장은 평등자장이다.
③ 내부 자장의 세기는 0이다.
④ 외부와 내부의 자장의 세기는 같다.

해설 | 무한장 솔레노이드의 내부자계와 외부자계

- 내부자계 H = nI [AT/m] (평등자계)
- 외부자계 H = 0

07 자기회로에서 키르히호프의 법칙으로 알맞은 것은? (단, R : 자기저항, φ : 자속, N : 코일 권 수, I : 전류이다)

① $\sum\limits_{i=1}^{n} \phi_i = \infty$

② $\sum\limits_{i=1}^{n} N_i \phi_i = 0$

③ $\sum\limits_{i=1}^{n} R_i \phi_i = \sum\limits_{i=1}^{n} N_i I_i$

④ $\sum\limits_{i=1}^{n} R_i \phi_i = \sum\limits_{i=1}^{n} N_i L_i$

해설 | 키르히호프의 법칙

- 키르히호프의 1법칙 $\sum\limits_{i=1}^{n} \phi_i = 0$
- 키르히호프의 2법칙 $\sum\limits_{i=1}^{n} R_i \phi_i = \sum\limits_{i=1}^{n} N_i I_i$

08 전하밀도 ρ_s [C/m²]인 무한 판상 전하분포에 의한 임의 점의 전장에 대하여 틀린 것은?

① 전장의 세기는 매질에 따라 변한다.
② 전장의 세기는 거리 r에 반비례한다.
③ 전장은 판에 수직방향으로만 존재한다.
④ 전장의 세기는 전하밀도 ρ_s에 비례한다.

해설 | 무한평면의 전계

$E = \dfrac{\rho}{2\epsilon}$ 이므로 거리에 무관하다.

정답 05 ② 06 ① 07 ③ 08 ②

09 한 변의 길이가 l [m]인 정사각형 도체 회로에 전류 I [A]를 흘릴 때 회로의 중심점에서 자계의 세기는 몇 [AT/m]인가?

① $\dfrac{2I}{\pi l}$ ② $\dfrac{I}{\sqrt{2}\,\pi l}$

③ $\dfrac{\sqrt{2}\,I}{\pi l}$ ④ $\dfrac{2\sqrt{2}\,I}{\pi l}$

해설 | 정사각형 도체의 중심점에서 자계

$$H = \dfrac{2\sqrt{2}\,I}{\pi l}\,[AT/m]$$

10 반지름 a [m]의 원형 단면을 가진 도선에 전도전류 $i_c = I_c \sin(2\pi ft)$ [A]가 흐를 때 변위전류 밀도의 최댓값 J_d는 몇 [A/m²]가 되는가? (단, 도전율은 σ [S/m]이고, 비유전율은 ε_r이다)

① $\dfrac{f\epsilon_r I_c}{4\pi \times 10^9 \sigma a^2}$

② $\dfrac{f\epsilon_r I_c}{4\pi f \times 10^9 \sigma a^2}$

③ $\dfrac{f\epsilon_r I_c}{9\pi \times 10^9 \sigma a^2}$

④ $\dfrac{f\epsilon_r I_c}{18\pi \times 10^9 \sigma a^2}$

해설 | 변위전류 밀도 $i_d = \omega \epsilon E$

- 변위전류 밀도 최댓값 : $J_d = w\epsilon E$
- 전도전류 밀도 $i_c = \sigma E$, $i_c = \dfrac{I_c}{S}$,

$E = \dfrac{i_c}{\sigma} = \dfrac{I_c}{S\sigma}$, $J_d = w\epsilon E$에 대입한다.

$J_d = w\epsilon \dfrac{I_c}{S\sigma} = \dfrac{2f\epsilon_0 \epsilon_r I_c}{\sigma a^2}$, $\epsilon_0 = \dfrac{10^{-9}}{36\pi}$

이므로 대입하면

$J_d = \dfrac{f\epsilon_r I_c}{18\pi \times 10^9 \sigma a^2}\,[A/m^2]$

11 대전 도체 표면전하밀도는 도체 표면의 모양에 따라 어떻게 분포하는가?

① 표면전하밀도는 뾰족할수록 커진다.
② 표면전하밀도는 평면일 때 가장 크다.
③ 표면전하밀도는 곡률이 크면 작아진다.
④ 표면전하밀도는 표면의 모양과 무관하다.

해설 | 표면전하밀도

도체 표면이 뾰족할수록 전하밀도가 커진다.

12 일정전압의 직류전원에 저항을 접속하여 전류를 흘릴 때, 저항값을 20 [%] 감소시키면 흐르는 전류는 처음 저항에 흐르는 전류의 몇 배가 되는가?

① 1.0배   ② 1.1배
③ 1.25배   ④ 1.5배

해설 | 저항에 흐르는 전류

$V = IR$로 저항은 전류에 반비례하므로 전류는 $\dfrac{1}{0.8} = 1.25$배가 된다.

정답 09 ④ 10 ④ 11 ① 12 ③

13 유전율이 ε인 유전체 내에 있는 점전하 Q에서 발산되는 전기력선의 수는 총 몇 개인가?

① Q 　　② $\dfrac{Q}{\epsilon_s \epsilon_o}$

③ $\dfrac{Q}{\epsilon_s}$ 　　④ $\dfrac{Q}{\epsilon_\sigma}$

해설 | 전기력선의 수

$$N = \dfrac{Q}{\epsilon} = \dfrac{Q}{\epsilon_s \epsilon_o} \,[개]$$

14 내부도체의 반지름이 a [m]이고, 외부도체의 내반지름이 b [m], 외반지름이 c [m]인 동축케이블의 단위길이당 자기 인덕턴스는 몇 [H/m]인가?

① $\dfrac{\mu_o}{2\pi} \ln \dfrac{b}{a}$ 　　② $\dfrac{\mu_o}{\pi} \ln \dfrac{b}{a}$

③ $\dfrac{2\pi}{\mu_o} \ln \dfrac{b}{a}$ 　　④ $\dfrac{\pi}{\mu_o} \ln \dfrac{b}{a}$

해설 | 동축케이블의 단위 인덕턴스

$$L = \dfrac{\mu_o}{2\pi} \ln \dfrac{b}{a} \,[H/m]$$

15 공기 중에서 1 [m] 간격을 가진 두 개의 평행 도체 전류의 단위길이에 작용하는 힘은 몇 [N/m]인가? (단, 전류는 1 [A]라고 한다)

① 2×10^{-7} 　　② 4×10^{-7}

③ $2\pi \times 10^{-7}$ 　　④ $4\pi \times 10^{-7}$

해설 | 두 개의 평형도체 사이에 작용하는 힘

$$F = \dfrac{2 \times 10^{-7} I_1 I_2}{r} = 2 \times 10^{-7} \,[N/m]$$

16 공기 중에서 코로나방전이 3.5 [kV/mm] 전계에서 발생한다고 하면 이때 도체의 표면에 작용하는 힘은 약 몇 [N/m²]인가?

① 27 　　② 54
③ 81 　　④ 108

해설 | 도체의 표면에 작용하는 힘

$$E = 3.5 \times \dfrac{10^3}{10^{-3}} = 3.5 \times 10^6 \,[V/m]$$

$$F = \dfrac{\epsilon E^2}{2} = \dfrac{10^{-9}}{36\pi} \times \dfrac{(3.5 \times 10^6)^2}{2}$$

$$= 54.17 \,[N/m^2]$$

17 무한장 직선 전류에 의한 자계의 세기 [AT/m]는?

① 거리 r에 비례한다.
② 거리 r^2에 비례한다.
③ 거리 r에 반비례한다.
④ 거리 r^2에 반비례한다.

해설 | 무한장 직선의 자계

유전체에 작용하는 힘의 방향은 유전율이 큰 쪽에서 작은 쪽 $H = \dfrac{I}{2\pi r} \,[AT/m]$

정답 13 ② 14 ① 15 ① 16 ② 17 ③

18 전계 $W = \sqrt{2} E_e \sin\omega\left(t - \dfrac{x}{c}\right) [V/m]$의 평면 전자파가 있다. 진공 중에서 자계의 실횻값은 몇 $[A/m]$인가?

① $0.707 \times 10^{-3} E_e$ ② $1.44 \times 10^{-3} E_e$
③ $2.65 \times 10^{-3} E_e$ ④ $5.37 \times 10^{-3} E_e$

해설 | 특성임피던스에 따른 전계와 자계의 관계

$\dfrac{E_e}{H_e} = \sqrt{\dfrac{\mu_0}{\varepsilon_0}} = 377$이므로, 자계는

$H_e = \sqrt{\dfrac{\varepsilon_0}{\mu_0}} E_e = \dfrac{1}{377} E_e$

$\quad = 2.65 \times 10^{-3} E_e [A/m]$

---

19 Biot-Savart의 법칙에 의하면, 전류소에 의해서 임의의 한 점(P)에 생기는 자계의 세기를 구할 수 있다. 다음 중 설명으로 틀린 것은?

① 자계의 세기는 전류의 크기에 비례한다.
② MKS 단위계를 사용할 경우 비례상수는 $1/4\pi$이다.
③ 자계의 세기는 전류소와 점 P와의 거리에 반비례한다.
④ 자계의 방향은 전류소 및 이 전류소와 점 P를 연결하는 직선을 포함하는 면에 법선 방향이다.

해설 | 비오사바르의 법칙

$dH = \dfrac{Idl}{4\pi r^2} \sin\theta \, [A\,T/m]$

거리의 제곱에 반비례한다.

---

20 x > 0인 영역에 $\varepsilon_1 = 3$인 유전체, x < 0인 영역에 $\varepsilon_2 = 5$인 유전체가 있다. 유전율 ε_2인 영역에서 전계가 $E_2 = 20a_x + 30a_y - 40a_z \,[V/m]$일 때 유전율 ε_1인 영역에서의 전계 $E_1 \,[V/m]$은?

① $\dfrac{100}{3} a_x + 30 a_y - 40 a_z$
② $20 a_x + 90 a_y - 40 a_z$
③ $100 a_x + 10 a_y - 40 a_z$
④ $60 a_x + 30 a_y - 40 a_z$

해설 | 전계 계산

• y, z축은 경계면에 수평이므로 전계가 일정하다.
• x축은 경계면에 수직이므로 전하밀도가 일정하다.
• $D_1 = D_2$, $E_{x1} = \dfrac{5}{3}(20 a_x)$

$E_1 = \dfrac{100}{3} a_x + 30 a_y - 40 a_z \, [V/m]$

2018년 3회

01 전계 E의 x, y, z 성분을 E_x, E_y, E_z라 할 때 divE는?

① $\dfrac{\partial E_x}{\partial x} + \dfrac{\partial E_y}{\partial y} + \dfrac{\partial E_z}{\partial z}$

② $i\dfrac{\partial E_x}{\partial x} + j\dfrac{\partial E_y}{\partial y} + k\dfrac{\partial E_z}{\partial z}$

③ $\dfrac{\partial^2 E_x}{\partial x^2} + \dfrac{\partial^2 E_y}{\partial y^2} + \dfrac{\partial^2 E_z}{\partial z^2}$

④ $i\dfrac{\partial^2 E_x}{\partial x^2} + j\dfrac{\partial^2 E_y}{\partial y^2} + k\dfrac{\partial^2 E_z}{\partial z^2}$

해설 | 발산(Divergence)

$\nabla \cdot E$
$= \left(\dfrac{\partial}{\partial x}i + \dfrac{\partial}{\partial y}j + \dfrac{\partial}{\partial z}k\right) \cdot (E_x i + E_y j + E_z k)$
$= \dfrac{\partial E_x}{\partial x} + \dfrac{\partial E_y}{\partial y} + \dfrac{\partial E_z}{\partial z}$

02 동심 구형 콘덴서의 내외 반지름을 각각 5배로 증가시키면 정전용량은 몇 배로 증가하는가?

① 5 ② 10
③ 15 ④ 20

해설 | 동심 구형 콘덴서의 정전용량

$C = \dfrac{4\pi\epsilon ab}{b-a}$ [F]이므로

$C_{ab} = \dfrac{4\pi\epsilon(5a)(5b)}{5b-5a} = 5\dfrac{4\pi\epsilon ab}{b-a}$, 5배 증가한다.

03 자성체 경계면에 전류가 없을 때의 경계조건으로 틀린 것은?

① 자계 H의 접선 성분 $H_{1T} = H_{2T}$
② 자속밀도 B의 법선 성분 $B_{1N} = B_{2N}$
③ 경계면에서 자력선의 굴절 $(\tan\theta_1/\tan\theta_2) = (\mu_1/\mu_2)$
④ 전속밀도 D의 법선 성분 $D_{1N} = D_{2N} = (\mu_2/\mu_1)$

해설 | 자성체의 경계조건

- 접선성분 $H_1 = H_2$
- 법선성분 $B_1 = B_2$
- $\dfrac{\tan\theta_1}{\tan\theta_2} = \dfrac{\mu_1}{\mu_2}$

04 도체나 반도체에 전류를 흘리고 이것과 직각 방향으로 자계를 가하면 이 두 방향과 직각 방향으로 기전력이 생기는 현상을 무엇이라 하는가?

① 홀효과 ② 핀치효과
③ 볼타효과 ④ 압전효과

해설 | 전자력 현상

- 홀효과 : 도체가 자기장 속에 놓여 있을 때 그 자기장에서 직각 방향으로 전류를 흘리면 자기장과 전류 모두 수직 방향으로 전위차가 발생하는 현상
- 핀치효과 : 직류전압 인가 시 전류가 도선 중심 쪽으로 집중되어 흐르는 현상

정답 01 ① 02 ① 03 ④ 04 ①

- 볼타효과 : 서로 다른 2종류의 금속을 접촉시킨 후 떼어 내면 각각 정, 부로 대전하는 현상
- 압전효과 : 유전체 결정에 기계적 변형을 가하면, 결정 표면에 정, 부의 전하가 대전하는 현상

05 판자석의 세기가 0.01 [Wb/m], 반지름이 5 [cm]인 원형 판자석이 있다. 자석의 중심에서 축상 10 [cm]인 점에서의 자위의 세기는 몇 [AT]인가?

① 100   ② 175
③ 370   ④ 420

해설 | 자위의 세기

$$U = \frac{M\omega}{4\pi\mu} = \frac{M \times 2\pi(1-\cos\theta)}{4\pi\mu}$$

$$= \frac{M}{2\mu}\left(1 - \frac{x}{\sqrt{a^2+x^2}}\right)$$

$$= \frac{0.01}{2 \times 4\pi \times 10^{-7}}\left(1 - \frac{0.1}{\sqrt{0.05^2+0.1^2}}\right)$$

$$= 420.06\,[AT]$$

06 평면도체 표면에서 d [m] 거리에 점전하 Q [C]가 있을 때 이 전하를 무한원점까지 운반하는 데 필요한 일 [J]은?

① $\frac{Q^2}{4\pi\epsilon d}$ ② $\frac{Q^2}{8\pi\epsilon d}$
③ $\frac{Q^2}{16\pi\epsilon d}$ ④ $\frac{Q^2}{32\pi\epsilon d}$

해설 | 전기영상법

$$W = \frac{Q^2}{4\pi\epsilon(2r)^2} \times r = \frac{Q^2}{16\pi\epsilon r}[J]$$

07 유전율 ϵ, 전계의 세기 E인 유전체의 단위체적에 축적되는 에너지는?

① $E/2\epsilon$ ② $\epsilon E/2$
③ $\epsilon E^2/2$ ④ $\epsilon^2 E^2/2$

해설 | 단위체적당 축적되는 에너지

$$W = \frac{\epsilon E^2}{2}[J/m^3]$$

08 길이 l [m], 지름 d [m]인 원통이 길이 방향으로 균일하게 자화되어 자화의 세기가 J [Wb/m²]인 경우 원통 양단에서의 전자극의 세기 [Wb]는?

① $\pi d^2 J$ ② $\pi d J$
③ $4J/\pi d^2$ ④ $\pi d^2 J/4$

해설 | 자극의 세기

$$J = \frac{m}{S},\ m = JS = J\frac{\pi d^2}{4}\,[Wb]$$

09 자기인덕턴스 L_1, L_2와 상호인덕턴스 M 사이의 결합계수는? (단, 단위는 [H]이다)

① $\frac{M}{L_1 L_2}$ ② $\frac{L_1 L_2}{M}$
③ $\frac{M}{\sqrt{L_1 L_2}}$ ④ $\frac{\sqrt{L_1 L_2}}{M}$

해설 | 결합계수

$$k = \frac{M}{\sqrt{L_1 L_2}}$$

정답 05 ④ 06 ③ 07 ③ 08 ④ 09 ③

10 진공 중에서 선전하 밀도 $\rho_l = 6 \times 10^{-8}$ [C/m]인 무한히 긴 직선상 선전하가 x축과 나란하고 z = 2 [m] 점을 지나고 있다. 이 선전하에 의하여 반지름 5 [m]인 원점에 중심을 둔 구표면 S_0를 통과하는 전기력선 수는 약 얼마인가?

① 3.1×10^4 ② 4.8×10^4
③ 5.5×10^4 ④ 6.2×10^4

해설 | 전기력선 수

- 구 표면 안을 지나는 선전하의 길이는
$l = 2\sqrt{5^2 - 2^2} = 2\sqrt{21}$

- $N = \dfrac{Q}{\epsilon} = \dfrac{6 \times 10^{-8} \cdot 2\sqrt{21}}{8.85 \times 10^{-12}}$
$= 6.2 \times 10^4$ [개]

11 대지면에 높이 h [m]로 평행하게 가설된 매우 긴 선전하가 지면으로부터 받는 힘은?

① h에 비례 ② h에 반비례
③ h^2에 비례 ④ h^2에 반비례

해설 | 전기 영상법

$F = \dfrac{-\lambda^2}{2\pi\epsilon(2h)} [N/m]$

12 정전에너지, 전속밀도 및 유전상수 ϵ_r의 관계에 대한 설명 중 틀린 것은?

① 굴절각이 큰 유전체는 ϵ_r이 크다.
② 동일 전속밀도에서는 ϵ_r이 클수록 정전에너지는 작아진다.
③ 동일 정전에너지에서는 ϵ_r이 클수록 전속밀도가 커진다.
④ 전속은 매질에 축적되는 에너지가 최대가 되도록 분포된다.

해설 | 정전계

정전계에서는 매질에 충전되는 에너지가 최소가 되도록 분포 된다.

13 $\sigma = 1$ [℧/m], $\epsilon_s = 6$, $\mu = \mu_0$인 유전체에 교류전압을 가할 때 변위전류와 전도전류의 크기가 같아지는 주파수는 약 몇 [Hz]인가?

① 3.0×10^9 ② 4.2×10^9
③ 4.7×10^9 ④ 5.1×10^9

해설 | kE (전도전류) = $\omega\epsilon$E (변위전류)

$f = \dfrac{k}{2\pi\epsilon} = \dfrac{1}{2\pi \times 6 \times \dfrac{10^{-9}}{36\pi}} = 3 \times 10^9 [Hz]$

14 그 양이 증가함에 따라 무한장 솔레노이드의 자기인덕턴스 값이 증가하지 않는 것은 무엇인가?

① 철심의 반경 ② 철심의 길이
③ 코일의 권수 ④ 철심의 투자율

해설 | 자기인덕턴스

$L = \dfrac{\mu S N^2}{\ell}$ [H]으로 철심의 길이에 반비례한다.

---

15 단면적 S [m²], 단위길이당 권수가 n₀ [회/m]인 무한히 긴 솔레노이드의 자기 인덕턴스 [H/m]는?

① $\mu S n_0$ ② $\mu S n_0^2$
③ $\mu S^2 n_0$ ④ $\mu S^2 n_0^2$

해설 | 자기인덕턴스

$\dfrac{L}{\ell} = \dfrac{\mu S N^2}{\ell^2} = \mu S n_o^2$ [H/m]

---

16 비투자율 1000인 철심이 든 환상 솔레노이드의 권수가 600회, 평균지름 20 [cm], 철심의 단면적 10 [cm²]이다. 이 솔레노이드에 2 [A]의 전류가 흐를 때 철심 내의 자속은 약 몇 [Wb]인가?

① 1.2×10^{-3} ② 1.2×10^{-4}
③ 2.4×10^{-3} ④ 2.4×10^{-4}

해설 | 철심 내의 자속

$\phi = \dfrac{\mu S N I}{\ell}$

$= \dfrac{4\pi \times 10^{-7} \times 1000 \times 10^{-3} \times 600 \times 2}{2\pi \times 0.1}$

$= 2.4 \times 10^{-3}$ [Wb]

---

17 3개의 점전하 Q₁ = 3 [C], Q₂ = 1 [C], Q₃ = -3 [C]을 점 P₁(1,0,0), P₂(2,0,0), P₃(3,0,0)에 어떻게 놓으면 원점에서 전계의 크기가 최대가 되는가?

① P₁에 Q₁, P₂에 Q₂, P₃에 Q₃
② P₁에 Q₂, P₂에 Q₃, P₃에 Q₁
③ P₁에 Q₃, P₂에 Q₁, P₃에 Q₂
④ P₁에 Q₃, P₂에 Q₂, P₃에 Q₁

해설 | 원점에서 전계의 크기가 최대가 되는 조건

$E = \dfrac{Q}{4\pi\epsilon_0 r^2}$ [V/m]이므로

$E_1 = 9 \times 10^9 \left(\dfrac{3}{1^2} + \dfrac{1}{2^2} - \dfrac{3}{3^2} \right)$

$= 26.5 \times 10^9$ [V/m]

$E_2 = 9 \times 10^9 \left(\dfrac{1}{1^2} - \dfrac{3}{2^2} + \dfrac{3}{3^2} \right)$

$= 5.25 \times 10^9$ [V/m]

$E_3 = 9 \times 10^9 \left(-\dfrac{3}{1^2} + \dfrac{3}{2^2} - \dfrac{1}{3^2} \right)$

$= -20.25 \times 10^9$ [V/m]

$E_4 = 9 \times 10^9 \left(-\dfrac{3}{1^2} + \dfrac{1}{2^2} + \dfrac{3}{3^2} \right)$

$= -21.5 \times 10^9$ [V/m]

정답 14 ② 15 ② 16 ③ 17 ①

18 맥스웰의 전자방정식에 대한 의미를 설명한 것으로 틀린 것은?

① 자계의 회전은 전류밀도와 같다.
② 자계는 발산하며, 자극은 단독으로 존재한다.
③ 전계의 회전은 자속밀도의 시간적 감소율과 같다.
④ 단위체적당 발산 전속 수는 단위체적당 공간전하 밀도와 같다.

해설 | 맥스웰의 전자방정식
① $i = \nabla \times H$
② $div B = 0$: 자계는 발산하지 않으며, 자극은 단독으로 존재하지 않는다.
③ $rot E = -\frac{\partial B}{\partial t}$
④ $div D = \rho$

19 전기력선의 설명 중 틀린 것은?

① 전기력선은 부전하에서 시작하여 정전하에서 끝난다.
② 단위 전하에서는 $1/\varepsilon_0$개의 전기력선이 출입한다.
③ 전기력선은 전위가 높은 점에서 낮은 점으로 향한다.
④ 전기력선의 방향은 그 점의 전계의 방향과 일치하며, 밀도는 그 점에서의 전계의 크기와 같다.

해설 | 전기력선의 성질
전기력선은 정전하에서 시작한다.

20 유전율이 $\varepsilon = 4\varepsilon_0$이고 투자율이 μ_0인 비도전성 유전체에서 전자파 전계의 세기가 $E(z,t) = a_y 377\cos(10^9 t - \beta z)$ [V/m]일 때의 자계의 세기 H는 몇 [A/m]인가?

① $-a_z 2\cos(10^9 t - \beta z)$
② $-a_x 2\cos(10^9 t - \beta z)$
③ $-a_z 7.1 \times 10^4 \cos(10^9 t - \beta z)$
④ $-a_x 7.1 \times 10^4 \cos(10^9 t - \beta z)$

해설 | 자계의 세기
$$\frac{E}{H} = 377\sqrt{\frac{\mu_s}{\epsilon_s}}$$
$$H = \frac{\sqrt{4}\, a_y 377 \cos(10^9 t - \beta z)}{377}$$
$$= -a_x 2\cos(10^9 - \beta z)\, [A/m]$$

정답 18 ② 19 ① 20 ②

전기기사 전기자기학 — 2017년 1회

01 평행평판 공기콘덴서의 양 극판에 $+\sigma$ [C/m²], $-\sigma$ [C/m²]의 전하가 분포되어 있다. 이 두 전극 사이에 유전율 ε [F/m]인 유전체를 삽입한 경우의 전계 [V/m]는? (단, 유전체의 분극전하밀도를 $+\sigma'$, $-\sigma'$이라 한다)

① $\dfrac{\sigma}{\epsilon_o}$ ② $\dfrac{\sigma+\sigma'}{\epsilon_o}$

③ $\dfrac{\sigma}{\epsilon_o} - \dfrac{\sigma'}{\epsilon}$ ④ $\dfrac{\sigma-\sigma'}{\epsilon_o}$

해설 | 전계의 세기

$$E = \frac{D-P}{\epsilon_o} = \frac{\sigma-\sigma'}{\epsilon_o}\ [V/m]$$

02 자계와 직각으로 놓인 도체에 I [A]의 전류를 흘릴 때 f [N]의 힘이 작용하였다. 이 도체를 v [m/s]의 속도로 자계와 직각으로 운동시킬 때의 기전력 e [V]는?

① $\dfrac{fv}{I^2}$ ② $\dfrac{fv}{I}$

③ $\dfrac{fv^2}{I}$ ④ $\dfrac{fv}{2I}$

해설 | 기전력

$F = BI\ell \sin\theta\ [N]$, $e = vB\ell \sin\theta\ [V]$

이므로 $B\ell = \dfrac{f}{I}$, $e = v\dfrac{f}{I}\ [V]$

03 폐회로에 유도되는 유도기전력에 관한 설명으로 옳은 것은?

① 유도기전력은 권선수의 제곱에 비례한다.
② 렌츠의 법칙은 유도기전력의 크기를 결정하는 법칙이다.
③ 자계가 일정한 공간 내에서 폐회로가 운동하여도 유도기전력이 유도된다.
④ 전계가 일정한 공간 내에서 폐회로가 운동하여도 유도기전력이 유도된다.

해설 | 유도기전력

자계가 일정한 공간 내에서 폐회로가 운동하여도 유도기전력이 유도됨
$e = vB\ell \sin\theta$

04 반지름 a, b인 두 개의 구 형상 도체 전극이 도전율 k인 매질 속에 중심거리 r 만큼 떨어져 있다. 양 전극 간의 저항은?

① $4\pi k \left(\dfrac{1}{a} + \dfrac{1}{b}\right)$ ② $4\pi k \left(\dfrac{1}{a} - \dfrac{1}{b}\right)$

③ $\dfrac{1}{4\pi k}\left(\dfrac{1}{a} + \dfrac{1}{b}\right)$ ④ $\dfrac{1}{4\pi k}\left(\dfrac{1}{a} - \dfrac{1}{b}\right)$

해설 | 양 전극 간의 저항

$C = 4\pi \epsilon r$

$R = \dfrac{\rho\epsilon}{C} = \dfrac{\rho\epsilon}{4\pi\epsilon r} = \dfrac{1}{4\pi k r}$

$R = \dfrac{1}{4\pi k}\left(\dfrac{1}{a} + \dfrac{1}{b}\right)\ [\Omega]$

정답 01 ④ 02 ② 03 ③ 04 ③

05 그림과 같이 반지름 a인 무한장 평행도체 A, B가 간격 d로 놓여 있고, 단위길이당 각각 +λ, -λ의 전하가 균일하게 분포되어 있다. A, B 도체 간의 전위차[V]는? (단, d ≫ a이다)

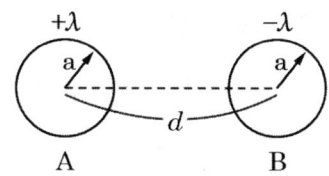

① $\dfrac{\lambda}{\pi\epsilon_o}\ln\dfrac{d-a}{a}$ ② $\dfrac{\lambda}{2\pi\epsilon_o}\ln\dfrac{d}{a}$

③ $\dfrac{\lambda}{\pi\epsilon_o}\ln\dfrac{a}{d}$ ④ $\dfrac{\lambda}{2\pi\epsilon_o}\ln\dfrac{a}{d}$

해설 | 두 개의 평행도체의 전위

$V = \dfrac{\lambda}{\pi\epsilon_o}\ln\dfrac{d-a}{a}\,[V]$

06 매질1(ε_1)은 나일론(비유전율 $\varepsilon_s = 4$)이고, 매질2(ε_2)는 진공일 때 전속밀도 D가 경계면에서 각각 θ_1, θ_2의 각을 이룰 때 $\theta_2 = 30°$라면 θ_1의 값은?

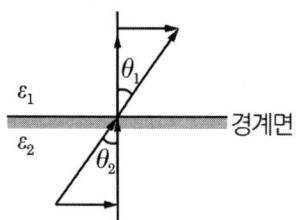

① $\tan^{-1}\dfrac{4}{\sqrt{3}}$ ② $\tan^{-1}\dfrac{\sqrt{3}}{4}$

③ $\tan^{-1}\dfrac{\sqrt{3}}{2}$ ④ $\tan^{-1}\dfrac{2}{\sqrt{3}}$

해설 | 입사각과 굴절각

$\dfrac{\tan\theta_1}{\tan\theta_2} = \dfrac{\epsilon_1}{\epsilon_2}$, $\dfrac{\tan\theta}{\dfrac{1}{\sqrt{3}}} = 4$이므로

$\theta = \tan^{-1}\dfrac{4}{\sqrt{3}}$

07 자기회로에 관한 설명으로 옳은 것은?

① 자기회로의 자기저항은 자기회로의 단면적에 비례한다.
② 자기회로의 기자력은 자기저항과 자속의 곱과 같다.
③ 자기저항 R_{m1}과 R_{m2}을 직렬연결 시 합성 자기저항은 $\dfrac{1}{R_m} = \dfrac{1}{R_{m1}} + \dfrac{1}{R_{m2}}$이다.
④ 자기회로의 자기저항은 자기회로의 길이에 반비례한다.

해설 | 자기회로

기자력 $F = R_m\phi\,[AT]$

자기저항 $R_m = \dfrac{l}{\mu S}$

08 두 개의 콘덴서를 직렬접속하고 직류전압을 인가 시 설명으로 옳지 않은 것은?

① 정전용량이 작은 콘덴서에 전압이 많이 걸린다.
② 합성 정전용량은 각 콘덴서의 정전용량의 합과 같다.
③ 합성 정전용량은 각 콘덴서의 정전용량 보다 작아진다.
④ 각 콘덴서의 두 전극에 정전유도에 의하여 정·부의 동일한 전하가 나타나고 전하량은 일정하다.

정답 05 ① 06 ① 07 ② 08 ②

해설 | 콘덴서의 접속

콘덴서의 병렬접속시 각 콘덴서의 정전용량의 합은 합성정전용량과 같다.

---

09 길이가 1 [cm], 지름이 5 [mm]인 동선에 1 [A]의 전류를 흘렸을 때 전자가 동선을 흐르는 데 걸리는 평균 시간은 약 몇 초인가? (단, 동선의 전자밀도는 1×10^{28} [개/m³]이다)

① 3   ② 31
③ 314   ④ 3,147

해설 | 전자가 동선을 흐르는 데 걸리는 평균 시간

$$t = \frac{Q}{I} = \frac{nev}{I}$$

$$= \frac{10^{28} \times \frac{\pi(5 \times 10^{-3})^2}{4} \times 10^{-2} \times 1.6 \times 10^{-19}}{1}$$

$$= 100\pi = 314 \, [\text{sec}]$$

---

10 일반적인 전자계에서 성립되는 기본방정식이 아닌 것은? (단, i는 전류밀도, ρ는 공간전하밀도이다)

① $\nabla \times H = i + \frac{\partial D}{\partial t}$

② $\nabla \times E = -\frac{\partial B}{\partial t}$

③ $\nabla \cdot D = \rho$

④ $\nabla \cdot B = \mu H$

해설 | 맥스웰 방정식의 미분형

• $div D = \rho$ (가우스법칙)
• $div B = 0$ (가우스법칙)
• $rot E = -\frac{\partial B}{\partial t}$ (패러데이법칙)
• $rot H = i_c + \frac{\partial D}{\partial t}$ (암페어 주회적분법칙)

---

11 전계 E [V/m], 자계 H [AT/m]의 전자계가 평면파를 이루고, 자유공간으로 단위시간에 전파될 때 단위면적당 전력밀도 [W/m²]의 크기는?

① EH^2 ② EH
③ $1/2 EH^2$ ④ $1/2 EH$

해설 | 포인팅 벡터

$P = EH \, [W/m^2]$

---

12 옴의 법칙을 미분 형태로 표시하면? (단, i는 전류밀도이고, ρ는 저항률, E는 전계이다)

① $i = (1/\rho) \times E$ ② $i = \rho E$
③ $i = div E$ ④ $i = \nabla \times E$

해설 | 옴의 법칙의 미분형

$$R = \rho \frac{l}{S} = \frac{V}{I}$$

$$dR = \rho \frac{dl}{dS} = \frac{dV}{dl}$$

$$\rho \frac{dI}{dS} = \frac{dV}{dl}$$

$$i = \frac{1}{\rho} E = kE$$

13 0.2 [μF]인 평행판 공기 콘덴서가 있다. 전극 간에 그 간격의 절반 두께의 유리판을 넣었다면 콘덴서의 용량은 약 몇 [μF]인가? (단, 유리의 비유전율은 10이다)

① 0.26 ② 0.36
③ 0.46 ④ 0.56

해설 | 콘덴서의 용량

$C_o = \dfrac{\epsilon_o S}{d} = 2 \times 10^{-7}[F]$ 에서

$C_1 = 4 \times 10^{-7}$, $C_2 = 40 \times 10^{-7}$

직렬이므로

$C_T = \dfrac{16}{44} \times 10^{-6}[F] = 0.36[\mu F]$

14 한 변의 길이가 $\sqrt{2}$ [m]인 정사각형의 4개 꼭짓점에 $+10^{-9}$ [C]의 점전하가 각각 있을 때 이 사각형의 중심에서의 전위 [V]는?

① 0   ② 18
③ 36   ④ 72

해설 | 중심 전위

$V = 4 \times \dfrac{Q}{4\pi\epsilon_o r} = 4 \times \dfrac{10^{-9}}{1} \times 9 \times 10^9$

$= 36[V]$

15 기계적인 변형력을 가할 때 결정체의 표면에 전위차가 발생되는 현상은?

① 볼타효과   ② 전계효과
③ 압전효과   ④ 파이로효과

해설 | 유전체의 특수현상
- 볼타효과 : 도체와 도체, 유전체와 유전체, 유전체와 도체를 접촉시키면 전자가 이동하여 양, 음으로 대전되는 현상
- 전계효과 : 전기를 흘릴 수 있는 도전성 채널을 만들어 주는 현상
- 파이로효과 : 열을 가하면 전기분극이 생기는 현상

16 면적이 S [m^2]인 금속판 2매를 간격이 d [m]가 되게 공기 중에 나란하게 놓았을 때 두 도체 사이의 정전용량 [F]은?

① $\dfrac{S}{d}\epsilon_o$ ② $\dfrac{d}{S}\epsilon_o$
③ $\dfrac{d}{S^2}\epsilon_o$ ④ $\dfrac{S^2}{d}\epsilon_o$

해설 | 콘덴서의 정전용량

$C = \dfrac{\epsilon S}{d}[F]$

정답 13 ② 14 ③ 15 ③ 16 ①

17 면전하 밀도가 ρ_s [C/m²]인 무한히 넓은 도체판에서 R [m]만큼 떨어져 있는 점의 전계의 세기 [V/m]는?

① $\dfrac{\rho_s}{\epsilon_o}$ ② $\dfrac{\rho_s}{2\epsilon_o}$

③ $\dfrac{\rho_s}{2R}$ ④ $\dfrac{\rho_s}{4\pi R^2}$

해설 | 무한히 넓은 도체판 전계의 세기

$$E = \dfrac{\rho_s}{2\epsilon_o} [V/m]$$

18 300회 감은 코일에 3 [A]의 전류가 흐를 때의 기자력 [AT]은?

① 10   ② 90
③ 100   ④ 900

해설 | 기자력

$$F = NI = 300 \times 3 = 900 [AT]$$

19 구리로 만든 지름 20 [cm]의 반구에 물을 채우고 그 중에 지름 10 [cm]의 구를 띄운다. 이때에 두 개의 구가 동심구라면 두 구 사이의 저항은 약 몇 [Ω]인가? (단, 물의 도전율은 10^{-3} [℧/m]라 하고, 물이 충만되어 있다고 한다)

① 1,590   ② 2,590
③ 2,800   ④ 3,180

해설 | 반구의 정전용량

$$C = \dfrac{2\pi\epsilon ab}{b-a} [F]$$

$$C = \dfrac{2\pi\epsilon \times 0.1 \times 0.05}{0.05} = 0.2\pi\epsilon$$

$$R = \dfrac{\rho\epsilon}{C} = \dfrac{\epsilon}{kC} = \dfrac{\epsilon}{10^{-3} \times 0.2\pi\epsilon}$$
$$= 1,590 [\Omega]$$

20 자기회로에서 철심의 투자율을 μ라 하고 회로의 길이를 l이라 할 때 그 회로의 일부에 미소공극 l_g를 만들면 회로의 자기저항은 처음의 몇 배인가? (단, $l_g \ll l$, 즉 $l - l_g \fallingdotseq l$이다)

① $1 + \dfrac{\mu l_g}{\mu_o l}$ ② $1 + \dfrac{\mu l}{\mu_o l_g}$

③ $1 + \dfrac{\mu_o l_g}{\mu l}$ ④ $1 + \dfrac{\mu_o l}{\mu l_g}$

해설 | 자기저항의 비

$$\dfrac{R_m + R_g}{R_m} = 1 + \dfrac{\dfrac{l_g}{\mu_o S}}{\dfrac{l - l_g}{\mu S}} = 1 + \dfrac{\mu l_g}{\mu_o l}$$

정답 17 ② 18 ④ 19 ① 20 ①

2017년 2회

01 원통 좌표계에서 전류밀도 j = $Kr^2 a_z$ [A/m²]일 때 암페어의 법칙을 사용한 자계의 세기 H [AT/m]는? (단, K는 상수이다)

① $H = \dfrac{K}{4} r^4 a_\phi$ ② $H = \dfrac{K}{4} r^3 a_\phi$

③ $H = \dfrac{K}{4} r^4 a_z$ ④ $H = \dfrac{K}{4} r^3 a_z$

해설 | 암페어의 법칙을 사용한 자계의 세기

$$i = \nabla \times H = \dfrac{1}{r}\begin{pmatrix} a_r & ra_\phi & a_z \\ \dfrac{\partial}{\partial r} & \dfrac{\partial}{\partial \phi} & \dfrac{\partial}{\partial z} \\ H_r & rH_\phi & H_z \end{pmatrix}$$

z항만 계산하면

$\dfrac{1}{r}\dfrac{\partial rH_\phi}{\partial r} = Kr^2$ 이므로

$H = \dfrac{K}{4} r^3 a_\phi \ [AT/m]$

02 최대정전용량 C_0 [F]인 그림과 같은 콘덴서의 정전용량이 각도에 비례하여 변화한다고 한다. 이 콘덴서를 전압 V [V]로 충전하였을 때 회전자에 작용하는 토크는?

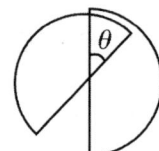

① $\dfrac{C_o V^2}{2} \ [N \cdot m]$

② $\dfrac{C_o^2 V}{2\pi} \ [N \cdot m]$

③ $\dfrac{C_o V^2}{2\pi} \ [N \cdot m]$

④ $\dfrac{C_o V^2}{\pi} \ [N \cdot m]$

해설 | 회전자에 작용하는 토크

$C_\theta = C_o \dfrac{\theta}{\pi}, \quad W_\theta = \dfrac{1}{2} C_\theta V^2 = \dfrac{C_o V^2 \theta}{2\pi}$

토크 $T = \dfrac{W_\theta}{\theta} = \dfrac{1}{\theta}\left(\dfrac{C_o V^2}{2\pi}\theta\right)$

$= \dfrac{C_o V^2}{2\pi} \ [N \cdot m]$

정답 01 ② 02 ③

03 내부도체 반지름이 10 [mm], 외부도체의 내반지름이 20 [mm]인 동축케이블에서 내부도체 표면에 전류 I [A]가 흐르고, 얇은 외부도체에 반대 방향인 전류가 흐를 때 단위길이당 외부 인덕턴스는 약 몇 [H/m]인가?

① 0.27×10^{-7} ② 1.39×10^{-7}
③ 2.03×10^{-7} ④ 2.78×10^{-7}

해설 | 동축케이블의 단위길이당 외부 인덕턴스

$$L = \frac{\mu_0}{2\pi} \ln \frac{20 \times 10^{-3}}{10 \times 10^{-3}}$$
$$= 1.39 \times 10^{-7} [H/m]$$

04 무한 평면에 일정한 전류가 표면에 한 방향으로 흐르고 있다. 평면으로부터 r만큼 떨어진 점과 2r만큼 떨어진 점과의 자계의 비는 얼마인가?

① 1 ② $\sqrt{2}$
③ 2 ④ 4

해설 | 자계

자계는 $H = \frac{J}{2}[A/m]$로 거리에 무관하다.

05 어떤 공간의 비유전율은 2이고, 전위 $V(x,y) = \frac{1}{x} + 2xy^2$이라고 할 때 점 (1/2, 2)에서의 전하밀도 ρ는 약 몇 $[pC/m^3]$인가?

① -20 ② -40
③ -160 ④ -320

해설 | 푸아송의 방정식

$$\nabla^2 V = -\frac{\rho}{\epsilon}$$
$$= \frac{\partial^2}{\partial^2 x}\left(\frac{1}{x} + 2xy^2\right) + \frac{\partial^2}{\partial^2 y}\left(\frac{1}{x} + 2xy^2\right)$$
$$= 2x^{-3} + 4x$$

$x = \frac{1}{2}$을 대입하면, $\nabla^2 V = 18$

$$\rho = -18 \times \left(\frac{10^{-9}}{36\pi}\right) \times 2 \times 10^{12}$$
$$= -320 [pC/m^3]$$

06 그림과 같은 히스테리시스 루프를 가진 철심이 강한 평등자계에 의해 매초 60 [Hz]로 자화할 경우 히스테리시스 손실은 몇 [W]인가? (단, 철심의 체적은 20 [cm³], B_t = 5 [Wb/m²], H_c = 2 [AT/m]이다)

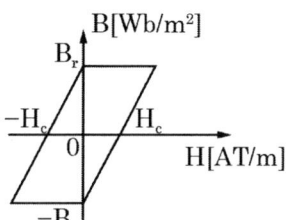

① 1.2×10^{-2} ② 2.4×10^{-2}
③ 3.6×10^{-2} ④ 4.8×10^{-2}

해설 | 히스테리시스 손실

W(단위주기, 단위면적당 히스테리시스 손실)
= 히스테리시스 루프 면적
= $4B_r H_c \; [J/m^3]$

∴ 히스테리시스 손실
$$P_W = 4B_r H_c \cdot V \cdot f$$
$$= 4 \times 5 \times 2 \times 20 \times 10^{-6} \times 60$$
$$= 4.8 \times 10^{-2} [W]$$

정답 03 ② 04 ① 05 ④ 06 ④

07 그림과 같이 직각 코일이 $B=0.05\dfrac{a_x+a_y}{\sqrt{2}}$ $[T]$인 자계에 위치하고 있다. 코일에 $5\,[A]$ 전류가 흐를 때 z축에서의 토크는 약 몇 $[N\cdot m]$인가?

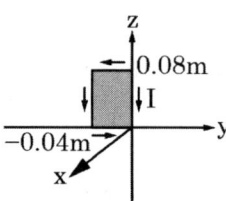

① $2.66 \times 10^{-4} a_x$ ② $5.66 \times 10^{-4} a_x$
③ $2.66 \times 10^{-4} a_z$ ④ $5.66 \times 10^{-4} a_z$

해설 | z축 토크

$B=0.05\dfrac{a_x+a_y}{\sqrt{2}}$, $I=5a_z$, $\ell=0.08$,
$N=1$ $S=0.04\times 0.08$

$T=BINS\cos\theta$

$=0.05\times 5\times 1\times 0.04\times 0.08\times \dfrac{\sqrt{2}}{2}$

$=5.66\times 10^{-4} a_z\,[N\cdot m]$

08 그림과 같이 무한평면 도체 앞 a [m] 거리에 점전하 Q [C]가 있다. 점 0에서 x [m]인 P점의 전하밀도 σ [C/m²]는?

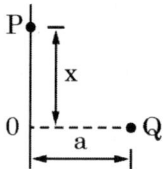

① $\dfrac{Q}{4\pi}\dfrac{a}{(a^2+x^2)^{\frac{3}{2}}}$ ② $\dfrac{Q}{2\pi}\dfrac{a}{(a^2+x^2)^{\frac{3}{2}}}$

③ $\dfrac{Q}{4\pi}\dfrac{a}{(a^2+x^2)^{\frac{2}{3}}}$ ④ $\dfrac{Q}{2\pi}\dfrac{a}{(a^2+x^2)^{\frac{2}{3}}}$

해설 | 전기 영상법

$E=\dfrac{Q}{2\epsilon\pi}\dfrac{a}{(a^2+x^2)^{\frac{3}{2}}}\,[C/m^2]$,

$\sigma=\dfrac{Q}{2\pi}\dfrac{a}{(a^2+x^2)^{\frac{3}{2}}}\,[C/m^2]$

09 유전율 $\varepsilon=8.855\times 10^{-12}$ [F/m]인 진공 중을 전자파가 전파할 때 진공 중의 투자율 [H/m]은?

① 7.58×10^{-5} ② 7.58×10^{-7}
③ 12.56×10^{-5} ④ 12.56×10^{-7}

해설 | 진공 중의 투자율

$v=\dfrac{1}{\sqrt{\epsilon\mu}}$, $v^2=\dfrac{1}{\epsilon\mu}$

$\mu=\dfrac{36\pi}{10^{-9}\times(3\times 10^8)^2}$

$=12.56\times 10^{-7}\,[H/m]$

10 막대자석 위쪽에 동축 도체 원판을 놓고 회로의 한 끝은 원판의 주변에 접촉시켜 회전하도록 해 놓은 그림과 같은 패러데이 원판 실험을 할 때 검류계에 전류가 흐르지 않는 경우는?

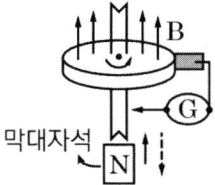

① 자석만을 일정한 방향으로 회전시킬 때
② 원판만을 일정한 방향으로 회전시킬 때
③ 자석을 축 방향으로 전진시킨 후 후퇴시킬 때
④ 원판과 자석을 동시에 같은 방향, 같은 속도로 회전시킬 때

해설 | 검류계
같은 속도로 회전할 경우 검류계에 전류가 흐르지 않는다.

---

11 점전하에 의한 전계의 세기 [V/m]를 나타내는 식은? (단, r은 거리, Q는 전하량, λ는 선전하 밀도, σ는 표면전하 밀도이다)

① $\dfrac{1}{4\pi\epsilon_0}\dfrac{Q}{r^2}$
② $\dfrac{1}{4\pi\epsilon_0}\dfrac{\sigma}{r^2}$
③ $\dfrac{1}{2\pi\epsilon_0}\dfrac{Q}{r^2}$
④ $\dfrac{1}{2\pi\epsilon_0}\dfrac{\sigma}{r^2}$

해설 | 점전하의 전계의 세기
$E = \dfrac{Q}{4\pi\epsilon r^2}[V/m]$

---

12 유전율 ϵ, 투자율 μ인 매질에서의 전파속도 v는?

① $\dfrac{1}{\sqrt{\epsilon\mu}}$
② $\sqrt{\epsilon\mu}$
③ $\sqrt{\dfrac{\epsilon}{\mu}}$
④ $\sqrt{\dfrac{\mu}{\epsilon}}$

해설 | 전파속도
$v = \dfrac{1}{\sqrt{\epsilon\mu}}[m/s]$

---

13 전계 E [V/m], 전속밀도 D [C/m²], 유전율 $\epsilon = \epsilon_0\epsilon_s$ [F/m], 분극의 세기 P [C/m²] 사이의 관계는?

① $P = D + \epsilon_0 E$
② $P = D - \epsilon_0 E$
③ $P = D - E/\epsilon_0$
④ $P = D + E/\epsilon_0$

해설 | 분극의 세기
$P = D - \epsilon_o E [C/m^2]$

정답 10 ④ 11 ① 12 ① 13 ②

14 서로 결합하고 있는 두 코일 C_1과 C_2의 자기인덕턴스가 각각 L_{C1}, L_{C2}라고 한다. 이 둘을 직렬로 연결하여 합성인덕턴스 값을 얻은 후 두 코일 간 상호인덕턴스의 크기 (M)를 얻고자 한다. 직렬로 연결할 때 두 코일 간 자속이 서로 가해져서 보강되는 방향의 합성인덕턴스의 값이 L_1, 서로 상쇄되는 방향의 합성인덕턴스의 값이 L_2일 때 다음 중 알맞은 식은?

① $L_1 < L_2$, $|M| = \dfrac{L_2 + L_1}{4}$

② $L_1 > L_2$, $|M| = \dfrac{L_1 + L_2}{4}$

③ $L_1 < L_2$, $|M| = \dfrac{L_2 - L_1}{4}$

④ $L_1 > L_2$, $|M| = \dfrac{L_1 - L_2}{4}$

해설 | 합성인덕턴스와 상호인덕턴스

$L_1 = L_{C1} + L_{C2} + 2M$

$L_2 = L_{C1} + L_{C2} - 2M$ 이므로

$L_1 > L_2$, $M = \dfrac{L_1 - L_2}{4}$ 이다.

15 정전용량이 C_0 [F]인 평행판 공기 콘덴서가 있다. 이것의 극판에 평행으로 판 간격 d [m]의 1/2 두께인 유리판을 삽입하였을 때의 정전용량 [F]은? (단, 유리판의 유전율은 ε [F/m]이라 한다)

① $\dfrac{2C_o}{1 + \dfrac{1}{\epsilon}}$ ② $\dfrac{C_o}{1 + \dfrac{1}{\epsilon}}$

③ $\dfrac{2C_o}{1 + \dfrac{\epsilon_o}{\epsilon}}$ ④ $\dfrac{C_o}{1 + \dfrac{\epsilon}{\epsilon_o}}$

해설 | 공기중 콘덴서

$C_1 = 2C_o$ 유리판의 유전율 $\epsilon = \epsilon_0 \epsilon_s$라 하면

유리판의 콘덴서 $C_2 = 2\epsilon_s C_o$

직렬이므로 $C = \dfrac{2C_o}{1 + \dfrac{\epsilon_o}{\epsilon}}$ [F]

16 벡터포텐셜

$A = 3x^2 y a_x + 2x a_y - z^3 a_z$ [Wb/m]일 때의 자계의 세기 H [A/m]는? (단, μ는 투자율이라 한다)

① $\dfrac{1}{\mu}(2 - 3x^2)a_y$ ② $\dfrac{1}{\mu}(3 - 2x^2)a_y$

③ $\dfrac{1}{\mu}(2 - 3x^2)a_z$ ④ $\dfrac{1}{\mu}(3 - 2x^2)a_z$

해설 | 자계의 세기

$B = \mathrm{rot} A$, $B = \mu H$이므로

$B = \begin{pmatrix} a_x & a_y & a_z \\ \dfrac{\partial}{\partial x} & \dfrac{\partial}{\partial y} & \dfrac{\partial}{\partial z} \\ 3x^2 y & 2x & -z^3 \end{pmatrix} = (2 - 3x^2)a_z$

$H = \dfrac{1}{\mu}(2 - 3x^2)a_z$ [A/m]

정답 14 ④ 15 ③ 16 ③

17 자기회로에서 자기 저항의 관계로 옳은 것은?

① 자기회로의 길이에 비례
② 자기회로의 단면적에 비례
③ 자성체의 비투자율에 비례
④ 자성체의 비투자율의 제곱에 비례

해설 | 자기저항

$$R_m = \frac{\ell}{\mu S} [AT/Wb]$$

18 그림과 같은 길이가 1 [m]인 동축 원통 사이의 정전용량 [F/m]은?

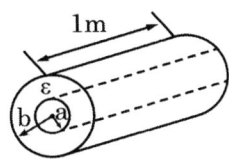

① $\dfrac{2\pi}{\epsilon \ln \dfrac{b}{a}}$ ② $\dfrac{\epsilon}{2\pi \ln \dfrac{b}{a}}$

③ $\dfrac{2\pi\epsilon}{\ln \dfrac{b}{a}}$ ④ $\dfrac{2\pi\epsilon}{\ln \dfrac{a}{b}}$

해설 | 동축원통의 정전용량

$$C = \frac{2\pi\epsilon}{\ln \dfrac{b}{a}} [F/m]$$

19 철심이 든 환상 솔레노이드의 권수는 500회, 평균 반지름은 10 [cm], 철심의 단면적은 10 [cm²], 비투자율 4,000이다. 이 환상 솔레노이드에 2 [A]의 전류를 흘릴 때, 철심 내의 자속 [Wb]은?

① 4×10^{-3} ② 4×10^{-4}
③ 8×10^{-3} ④ 8×10^{-4}

해설 | 환상 솔레노이드의 철심 내 자속

$$\phi = \frac{\mu SNI}{\ell}$$
$$= \frac{4000 \times 4\pi \times 10^{-7} \times 10^{-3} \times 500 \times 2}{2\pi \times 0.1}$$
$$= 8 \times 10^{-3} [Wb]$$

20 그림과 같은 정방형관 단면의 격자점 ⑥의 전위를 반복법으로 구하면 약 몇 [V]인가?

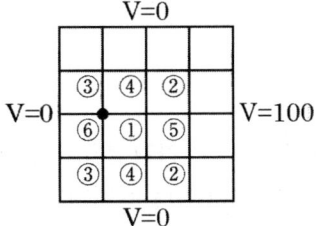

① 6.3   ② 9.4
③ 18.8 ④ 53.2

해설 | 정방형관 단면의 격자점 전위 계산

$$V_1 = \frac{1}{4}(100+0+0+0) = 25$$
$$V_3 = \frac{1}{4}(25+0+0+0) = 6.25$$
$$V_6 = \frac{1}{4}(25+6.25+6.25+0) = 9.4 [V]$$

2017년 3회

01 점전하에 의한 전위 함수가 $V = \dfrac{1}{x^2+y^2}\,[V]$일 때 $grad\ V$는?

① $-\dfrac{ix+jy}{(x^2+y^2)^2}$ ② $-\dfrac{i2x+j2y}{(x^2+y^2)^2}$

③ $-\dfrac{i2x}{(x^2+y^2)^2}$ ④ $-\dfrac{i2y}{(x^2+y^2)^2}$

해설 | grad V

$$grad\ V = i\dfrac{\partial}{\partial x}\left(\dfrac{1}{x^2+y^2}\right) + j\dfrac{\partial}{\partial y}\left(\dfrac{1}{x^2+y^2}\right)$$
$$= -i\dfrac{2x}{(x^2+y^2)^2} - j\dfrac{2y}{(x^2+y^2)^2}$$
$$= -\dfrac{i2x+j2y}{(x^2+y^2)^2}$$

02 면적 S [m²], 간격 d [m]인 평행판 콘덴서에 전하 Q [C]를 충전하였을 때 정전 에너지 w [J]는?

① $W = \dfrac{dQ^2}{\epsilon S}$ ② $W = \dfrac{dQ^2}{2\epsilon S}$

③ $W = \dfrac{dQ^2}{4\epsilon S}$ ④ $W = \dfrac{dQ^2}{8\epsilon S}$

해설 | 정전 에너지

$$W = \dfrac{1}{2}CV^2 = \dfrac{Q^2}{2C} = \dfrac{dQ^2}{2\epsilon S}\,[J]$$

03 Poisson 및 Laplace 방정식을 유도하는 데 관련이 없는 식은?

① $rot\ E = -\dfrac{\partial B}{\partial t}$ ② $E = -grad\ V$

③ $div\ D = \rho_v$ ④ $D = \epsilon E$

해설 | 가우스 정리로 푸아송 유도

③ $\nabla \cdot D = \rho = \nabla \cdot (\epsilon E)$

④ $\nabla \cdot E = \dfrac{\rho}{\epsilon}$, ② $E = -\nabla V$이므로

$$\nabla^2 V = -\dfrac{\rho}{\epsilon}$$

04 반지름 1 [cm]인 원형코일에 전류 10 [A]가 흐를 때 코일의 중심에서 코일면에 수직으로 $\sqrt{3}$ [cm] 떨어진 점의 자계의 세기는 몇 [AT/m]인가?

① $\dfrac{1}{16} \times 10^3$ ② $\dfrac{3}{16} \times 10^3$

③ $\dfrac{5}{16} \times 10^3$ ④ $\dfrac{7}{16} \times 10^3$

해설 | 자계의 세기

$$H = \dfrac{a^2 I}{2(a^2+r^2)^{\frac{3}{2}}}$$
$$= \dfrac{10 \times 0.01^2}{2(0.01^2 + \sqrt{3^2} \times 10^{-4})^{\frac{3}{2}}}$$
$$= 62.5\,[AT/m]$$

정답 01 ② 02 ② 03 ① 04 ①

05 평등자계 내에 전자가 수직으로 입사하였을 때 전자의 운동을 바르게 나타낸 것은?

① 구심력은 전자속도에 반비례한다.
② 원심력은 자계의 세기에 반비례한다.
③ 원운동을 하고, 반지름은 자계의 세기에 비례한다.
④ 원운동을 하고, 반지름은 전자의 회전속도에 비례한다.

해설 | 전자의 운동

$$evB(구심력) = \frac{mv^2}{r}(원심력)$$

① 구심력은 전자속도에 비례한다.
② 원심력은 자계 세기와 무관하다.
③ 반지름은 자계의 세기에 반비례한다.

$$r = \frac{mv}{eB} = \frac{mv}{e\mu H}$$

06 액체 유전체를 포함한 콘덴서 용량이 C [F]인 것에 V [V]의 전압을 가했을 경우에 흐르는 누설전류 [A]는? (단, 유전체의 유전율은 ε [F/m], 고유저항은 ρ [Ω·m]이다)

① $\frac{\rho\epsilon}{CV}$
② $\frac{C}{\rho\epsilon V}$
③ $\frac{CV}{\rho\epsilon}$
④ $\frac{\rho\epsilon V}{C}$

해설 | 누설전류

$I = \frac{V}{R}$, $RC = \rho\epsilon$ 이므로 $I = \frac{CV}{\rho\epsilon}$ [A]

07 다이아몬드와 같은 단결정 물체에 전장을 가할 때 유도되는 분극은?

① 전자 분극
② 이온 분극과 배향 분극
③ 전자 분극과 이온 분극
④ 전자 분극, 이온 분극, 배향 분극

해설 | 전자분극

다이아몬드와 같은 단결정 물체에서 외부 전계에 의해 양전하, 음전하의 이동으로 분극되는 것

08 다음 설명 중 옳은 것은?

① 무한 직선 도선에 흐르는 전류에 의한 도선 내부에서 자계의 크기는 도선의 반경에 비례한다.
② 무한 직선 도선에 흐르는 전류에 의한 도선 외부에서 자계의 크기는 도선의 중심과의 거리에 무관하다.
③ 무한장 솔레노이드 내부 자계의 크기는 코일에 흐르는 전류의 크기에 비례한다.
④ 무한장 솔레노이드 내부 자계의 크기는 단위길이당 권수의 제곱에 비례한다.

해설 | 무한장 솔레노이드

$H = nI$ [AT/m]

09 그림과 같은 유전속 분포가 이루어질 때 ε_1과 ε_2의 크기 관계는?

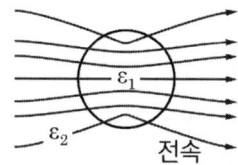

① $\varepsilon_1 > \varepsilon_2$ ② $\varepsilon_1 < \varepsilon_2$
③ $\varepsilon_1 = \varepsilon_2$ ④ $\varepsilon_1 > 0, \varepsilon_2 > 0$

해설 | 유전속
유전속(전속선)은 유전율이 큰 쪽으로 모이려는 성질이 있다.

10 인덕턴스의 단위 [H]와 같지 않은 것은?

① $[J/A \cdot s]$ ② $[\Omega \cdot s]$
③ $[Wb/A]$ ④ $[J/A^2]$

해설 | 인덕턴스의 단위
② $L = e\dfrac{dt}{di}\left[V \cdot \dfrac{\sec}{A} = \Omega \cdot \sec\right]$
③ $L = \dfrac{N\phi}{I}\,[Wb/A]$
④ $W = \dfrac{1}{2}LI^2, \quad L = \dfrac{2W}{I^2}[J/A^2]$

11 전계 및 자계의 세기가 각각 E, H일 때 포인팅 벡터 P의 표시로 옳은 것은?

① $P = \dfrac{1}{2}E \times H$ ② $P = E\,rot\,H$
③ $P = E \times H$ ④ $P = H\,rot\,E$

해설 | 포인팅벡터
$P = E \times H\,[W/m^2]$

12 규소 강판과 같은 자심재료의 히스테리시스 곡선의 특징은?

① 보자력이 큰 것이 좋다.
② 보자력과 잔류자기가 모두 큰 것이 좋다.
③ 히스테리시스 곡선의 면적이 큰 것이 좋다.
④ 히스테리시스 곡선의 면적이 작은 것이 좋다.

해설 | 히스테리시스 곡선
히스테리시스 곡선의 넓이는 히스테리시스 손실로써 작을수록 좋다.

정답 09 ① 10 ① 11 ③ 12 ④

13 커패시터를 제조하는 데 A, B, C, D와 같은 4가지의 유전 재료가 있다. 커패시터 내의 전계를 일정하게 하였을 때, 단위체적당 가장 큰 에너지 밀도를 나타내는 재료부터 순서대로 나열한 것은? (단, 유전재료 A, B, C, D의 비유전율은 각각 ϵ_{rA} = 8, ϵ_{rB} = 10, ϵ_{rC} = 2, ϵ_{rD} = 4이다)

① C > D > A > B
② B > A > D > C
③ D > A > C > B
④ A > B > D > C

해설 | 단위체적당 에너지 밀도

$$W = \frac{1}{2}\epsilon E^2 \,[J/m^3]$$

유전율이 클수록 에너지밀도가 크다.

14 투자율 μ [H/m], 자계의 세기 H [AT/m], 자속밀도 B [Wb/m²]인 곳의 자계 에너지 밀도 [J/m³]는?

① $\dfrac{B^2}{2\mu}$　　② $\dfrac{H^2}{2\mu}$

③ $\dfrac{1}{2}\mu H$　　④ BH

해설 | 자계 에너지 밀도

$$W = \frac{1}{2}\mu H^2 = \frac{B^2}{2\mu} = \frac{1}{2}BH \,[J/m^3]$$

15 정전계 해석에 관한 설명으로 틀린 것은?

① 푸아송 방정식은 가우스 정리의 미분형으로 구할 수 있다.
② 도체 표면에서의 전계의 세기는 표면에 대해 법선 방향을 갖는다.
③ 라플라스 방정식은 전극이나 도체의 형태에 관계없이 체적전하 밀도가 0인 모든 점에서 $\nabla^2 V = 0$을 만족한다.
④ 라플라스 방정식은 비선형 방정식이다.

해설 | 정전계
라플라스 방정식은 선형 방정식이다.

16 자화의 세기 단위로 옳은 것은?

① [AT/Wb]　　② [AT/m²]
③ [Wb·m]　　④ [Wb/m²]

해설 | 자화의 세기
$$J = \mu_o(\mu_s - 1)H \,[Wb/m^2]$$

17 중심은 원점에 있고 반지름 a [m]인 원형 선도체가 z = 0인 평면에 있다. 도체에 선 전하밀도 ρ_L [C/m]가 분포되어 있을 때 z = b [m]인 점에서 전계 E [V/m]는? (단, a_r, a_z는 원통 좌표계에서 r 및 z 방향의 단위벡터이다)

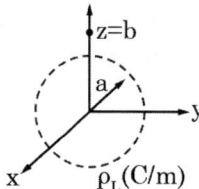

① $\dfrac{ab\rho_L}{2\pi\epsilon_o(a^2+b^2)^{\frac{3}{2}}}a_r$

② $\dfrac{ab\rho_L}{4\pi\epsilon_o(a^2+b^2)^{\frac{3}{2}}}a_z$

③ $\dfrac{ab\rho_L}{2\epsilon_o(a^2+b^2)^{\frac{3}{2}}}a_z$

④ $\dfrac{ab\rho_L}{4\epsilon_o(a^2+b^2)^{\frac{3}{2}}}a_z$

해설 | 원형 선도체의 전계 계산

$E = \dfrac{Qb}{4\pi\epsilon_o(a^2+b^2)^{\frac{3}{2}}}a_z$

$= \dfrac{2\pi a \cdot b\rho_L}{4\pi\epsilon_o(a^2+b^2)^{\frac{3}{2}}}a_z$

$= \dfrac{ab\rho_L}{2\epsilon_o(a^2+b^2)^{\frac{3}{2}}}a_z [V/m]$

18 V = x^2 [V]로 주어지는 전위 분포일 때 x = 20 [cm]인 점의 전계는?

① +x 방향으로 40 [V/m]
② -x 방향으로 40 [V/m]
③ +x 방향으로 0.4 [V/m]
④ -x 방향으로 0.4 [V/m]

해설 | 전위 분포에서의 전계 계산

$E = -\nabla V = -(2x) = -0.4 [V/m]$

19 공간 도체 내의 한 점에 있어서 자속이 시간적으로 변화하는 경우에 성립하는 식은?

① $\nabla \times E = \dfrac{\partial H}{\partial t}$ ② $\nabla \times E = -\dfrac{\partial H}{\partial t}$

③ $\nabla \times E = \dfrac{\partial B}{\partial t}$ ④ $\nabla \times E = -\dfrac{\partial B}{\partial t}$

해설 | 맥스웰 전자방정식(패러데이의 법칙)

• 미분형 : $\nabla \times E = -\dfrac{\partial B}{\partial t}$

• 적분형 : $\oint_c E \cdot dl = -\int_s \dfrac{dB}{dt}ds$

20 변위전류와 가장 관계가 깊은 것은?

① 반도체   ② 유전체
③ 자성체   ④ 도체

해설 | 변위전류

변위전류란, 유전체 내에 전속밀도의 시간적 변화에 의하여 발생하는 전류이다.

정답 17 ③ 18 ④ 19 ④ 20 ②

모아바 www.moa-ba.com
모아소방전기학원 www.moate.co.kr

모아 전기기사 전기자기학 필기 이론+과년도 8개년

발행일	2024년 9월 6일 초판 1쇄
지은이	천은지
발행인	황모아
발행처	(주)모아교육그룹
주 소	서울특별시 영등포구 영신로 32길 29 세화빌딩 2층
전 화	02-2068-2393(출판, 주문)
등 록	제2015-000006호 (2015.1.16.)
이메일	moagbooks@naver.com
누리집	www.moate.co.kr
ISBN	979-11-6804-314-5 (13560)

이 책의 가격은 뒤표지에 있습니다.

Copyright ⓒ (주)모아교육그룹 Co., Ltd. All Rights Reserved.

이 책은 저작권법에 의해 보호를 받는 저작물이므로 저자와 출판사의 서면 허락 없이 내용의 전부 또는 일부를 이용하는 것을 금합니다.

전기기사 합격!
여러분의 합격은 모아의 보람입니다.

끊임없이 변화를
추구하는 교육기업
〽️ 모아교육그룹

모아를 선택해주신 여러분께 감사드립니다.

✔ 모아는 혁신적인 교육을 통해 인간의 사고(思考)를
  확장 및 변화시킬 수 있다고 믿고 있습니다.
✔ 모아는 미래를 교육으로 변화시킬 수 있다고 믿고 있습니다.
✔ 모아는 청년부터 장년, 중년, 노년까지의
  성인교육에 중점을 두고 사업을 진행하고 있습니다.

초고령화, 불확실성의 시대
모아는 당신의 미래를 함께 하는 혁신적인 교육 플랫폼이 되겠습니다.